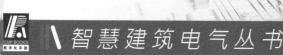

智慧建筑电气丛书

智慧综合体建筑
电气设计手册

U0149869

中国建筑节能协会电气分会
中国城市发展规划设计咨询有限公司　　组编

机械工业出版社
CHINA MACHINE PRESS

本书内容包括：总则，变配电所，自备应急电源系统，电力配电系统，照明系统，线缆选择及敷设，防雷接地与安全防护，火灾自动报警及消防控制系统，公共智能化系统，电气设计策略，建筑节能系统，优秀设计案例 12 章。

本书各章内容依据工程建设所需遵循的现行法规、标准和设计深度，并结合电气专业新技术、新产品以及工程经验进行介绍，编写内容系统、精炼，实用性强。本书内容涉及系统和技术的设计要点和建议、技术前瞻性描述以及对未来趋势的判断，适合供电气设计人员、施工人员、运维人员以及相关专业电气人员参考。

图书在版编目（CIP）数据

智慧综合体建筑电气设计手册/中国建筑节能协会电气分会，中国城市发展规划设计咨询有限公司组编 .—北京：机械工业出版社，2024.2

（智慧建筑电气丛书）

ISBN 978-7-111-75177-9

Ⅰ.①智… Ⅱ.①中… ②中… Ⅲ.①智能化建筑－电气设备－建筑设计－手册 Ⅳ.①TU855-62

中国国家版本馆 CIP 数据核字（2024）第 022376 号

机械工业出版社（北京市百万庄大街22号　邮政编码100037）
策划编辑：张　晶　　　　　　责任编辑：张　晶　范秋涛
责任校对：韩佳欣　梁　静　　　责任印制：常天培
北京铭成印刷有限公司印刷
2024 年 3 月第 1 版第 1 次印刷
148mm×210mm · 10.75 印张 · 305 千字
标准书号：ISBN 978-7-111-75177-9
定价：69.00 元

电话服务　　　　　　　　　　网络服务
客服电话：010-88361066　　　机　工　官　网：www.cmpbook.com
　　　　　010-88379833　　　机　工　官　博：weibo.com/cmp1952
　　　　　010-68326294　　　金　书　网：www.golden-book.com
封底无防伪标均为盗版　　　机工教育服务网：www.cmpedu.com

编委会

主　编：欧阳东　正高级工程师　国务院特殊津贴专家
　　　　　　　　副会长　　　　中国建筑节能协会
　　　　　　　　会长　　　　　中国勘察设计协会电气分会
　　　　　　　　顾问总工　　　中国城市发展规划设计咨询有限
　　　　　　　　　　　　　　　公司
副主编：胡　斌　正高级工程师　总工程师（电气）四川省建筑设
　　　　　　　　　　　　　　　计研究院有限公司
主笔人：

钟世权　正高级工程师　机电三所副所长　广东省建筑设计研究院
　　　　　　　　　　　　　　　　　　　　有限公司

刘重晓　高级工程师　　四分院电气负责人　河南省建筑设计研究院
　　　　　　　　　　　　　　　　　　　　有限公司

李文瑞　正高级工程师　机电一院总工　　中国建筑西北设计研究
　　　　　　　　　　　　　　　　　　　院有限公司

刘　霄　高级工程师　　三院总工　　　　中国建筑标准设计研究
　　　　　　　　　　　　　　　　　　　院有限公司

孔令兵　正高级工程师　电气副总工　　　中船第九设计研究院工
　　　　　　　　　　　　　　　　　　　程有限公司

熊　光　正高级工程师　机电二院院长　　中信建筑设计研究总院
　　　　　　　　　　　　　　　　　　　有限公司

李莹莹　正高级工程师　总院副总工　　　哈尔滨工业大学建筑设
　　　　　　　　　　　　　　　　　　　计研究院有限公司

连毅斌　高级工程师　　华北区域总经理　厦门万安智能有限公司

| 郑　宇 | 正高级工程师 | 三院电气总工 | 中国建筑西南设计研究院有限公司 |
| 王希文 | 高级工程师 | 院副总工程师（电气） | 四川省建筑设计研究院有限公司 |

编写人：

樊金龙	高级工程师	副总裁	中国建设科技集团股份有限公司
周　翔	正高级工程师	一院电气总工	四川省建筑设计研究院有限公司
林　兰	高级工程师	副总工程师	广东省建工设计院有限公司
万蕴杰	高级工程师	所电气总工	广东省建筑设计研究院有限公司
易祖运	高级工程师	四分院电气主任	河南省建筑设计研究院有限公司
李婷婷	高级工程师	数字化研究中心设计研发经理	中国建筑西北设计研究院有限公司
白志艳	高级工程师	主任工程师	中国建筑标准设计研究院有限公司
罗　武	高级工程师	九院电气总工	中国建筑上海设计研究院有限公司
刘　闵	正高级工程师	机电二院主任	中信建筑设计研究总院有限公司
王海新	高级工程师	设计二院总工	哈尔滨工业大学建筑设计研究院有限公司
贾丽华	高级工程师	设计总监	厦门万安智能有限公司
丁新东	高级工程师	一院电气总工	中国建筑西南设计研究院有限公司
刘　林	高级工程师	三院电气副总工	四川省建筑设计研究院有限公司

熊文文	中级工程师	副总经理	亚太建设科技信息研究院有限公司
张　斌	高级工程师	机电综合设计一院副院长	中衡设计集团股份有限公司
王梦玥		经理助理	中国城市发展规划设计咨询有限公司
朱文斌	工程师	设计院渠道负责人	ABB（中国）有限公司
陈　科	设计院销售业务发展部高级部门经理		施耐德电气（中国）有限公司
吴徐明	工程师	主任工程师	华为技术有限公司
王瑞霞	正高级工程师	电气总工程师	浙江省建设投资集团股份有限公司
朱志龙	电气工程师	高级工程师	浙江省建设投资集团股份有限公司
杨　林	高级工程师		广东省建科建筑设计院有限公司
戴　罡	高级工程师	技术中心主任	大全集团有限公司
张智玉		高级总监	贵州泰永长征技术股份有限公司
王保华		高级经理	施耐德电气（广州）母线有限公司
钟湘闽	工程师	产品经理	施耐德万高（天津）电气设备有限公司
戚军武	高级工程师	董事长	上海领电智能科技有限公司
刘世旭	高级工程师	智慧能源研究院院长	川开电气有限公司
杨晓群	高级工程师	总工程师	标杆电气集团有限公司
孙毅彪	高级工程师	董事长	国彪电源集团有限公司

李 瑞	高级工程师	总经理	米尔法电气科技（苏州）有限公司
仝磊刚	高级工程师	技术总监	戈莱电气（上海）有限公司
高登辉		市场总监	广东易百珑智能科技有限公司
丁 柱	高级工程师	市场总监	杭州并坚科技有限公司
李 相	工程师	市场总监	深圳市中智盛安安全技术有限公司
郑光乐		董事长	珠海光乐电力母线槽有限公司
赵 军	高级工程师	研发总监	成丰连接（上海）科技有限公司
徐晓伟	高级工程师	总经理	北京博宇创达科技有限公司
庞志宁	高级工程师	BIM 中心技术部部长	中铁电气化局集团有限公司设计研究院

审查专家：

陈建飚	正高级工程师	电气总工	广东省建筑设计研究院有限公司
杜毅威	正高级工程师	电气总工	中国建筑西南设计研究院有限公司

前　　言

为全面研究和解析智慧综合体建筑的电气设计技术，中国建筑节能协会电气分会、中国城市发展规划设计咨询有限公司，组织编写了"智慧建筑电气丛书"之六《智慧综合体建筑电气设计手册》（以下简称《综合体设计手册》），由全国各地在电气设计领域具有丰富一线经验的青年专家组成编委会，由全国知名电气行业专家作为审委，共同就智慧综合体建筑相关政策标准、建筑电气和节能措施与数据分析、设备与新产品应用、商业建筑典型实例等内容进行了系统性梳理，旨在进一步推广新时代双碳节能建筑电气技术进步，助力智慧商业综合体建筑建设发展新局面，为业界提供一本实用工具书和实践项目参考。

《综合体设计手册》编写原则为前瞻性、准确性、指导性和可操作性；编写要求为正确全面、有章可循、简单扼要、突出要点、实用性强和创新性强。内容包括总则、变配电所、自备应急电源系统、电力配电系统、照明系统、线缆选择及敷设、防雷接地与安全防护、火灾自动报警及消防控制系统、公共智能化系统、电气设计策略、建筑节能系统、优秀设计案例12章。

《综合体设计手册》提出了"智慧综合体建筑的定义"：根据综合体建筑的标准和用户的需求，统筹土建、机电、装修、场地、运维、管理、工艺等专业，利用互联网、物联网、AI、BIM、GIS、5G、数字孪生、数字融合、系统集成等技术，进行全生命周期的数据分析、互联互通、自主学习、流程再造、运行优化和智慧管理，为客户提供一个低碳环保、节能降耗、绿色健康、高效便利、成本适中、体验舒适的人性化的综合体建筑。

《综合体设计手册》提出了智慧综合体建筑电气十大发展趋势：智慧管理控制技术，虚拟电厂技术，智能配电系统技术，预装式变配电设备技术，智能一体化设备技术，智慧照明控制系统技术，智慧化消防技术，智能防雷技术，光储直柔技术，全电气化技术。

《综合体设计手册》提出了智慧综合体建筑十大电气设计关键点：智慧综合体建筑电气设计策略，智慧综合体建筑变配电设计关键点，智慧自备应急电源系统设计关键点，智慧电力配电设计关键点，智慧照明设计关键点，智慧线缆选择及敷设关键点，智慧防雷接地及安全防护设计关键点，智慧消防报警及联动设计关键点，智慧综合体系统设计关键点，智慧综合体节能设计关键点。

《综合体设计手册》力求为政府相关部门、建设单位、设计单位、研究单位、施工单位、产品生产单位、运营单位及相关从业者提供准确全面、可引用、能决策的数据和工程案例信息，也为创新技术的推广应用提供途径，适用于电气设计人员、施工人员、运维人员以及相关产业的从业电气人员，进行智慧综合体建筑的电气设计及研究参考。

在本书编写的过程中，得到了电气分会的企业常务理事和理事单位的大力支持，对 ABB（中国）有限公司、施耐德电气（中国）有限公司、华为技术有限公司、广东省建工设计院有限公司、浙江省建设投资集团股份有限公司、广东省建科建筑设计院有限公司、大全集团有限公司、贵州泰永长征技术股份有限公司、施耐德电气（广州）母线有限公司、施耐德万高（天津）电气设备有限公司、上海领电智能科技有限公司、川开电气股份有限公司、标杆电气集团有限公司、国彪电源集团有限公司、米尔法电气科技（苏州）有限公司、戈莱电气（上海）有限公司、广东易百珑智能科技有限公司、杭州并坚科技有限公司、深圳市中智盛安安全技术有限公司、珠海光乐电力母线槽有限公司、成丰连接（上海）科技有限公司、北京博宇创达科技有限公司、中铁电气化局集团有限公司设计研究院等 23 家企业的大力帮助，表示衷心的感谢。

由于本书编写均是设计师和企业专家在业余时间完成，编写周期紧，技术水平所限，有些技术问题也是目前的热点、难点和疑点，争议很大，答案是相对正确的，仅供参考，有不妥之处，敬请批评指正。

中国勘察设计协会电气分会　　　　会长
中国建筑节能协会　　　　　　　　副会长
中国城市发展规划设计咨询有限公司　顾问总工

2023 年 5 月

目　　录

第1章 总 则

1.1 总体概述

1.1.1 综合体建筑的定义

1. 标准中的定义

在我国现行的国家标准中，未对综合体建筑有明确的定义。2022 年 7 月，住房和城乡建设部发布了《住房和城乡建设部办公厅关于国家标准〈建筑术语标准（征求意见稿）〉公开征求意见的通知》，《建筑术语标准（征求意见稿）》（GB/T 5XXXX—20XX）中第 2.2.10 条中将"综合体"定义为"将不同建筑功能空间，如商业、办公、酒店、交通、娱乐、会展等两种或两种以上功能于一体的单体建筑（不包含住宅、独立设置的办公建筑部分）或通过地下连片车库、商业、设备机房、下沉式广场、连廊等方式连接的多栋建筑组合体"。《天津市城市综合体建筑设计防火标准》（DB/T 29—264—2019）第 2.0.1 条对"城市综合体"定义为"集商店、旅馆、展览、餐饮、文娱、交通枢纽等两种及两种以上功能于一体的建筑（不包含住宅、独立设置的办公建筑部分）"，不包括建筑群。

2. 本书中的定义

根据上述标准对综合体建筑的定义，结合本书拟编写的主要内容，本书中的综合体建筑是指将商业、办公、酒店、居住、交通两种及两种以上功能于一体的单体建筑（不包含住宅、独立设置的办公建筑部分）。对于其他综合体建筑（如 TOD 综合体、会展综合体），读者可根据本书内容同时结合《智慧建筑系列丛书》的其他专篇了解其设计要点。

1.1.2　智慧综合体建筑电气系统综述

综合体建筑一般具有以下特征：一是体量大。综合体建筑的总面积通常在几万甚至是数十万平方米，在城市空间中的占比大。二是建筑功能多且复杂。综合体建筑由多个业态和功能的空间组合而成，通常集大型商业、办公、酒店、住宅、公寓等为一体，有的甚至与城市轨道交通车站结合，有的与会展中心以及体育中心紧密结合。三是物业权属多样。建筑的多种功能形态和区域划分归属于不同的物业部门，星级酒店和高级公寓一般由专业的酒店管理公司打理；住宅由住宅物业管理；单元出租式办公楼由办公物业管理，而整栋出租式办公楼则由租赁方委托专门的物业管理；商业单元分属于不同的商业物业。四是社会影响大。综合体建筑通常为区域性的市民就业、购物、休闲、娱乐等一站式活动场所，对当地有较大的社会影响。

综合体建筑电气系统一般包含高低压配电系统、自备应急电源系统、电力配电系统、照明配电系统、防雷与接地系统、电气消防系统（火灾自动报警系统、电气火灾监控系统、消防电源监控系统、防火门监控系统等）。综合体建筑智能化系统包括信息设施系统、公共安全系统、建筑设备管理系统、信息化应用系统等。综合体建筑各智能化子系统逐渐向支持 TCP/IP 协议方向发展，系统设计和布线更加灵活、系统集成更加便捷；随着新一代 ICT 技术、大数据技术、人工智能技术在系统中应用，运营管理软件平台的功能更加强大和智能、建筑更加智慧。

1. 变配电系统

综合体建筑的特点决定了项目需引入电源数量通常不少于两路、变配电系统装机容量大、变压器台数多、系统主接线复杂。综合体建筑中较常采用的高压电压等级为 35kV 以及 10kV，也有部分综合体建筑采用自建 110kV 高压开关站。随着智能配电技术发展及应用、智慧化运营管控平台的推出，能够实现本地状态量、电气量、故障信息、报警信息、设备信息等数据的本地化显示和云端定期发布，对数据进行存储、运算、分析，并可通过移动设备（智能手机）远程监管以实现移动运维，为综合体建筑全生命周期资产管理、安全高效运营及运维管理提供了可靠保障。

2. 应急（备用）电源系统

综合体建筑电气设备中除了消防负荷，还有大量的特级、一级、二级负荷，通常要求较高的供电可靠性。因此综合体建筑通常采用多回路的市政独立电源，设计中仍需设计应急（备用）电源。综合体建筑通常采用柴油发电机组作为应急（备用）电源，对于中断供电后要求自动恢复供电时间为毫秒（ms）级的负荷（如消防报警、安防系统、计算机系统、信息中心数据机房等），还需采用不间断电源 UPS 供电。

3. 照明及控制系统

综合体建筑涵盖的照明类型通常包括正常照明、应急照明、值班照明、警卫照明、航空障碍照明、光彩照明等，其中应急照明又包含备用照明、安全照明和疏散照明，正常照明包括一般照明、分区一般照明、局部照明、重点照明、混合照明以及装饰艺术照明等。

综合体建筑照明设计除了满足照度及照度均匀度、功率密度、统一眩光值、光源色温及显色指数的常规要求外，还要围绕综合体建筑的各种功能进行，营造一个舒适、高品质、令人愉悦的光环境，利用光影赋予建筑空间艺术化的设计语言，优秀的照明设计能提升综合体建筑的商业价值及市场竞争力、增添城市夜景效果。

照明控制系统应按照满足各区域对照明质量的要求，采用就地手动开关控制和自动控制（声光控制、智能照明控制等）相结合的控制方式。综合体建筑的营业区照明根据运营及节能管理需要进行分场景（准备、营业、清扫、夜间等）进行控制，对于室外景观园林照明、泛光照明、广告灯箱照明等还能具备平日模式、节假日模式、重大节日模式等多场景应用模式。

4. 防雷与接地系统

基于综合体建筑功能复杂、体量巨大的特点，综合体建筑的防雷接地设计应因地制宜，正确确定防雷类别、采取恰当的防雷接地措施是综合体建筑防雷接地的重点和难点。

在计算年预计雷击次数时，由于综合体建筑的形体不规则，导致等效面积的确定相对较为复杂，可用软件作为辅助工具进行等效面积计算，从而提高计算的准确度。在确定防直击雷、感应雷、雷电波入侵的防雷措施和防雷接地、保护接地、工作接地等接地措施时，应做到安全可靠、技术先进、经济合理。

5. 火灾自动报警及消防联动控制系统

综合体建筑通常设置一个消防控制中心以及若干消防控制室，火灾自动报警系统采用控制中心报警系统，采用主监控器加分监控器形式，主监控器设置于消防总控制室，一般采用柜式或琴台式，分监控器分布于各分消防控制室，由于分管区回路较少，一般采用壁挂式，监控器之间互联。大部分厂商系统采用 RS-485 网络通信、以太网通信。

由于综合体建筑复杂的使用功能和多场景的消防保护需求，火灾自动报警系统采用的探测器类型多，包括点型火灾探测器、图像型火灾探测器、空气采样吸气式火灾探测器、线型火灾探测器等。

6. 智慧化系统

综合体建筑智慧化系统通常包括信息设施系统（信息接入系统、综合布线系统、移动通信室内信号覆盖系统、用户电话交换系统、无线对讲系统、有线电视系统、信息发布系统、公共广播系统、无线网络覆盖系统等），公共安全系统（视频监控系统、入侵报警系统、出入口控制系统、电子巡更系统、停车场管理系统），建筑设备管理系统（楼宇自动控制系统、智能家居系统、智能照明控制系统、能耗计量监测系统等），信息化应用系统（智能卡应用系统、物业管理系统、客流统计系统等），机房工程及运营管理软件（包括平台软件及移动端 APP）等。

1.2 设计规范标准

1.2.1 国家标准

1)《建筑电气与智能化通用规范》(GB 55024—2022)。

2)《建筑节能与可再生能源利用通用规范》(GB 55015—2021)。

3)《安全防范工程通用规范》(GB 55029—2022)。

4)《建筑环境通用规范》(GB 55016—2021)。

5)《建筑防火通用规范》(GB 55037—2022)。

6)《建筑与市政工程抗震通用规范》(GB 55002—2021)。

7)《建筑设计防火规范》(GB 50016—2014)(2018 年版)。

8)《民用建筑电气设计标准》(GB 51348—2019)。

9)《建筑照明设计标准》(GB 50034—2013)。

10)《20kV 及以下变电所设计规范》(GB 50053—2013)。

11)《低压配电设计规范》(GB 50054—2011)。

12)《通用用电设备配电设计规范》(GB 50055—2011)。

13)《电力工程电缆设计标准》(GB 50217—2018)。

14)《消防应急照明和疏散指示系统技术标准》(GB 51309—2018)。

15)《建筑物防雷设计规范》(GB 50057—2010)。

16)《火灾自动报警系统设计规范》(GB 50116—2013)。

17)《智能建筑设计标准》(GB 50314—2015)。

18)《数据中心设计规范》(GB 50174—2017)。

19)《综合布线系统工程设计规范》(GB 50311—2016)。

20)《有线电视网络工程设计标准》(GB 50200—2018)。

21)《公共广播系统工程技术规范》(GB 50526—2010)。

22)《电子会议系统工程设计规范》(GB 50799—2012)。

23)《安全防范工程技术标准》(GB 50348—2018)。

24)《入侵报警系统工程设计规范》(GB 50394—2007)。

25)《视频安防监控系统工程设计规范》(GB 50395—2007)。

26)《出入口控制系统工程设计规范》（GB 50396—2007）。

27)《建筑物电子信息系统防雷技术规范》（GB 50343—2012）。

28)《视频显示系统工程技术规范》（GB 50464—2008）。

1.2.2　行业标准

1)《商店建筑电气设计规范》（JGJ 392—2016）。

2)《办公建筑设计标准》（JGJ/T 67—2019）。

3)《旅馆建筑设计规范》（JGJ 62—2014）。

4)《商店建筑设计规范》（JGJ 48—2014）。

1.2.3　团体标准

1)《模块化微型数据机房建设标准》（T/CECA 20001—2019）。

2)《无源光局域网工程技术标准》（T/CECA 20002—2019）。

3)《智能建筑工程设计通则》（T/CECA 20003—2019）。

4)《民用建筑电气线路防火设计标准》（T/ASC 23—2021）。

5)《智慧建筑设计标准》（T/ASC 19—2021）。

6)《公共建筑能效评估标准》（T/CECS 1187—2022）。

7)《办公建筑节能技术规程》（T/CECS 1078—2022）。

1.2.4　其他标准

在综合体建筑设计时，部分开发企业或项目业主会根据企业标准或运营经验，提出包括各业态的负荷取值、店铺的保护电器整定值、导体规格、弱电智能化设施设备点位等要求。

1.3　发展历程及趋势

1.3.1　综合体建筑发展历程

随着城市人口的不断增加，建筑技术的不断发展，城市综合体也就应运而生。综合体建筑是指集商业、办公、酒店、居住两种及两种以上功能于一体的单体建筑现代的城市综合体，现代的城市综合体建筑不仅是上述两种功能的结合，它已经结合了高档写字楼、购物中心、酒店式公寓、文化休闲广场等功能，是现代城市的典型象征。城市综合体建筑是城市化发展到一定程度的产物，是综合体建筑的升级和城市空间的延续，对城市的经济发展起到关键的作用。

现代城市综合体建筑诞生于美国。20世纪30年代，美国纽约洛克菲勒项目建成，以其19栋建筑的惊人体量，其公共空间的创造和商业空间的融合给世界各地带来了综合体这一初始形象。但是这时的建筑功能比较单一，还是以商业为主的综合体。20世纪50年代，法国巴黎城市西郊兴建的拉德芳斯，在功能上更为复合，结合了商务、办公、购物、娱乐等功能，被一致认为是世界上第一个真正意义上的城市综合体。

由于经济发展的原因，我国城市综合体建筑发展较发达国家晚，起步于20世纪90年代，大致经历了以下几个发展阶段：

（1）雏形阶段（20世纪90年代初期）

20世纪90年代初期，我国的城市综合体开始出现，我国的大都市，比如北京、上海，其核心区域的发展为城市综合体的出现提供了机会。这一时期典型的城市综合体有北京的国贸中心，上海的上海商城等。初期的城市综合体的特点是体量不大，功能复合度也不高，往往位于城市的核心区域。

（2）初期发展阶段（20世纪末21世纪初）

20世纪末21世纪初，北京、上海等一线城市经历经济的快速发展和人口的高速增长，为在城市中心商圈建造办公写字楼和商业混合的综合体提出了需求，这时出现了早期的城市综合体。这一时期典型的代表是北京的新世界中心、上海的嘉里不夜城等。随着国外成熟的商业机构进入我国，出现了一些接近国际水平的商业综合体建筑，如上海的正大广场、深圳的铜锣湾广场等。

（3）大规模发展期（21世纪前10年）

21世纪初，我国经济高速发展，城市规模进一步扩大。截至2008年，我国超过200万人口的城市数量达到41个，许多二线城市的快速崛起为城市综合体的大规模发展提供了市场。业内领先的开发商如华润、万达、太古地产等，打造了各具特色的综合体品牌，如万象城、万达广场、太古汇等。

（4）快速扩张时期（2010年以后）

2010年以后，城市综合体混合了各种功能以后，成为刺激消费、拉动经济发展的新引擎之一。城市综合体结合全国各地的新城建设，得到了进一步的快速发展。另外除了传统的地产商之外，一些零售业和金融业公司也涉足城市综合体开发，如王府井、银泰进入商业地产领域，中信资本、平安金融也投身城市综合体投资建设。越来越多资本的进入，城市综合体进入快速扩张时期。

今天，综合体建设已不再局限为商业地产主导的模式。随着全国各大中型城市地铁建设的推进，地铁上盖物业的综合体建筑越来越多。另外高速铁路建设促进了以高铁站为核心的交通综合体发展起来。同时会展业的兴起也催生了一批以会展功能为主的综合体。此外，还有超高层综合体、以体育场馆为核心的体育综合体等。

1.3.2　综合体建筑业态发展趋势

由于综合体建筑体量大、业态多，因此智慧化、低碳化等要求较高，并具有文化和社交等属性，具体如下：

（1）多元化

综合体建筑业态不再局限于传统的商业、住宅和办公，而是涵盖了更多元化的业态，如文化、教育、医疗、体育等。这是因为随着人们生活水平的提高和需求的多样化，单一的业态已经不能满足人们的需求。比如，人们除了购物，还需要娱乐、文化、休闲等服务，这就需要综合体建筑业态的多元化。

（2）智慧化

随着AI技术、大数据技术等科学技术的快速发展，综合体建筑业态也将越来越智能化、智慧化。例如，通过系统集成、大数据分析和人工智能算法，实现根据天气变化、客流变化等对建筑的空调系统、通风系统自动最优控制，能通过店铺运营数据实现价值评估分析招商业态、档次等，支撑综合体智慧化运营。

（3）低碳化

随着国家双碳战略的实施和各项配套政策的落地，建筑全生命周期绿色低碳化是发展必然趋势。近年来，在建筑节能和绿色建筑相关的政策及措施的驱动下，建筑的用能明显降低、节能效果明显提高。当前，可再生能源利用正在建筑中普及和推广，特别是建筑光伏发电正在全国广泛地推进，同时随着储能技术、直流供电技术、柔性控制技术发展，综合体建筑必将向低碳化甚至是零碳化发展。

（4）文化化

综合体建筑业态也将越来越注重文化内涵的创造和传播。例如，通过文化艺术展览、文化主题活动等方式，实现楼宇的文化内涵的丰富和传播。此外，越来越多的综合体建筑也将与当地文化相结合，打造具有地方特色的文化综合体。

（5）社交化

综合体建筑业态也将越来越注重社交功能的打造。例如，通过社交空间的设计和打造，实现楼宇的社交功能，为人们提供更多社交机会和平台。此外，越来越多的综合体建筑也将被打造成"社区"，实现居民之间的互动和交流。

1.3.3　综合体建筑十大技术发展趋势

1. 智慧管理控制技术

近年来，新一代 ICT 技术、大数据、人工智能等技术已逐步在综合体智慧运营管控平台中应用，管理软件平台的功能更加强大和智能、建筑更加智慧，利用 BIM 模型和数字孪生技术对大楼实现可视化运维和管理，实现对综合体进行智慧化管控。随着科技的发展和进步，将会有更多的新产品和技术应用于综合体建筑中，进一步提升智慧化水平。

2. 虚拟电厂技术

随着分布式能源、微电网技术发展，对于超大型综合体，通过先进信息通信技术和软件系统等虚拟电厂技术，实现对建筑的市电、可再生能源发电、储能、可控负荷、电动汽车 V2G 系统进行综合调控，从而实现源网荷储一体化的高效调控是必然趋势。

3. 智能配电系统技术

在综合体建筑中，利用物联网技术、检测技术、互联网技术等，通过智能配电系统实现对低压配电、开关控制、继电保护、数据监测、运维管理以及智能防雷监控、接地监测、能耗管理、设备及线缆诊断等一体化管控是必然趋势。

4. 预装式变配电设备技术

随着智能建造、装配式技术推进，未来预装式变配电设备将会是发展趋势，即将变配电设备通过工厂预装式生产、集成、在项目现场组装，以降低施工周期、节省空间、降低投资。目前，预装式变配电设备已经在 110kV 变电站中大量应用，且技术已成熟，在超大型、大型综合体建筑中，采用预装式变配电设备将会是发展趋势。

5. 智能一体化设备技术

电气设备为智慧建筑提供能源以及数据信息处理，因此智能电气设备在一定程度上决定了建筑的智慧化水平。强弱电一体柜是指将强电和弱电设备集成在同一个控制柜内。它集成了控制、监测、保护、通信等多种功能于一体，大大简化了设备安装和维护的难度。强弱电一体化设备能利用通信技术和控制技术，实现对综合体建筑的终端设备（照明及动力）由同一成套设备中供电和控制，从而简化配电及控制系统。

6. 智慧照明控制系统技术

在综合体建筑中，应用现代通信技术、传感器技术和智能算法等技术，实现对室内照明、室外光彩照明进行智慧化控制，有助于提升照明品质、同时实现更高效、更节能控制综合体建筑照明。

7. 智慧化消防技术

利用 BIM 技术、物联网技术等，对消防设施设备进行在线管理，对消防报警及联动控制实现智慧化管控和可视化管理，有序引导人员高效疏散、指导消防人员及时进行火灾救援。

8. 智能防雷技术

利用雷电临近监测和预警技术、智能 SPD 监测系统等，对综合体建筑雷电检测及预警、对 SPD 设备有效性进行在线检测，整体提高综合体建筑的雷电防护水平。

9. 光储直柔建筑

"光储直柔"建筑新型能源系统是面向碳中和目标实现建筑能源系统革新的重要技术路径，"光储直柔"建筑的最终目标是实现建筑整体柔性用能，使得建筑从传统能源系统中仅是负载的特性转变为未来整个能源系统中具有可再生能源生产、自身用能、能量调蓄功能"三位一体"的复合体，也是建筑面向未来低碳能源系统构建要求应当发挥的重要功能。

10. 全电气化技术

将综合体建筑中利用燃气作为采暖、生活热水、餐饮和特殊建筑蒸汽能源更换为电能，以电能替代化石能源、实现综合体建筑全电气化，以降低建筑运行碳排放。

1.3.4 综合体建筑电气十大设计关键点

1. 建筑电气设计策略

综合体由于功能复杂，从而导致电气设计内容多、系统复杂。在设计过程中，一套好的方法体系能提高工作效率和提升设计质量，本书中相关章节对各设计阶段的电气策划、电气系统架构的要素、系统与设计界面的划分原则、各方协同配合策略以及电气的验证与评估等方面对综合体建筑电气设计关键要点进行阐述和分析。

2. 变配电设计

变配电设计是综合体建筑电气设计的重点和难点，也是确保项目供电可靠性的关键，负荷分级、供电电源、变配电所设置又是变配电设计的关键。正确的负荷分级是确定供配电系统形式的重要依据，由于综合体建筑功能复杂，确定用电设备的负荷等级除了依据相应的国家设计规范和标准外，还要根据不同的使用主体的需求，不同的业态使用场所的要求进行确定。

3. 自备应急电源系统设计

综合体建筑由于负荷类型多，不同负荷的供电可靠性要求差异化较大，因此需根据整体的供配电系统及负荷需求，确定应急电源（柴油发电机组的选取及 UPS、ISPS、EPS 等）系统方案和进行相应的设计。

4. 电力配电设计

综合体建筑功能多，仅商业业态就有餐饮、百货、超市、娱乐、影院等功能。不同功能之间用电指标差异巨大，同时业态也处在动态调整之中。设计进行负荷预留时应考虑不同业态的特殊性和个性化预留用电指标。不同业态供电变压器的负荷率不宜过高，同时在变电所预留增容变压器的安装位置，因此综合体建筑的配电设计也是确保系统安全可靠和项目正常运营的关键。

5. 照明设计

综合体建筑中几乎涵盖了室内外照明设计的所有场景，照明品质对于建筑品质影响也非常明显；同时，综合体建筑中应急照明系统也较为复杂，且事关人员的应急疏散，因此照明设计是综合体建筑电气设计非常重要的关键点之一。

6. 线缆选择及敷设

综合体建筑中涉及的线缆种类多，为建筑提供能量及通信，如同人体的血管及神经，线缆选型是否恰当、敷设方式是否正确，决定着项目能否正常运行。

7. 防雷接地及安全防护设计

综合体建筑由于人员密集且设施设备多，防雷接地及安全防护关系人身及财产安全，因此需要准确地确定防雷类别和采取正确、合理的防护措施。

8. 消防报警及联动设计

综合体建筑用电、用燃气（餐饮）点位多，火灾后损失也通常较大，因此预防火灾、早发现和识别火灾、火警后及时开展消防灭火极其重要，火灾报警及消防联动控制系统是预防火灾、探测火灾、控制火灾以及灭火重要的支撑，系统及点位设置、联动控制等都非常关键。

9. 智慧化管理系统设计

综合体建筑智慧化管理系统是支撑项目安全运行、正常运营、高效管理、节能管控的基础，涉及数十个子系统，且需由软件平台对所有的设施设备进行集成管控，子系统设计、系统集成、平台软件开发都是关键。

10. 节能设计

综合体建筑的节能设计事关项目运营成本、建筑碳排放,在项目设计的方案阶段、初设阶段、施工图设计阶段都应重视节能设计,即应将节能设计贯穿于整个设计过程中,且节能的设计理念应站在建筑全生命周期运营视角综合分析。

1.4 本书主要内容

1.4.1 总体介绍

本书系统性梳理了综合体建筑的起源和发展,归纳、总结了智慧综合体建筑电气与智能化设计各环节的设计内容、设计要点、创新方法。全书共分为 12 章,从智慧综合体建筑设计的相关规范标准、建筑电气与智能化设计、节能措施与数据分析、设备与新产品和技术应用、项目实例等方面做了全面的介绍。本书强调技术原理和工程实际应用在智慧综合体建筑电气设计中的作用,注重内容的应用针对性和知识更新,为智慧综合体建筑电气设计和全生命周期运维提供借鉴和参考。

1.4.2 各章介绍

本书第 1 章主要介绍了综合体建筑的起源和发展趋势,梳理和总结了综合体建筑设计参考和依据的国家、行业、团体、企业标准,并展望了智慧综合体建筑的十大发展技术。

本书第 2 章主要介绍了综合体建筑变电所的设计要求、设置原则,高、低压配电系统的设计思路。重点从用电负荷指标分析、高低压系统接线方式、高低压设备选型等方面介绍了设计方法,最后介绍了智能配电系统在综合体建筑中的应用。

本书第 3 章主要介绍了自备应急电源的种类,自备应急电源设备机房的设计原则和技术要点,着重介绍了不同情况下不间断电源UPS 的选型依据和容量计算方法。

本书第 4 章主要介绍了低压电力系统的配电形式，不同电力设备的详细配电措施。着重介绍了终端智能配电产品的配置方案，智能一体化终端配电设备以及智能母线槽的应用场景。

本书第 5 章主要介绍了综合体建筑照明的种类，照明配电与控制系统的设计原则，重点介绍了综合体建筑中特殊场所的照明设计方法，并对智慧照明系统在综合体建筑中的应用做了详细的探讨。

本书第 6 章主要介绍了综合体建筑中强弱电线缆的选型依据和敷设要求。

本书第 7 章主要介绍了综合体建筑防雷建筑物的防雷类别分类原则，根据综合体建筑不同防雷类别，介绍了各类综合体建筑物防雷措施，采用的内、外部防雷装置的设置要求；阐述了各类接地系统及接地装置的特点，这其中也包括了机房等特殊区域的接地措施以及电气安全的要求。展望了智慧综合体建筑防雷技术的主要发展方向。

本书第 8 章主要介绍了综合体建筑火灾自动报警及消防联动系统的组成、功能与设计要求。重点介绍了特殊场所火灾探测器的设置原则，最后对智慧消防技术在综合体建筑中的应用以及典型方案做了详细的说明。

本书第 9 章主要介绍了综合体建筑智能化系统的组成。

本书第 10 章主要介绍了综合体建筑电气设计的策略。从电气设计过程控制策略、电气系统构架策略、电气设计协同策略以及电气系统验证与评估四个环节阐述了全过程策略控制的方法和要点。

本书第 11 章主要介绍了综合体建筑的各种电气节能措施。从设备节能、系统节能、运维节能以及可再生能源利用方面，系统性解决综合体建筑的高能耗问题。

本书第 12 章主要介绍了优秀综合体建筑的设计案例。重点分析了优秀综合体建筑电气设计案例的电气系统组成、设计思路和设计方法，从智慧化技术和产品的应用方向展示了智慧综合体建筑的发展趋势。

第2章 变配电所

2.1 概述

2.1.1 分类、特点及要求

1. 分类

变配电所简称变电所，是电力系统中对电能的电压和电流进行变换与分配的场所。从设备角度看变配电所由高压配电装置、变压器、低压配电装置、测量及控制设备等构成；从建筑角度看变配电所一般由高压配电室、变压器室、低压配电室、值班室等组成。

综合体变配电所分类：按功能可分为主变电所和分变电所，按设备产权权属分为专用变电所和公用变电所，按变电所与建筑的关系分为独立式、附设式和露天式。

2. 特点

（1）电气设备多

由于综合体业态多且通常建筑面积较大，从而导致低压出线回路多，因此低压柜数量多。另由于各业态（商业、办公、酒店等）运营管理需要、电能独立计量需要，通常会将商业、办公、酒店在高压侧独立计量，商业的大型超市、影院通常还另需高压独立计量，因此综合体建筑的变配电所内电气设备多，项目的高低压成套柜数量可能上百台、变压器数十台。因此变配电所的建筑面积也较大，部分项目的变配电所面积达数百甚至上千平方米。

（2）变电所数量多

综合体建筑中，在变配电所选址时，除满足现行的规范及标准要求外，基于项目业态、后期运营、物业管理、商家要求等因素，综合体建筑的变配电所通常多处设置，如综合体的商业、办公、酒店业态的变配电所通常独立设置，大型超市变配电所也通常独立于商业主变配电所而单独设置。

（3）变压器装机容量大

由于综合体建筑通常总建筑面积大，且有大面积的超市、餐饮等大用电负荷业态，因此综合体建筑的变压器总装机容量通常在几万 kVA，从而需要两路及以上电源作为项目的主用电源。

（4）变配电系统复杂

基于前述的多路电源、多配变电所、多业态计量需求，同时基于不同业态的负荷分级及其供电要求，综合体变配电系统较为复杂，通常需要绘制主接线图以清晰表达项目变配电系统。

3. 变电所设计要求

1）供配电系统设计应遵循下列原则：

①做到保障人身安全、供电可靠、技术先进和经济合理。

②应根据工程特点、规模和发展规划，做到远近期结合，在满足近期使用要求的同时兼顾未来发展的需要。

③应按照负荷性质、用电容量、工程特点和地区供电条件合理确定设计方案。

④应选用符合国家现行有关标准的高效节能、环保、安全、性能先进的电气产品。

⑤除应遵守建筑行业相关规范外，尚应符合项目所在地供电部门的有关要求、标准的规定。

2）根据负荷分布情况将变电所分散布置，变电所选址应方便设备运输。

3）变配电设备尺寸小型化、质量轻量化，方便运输和后期运维；并采用紧凑的布置方案。

4）控制噪声、振动，减少对人员和设备的影响。

2.1.2 本章主要内容

本章主要内容包括综合体高压配电系统、变压器、低压配电系统、变电所的选址、智能配电系统等。

2.2 高压配电系统

2.2.1 高压配电系统设计原则

1. 电压等级

综合体外部电源供电电压等级需根据项目所在区域公共电网现状及其发展规划，并经供电部门批准确定。按国家电网标准及项目特点，外部供电系统电压等级一般为：35kV、20kV、10kV、6kV。全国各城市民用建筑供电电压大多采用10kV电压等级，在一些城市的新区较多采用20kV电压等级，部分区域也有采用35kV、6kV电压等级。

2. 配电方式

根据综合体各变电所服务业态对供电可靠性的要求、变压器数量与总安装容量及变电所位置分布等条件，高压配电系统可采用放射式、树干式、环式及其组合方式。

（1）放射式

放射式供电可靠性高，故障发生后影响范围较小，维护操作便利，保护简单，便于自动化，但配电线路和高压开关柜数量多而造价较高。放射式分为单回路放射式、双回路放射式与带公共备用线的放射式三种形式。其中单回路放射式适用于一、二级负荷较少，并设置柴油发电机作为一、二级负荷的备用电源的业态供电；双回路放射式与带公共备用线的放射式适用于一、二级负荷用电较多的业态供电。

（2）树干式

树干式分为单回路树干式和双回路树干式两种。树干式配电线路和高压开关柜数量少且投资少，但故障影响范围较大，供电可靠性较差，适用于主要用电为三级负荷的住宅业态供电。

（3）环式

环式分为闭路环式和开路环式两种。为简化保护，一般采用开路环式，其供电可靠性较高，运行比较灵活，但切换操作较繁琐，适用于有大量二级负荷的超高层住宅、公寓业态供电。

2.2.2 高压配电系统接线方式

由于综合体建筑设备安装容量大、变电所多、供电回路数也多，所以系统主接线通常都较复杂。结合工程经验和收集到的 20 个项目做法，笔者以 10kV 电源进线为例整理了几种常用 2～4 路进线的变配电系统主接线形式及运行方式，供读者参考：

1）两路 10kV 电源进线，两路电源一用一备，两路电源通常来自不同的区域变电站，如图 2-2-1 所示。

正常情况下，QF01、QF03 闭合，QF02 断开。主供电源失电时，QF02、QF03 闭合，QF01 断开。

2）两路 10kV 电源进线，两路电源同时主供，两路电源通常来自不同的区域变电站，互为备供，系统接线如图 2-2-1 所示。

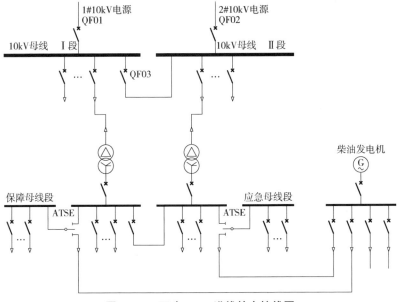

图 2-2-1　两路 10kV 进线的主接线图

正常情况下，QF01、QF02 闭合，QF03 断开。1#主供电源失电时，QF02、QF03 闭合，QF01 断开。2#主供电源失电时，QF01、QF03 闭合，QF02 断开。

3）三路 10kV 进线，两路电源（1#、2#）为主供，另一路电源（3#）为备供，三路电源通常来自两个不同的区域变电站，系统接线如图 2-2-2 所示。

正常情况下，QF01、QF03 闭合，QF04、QF06 闭合，QF02、QF05 断开。1#10kV 主供电源失电时，QF02 闭合，QF01、QF03 断开。2#10kV 主供电源失电时，QF05 闭合，QF04、QF06 断开。

4）四路 10kV 进线，1#、2#10kV 电源同时主供，互为备供；3#、4#10kV 电源同时主供，互为备供。1#、2#电源通常来自两个不同变电站，3#、4#电源通常来自两个不同变电站，系统接线如图 2-2-3 所示。

正常情况下，QF01、QF02 闭合，QF03 断开；QF04、QF05 闭合，QF06 断开；1#主供电源失电，QF02、QF03 闭合，QF01 断开；2#主供电源失电，QF01、QF03 闭合，QF02 断开；3#主供电源失电，QF05、QF06 闭合，QF04 断开；4#主供电源失电，QF04、QF06 闭合，QF05 断开。

5）四路 10kV 进线，1#、2#、3#10kV 电源主供，4#10kV 电源备供，4#电源与其余三路电源来自不同的区域变电站（有条件时 1#、2#、3#电源可来自两个不同的区域变电站），系统接线如图 2-2-4 所示。

正常情况下，QF01、QF03 闭合，QF02 断开；QF04、QF06 闭合，QF05 断开；QF07、QF09 闭合，QF08 断开；1#主供电源失电，QF02、QF03 闭合，QF01 断开；2#主供电源失电，QF05、QF06 闭合，QF04 断开；3#主供电源失电，QF08、QF09 闭合，QF07 断开。

在进行主接线设计时，除了考虑供电可靠性、经济性、计量要求外，还需考虑继电保护问题，在系统中尽量减少多级均采用断路器的情况，从而减少级差配合问题。对于仅作回路分配的节点，可选用负荷隔离开关（如图 2-2-2 中 3#电源进线处和图 2-2-4 中 4#电源进线处）；对于变压器与高压配电装置相距较远的情况，可在分配电房变压器进线处装设负荷开关熔断器组。

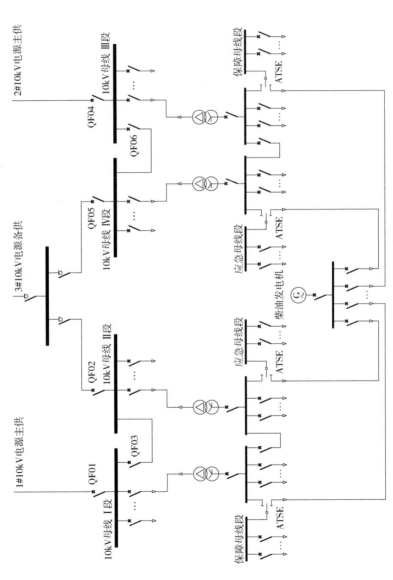

图 2-2-2 三路10kV进线的主接线图

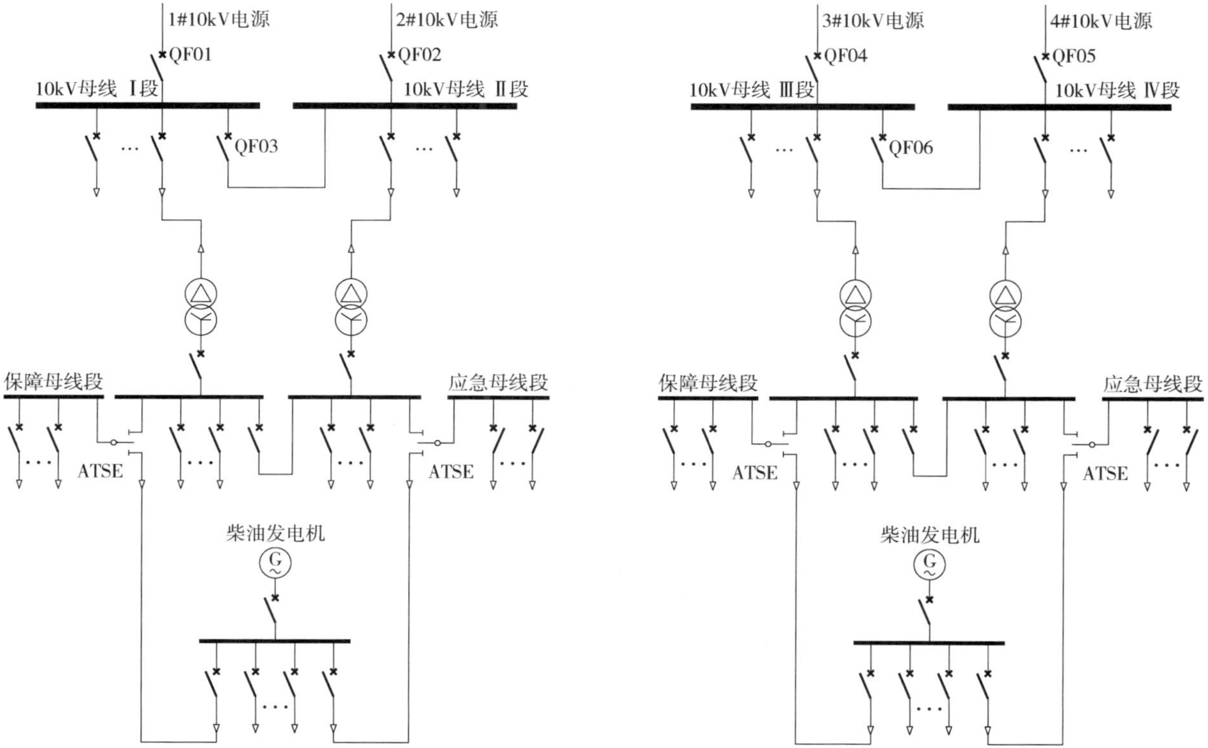

图 2-2-3 四路10kV进线的主接线图一

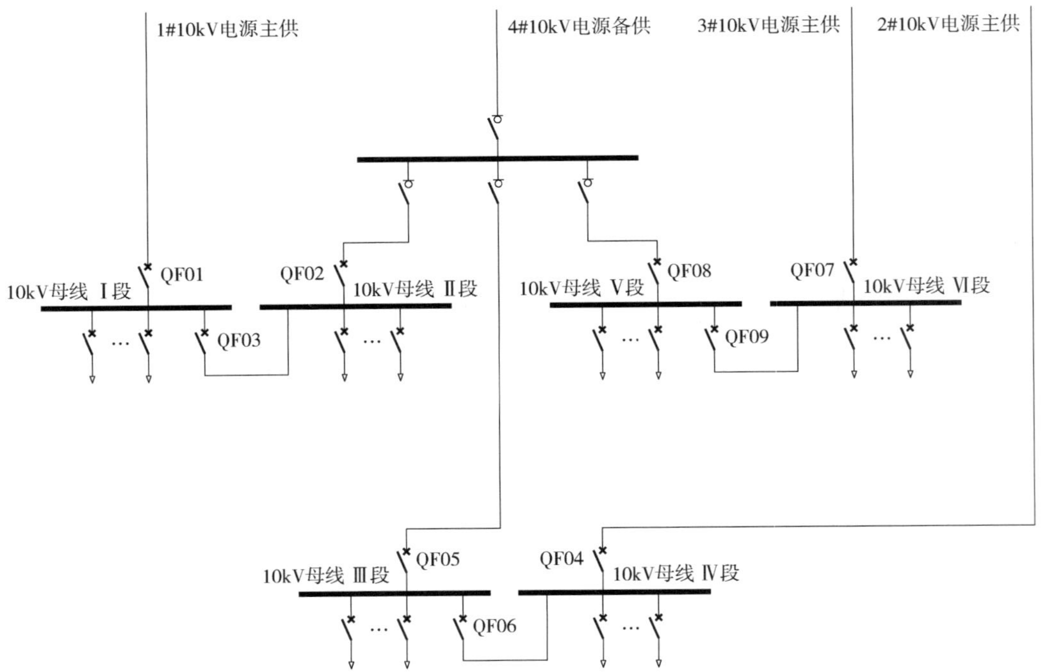

图 2-2-4　四路 10kV 进线的主接线图二

1#10kV电源主供

QF01
10kV母线 Ⅰ段
QF03

QF02
10kV母线 Ⅱ段

4#10kV电源备供

QF08 QF09
10kV母线 Ⅴ段

3#10kV电源主供

QF07
10kV母线 Ⅵ段

2#10kV电源主供

QF05
10kV母线 Ⅲ段
QF06

QF04
10kV母线 Ⅳ段

2.2.3　高压配电柜选型

综合体建筑中高压配电柜选型主要根据功能需求、电压等级、安装环境、项目定位、维护便捷性等情况综合考虑。在外部电源进线处，需进线回路分配的（如图 2-2-4 的 4#电源进线处），在此处可选用气体绝缘或固体绝缘的负荷隔离开关柜。在 10kV 配电出线处可选择空气绝缘、气体绝缘、固体绝缘封闭式金属开关柜，柜体选型需同时结合当地供电局电网要求。

近年随着高压配电柜技术发展，出现了小尺寸高压配电柜、免维护高压配电柜、智能化配电柜。从考虑节省空间的角度出发，可选用 550mm 宽度和 375mm 宽度的高压配电柜。从减少后期运维角度出发，可选用固体绝缘和气体绝缘开关柜，需注意的是，气体绝缘主要为 SF_6 绝缘和环保气体绝缘。SF_6 气体无色、无味、不易被人感知，当泄漏气体达到一定浓度后，如有工作人员进入室内巡视、检修等作业，就会造成大脑缺氧、窒息而酿成人员伤亡，因此选用 SF_6 气体绝缘柜时需设置 SF_6 气体监控系统，监测 $SF_6 + O_2$ 气体浓度并联动排风机。从方便后期运营角度看，可选用智能化程度高的高压配电柜，以实现远程监测、控制等。

表 2-2-1 为部分品牌不同柜型主要特点差异，供读者选型时参考。

表 2-2-1　不同柜型主要特点表

柜型示例	PIX-12	SM6-12	RM6-12	Premset-12	RM AirSet
工作电压等级	12kV	12kV	12kV	12kV	12kV
绝缘介质	空气绝缘	空气绝缘	SF_6 气体绝缘	固体绝缘	环保气体绝缘
开关柜结构	金属铠装柜	金属间隔柜	金属箱式柜	金属铠装柜	金属铠装柜
主开关灭弧介质	真空	SF_6	SF_6	真空	真空
尺寸(宽×高×深)/mm	800×2250×1400	375×1600×840	1186×1142×670(IQI 组合)	375×1550×1135	420×1650×770
质量/kg	800~1200	130~300	275(IQI 组合)		260~365
维护需求	维护量比较大	维护量比较大	免维护/少量维护	免维护/少量维护	免维护/少量维护

柜型示例	PIX-12	SM6-12	RM6-12	Premset-12	RM AirSet
适用环境	通用环境	通用环境	污秽、潮湿	污秽、潮湿、高海拔	污秽、潮湿、绿色环保
建议场合	主变电所及一般办公、酒店、商业等	住宅	公寓及变压器容量较小的变电所	高端办公、酒店、商业等业态	高端办公、酒店、商业等业态

2.2.4　高压系统保护方案

继电保护装置应满足可靠性、灵敏性、速动性和选择性的要求。同时继电保护装置的接线应简单可靠，并应具有必要的检测、闭锁等措施。保护装置应便于整定、调试和运行维护。短路故障保护应具备可靠、快速且有选择地切除被保护设备和线路的短路故障的功能。综合体变电所中不同设置位置继电保护功能见表2-2-2。

表2-2-2　不同设置位置继电保护功能

设置位置	继电保护要求
进线回路	过负荷保护、速断保护、带时限低电压保护、零序保护
母联断路器	过负荷保护、备自投保护
出线至分变电所馈线	过负荷保护、速断保护、零序保护
变压器进线断路器	过负荷保护、速断保护、零序保护、温度保护（高温动作于信号、超高温动作于跳闸）
异步电动机进线断路器（空调主机、水泵）	过负荷保护、速断保护、堵转保护、欠电压（低电压）保护、断相保护、电动机过热保护等

2.3　变压器

2.3.1　变压器选型

根据《民用建筑电气设计标准》（GB 51348—2019）第4.3.5

条要求，"设置在民用建筑中的变压器，应选择干式变压器、气体绝缘变压器或非可燃性液体绝缘变压器"，在实际项目中主要为选用干式变压器。

干式变压器根据绝缘、铁心材料及构造、绕组方式等可分为多种，不同种类的变压器过载能力、能效等级、运行噪声、辐射等情况有较大差异，应结合综合体项目负载情况选择变压器。综合体变压器选型原则：

（1）安全可靠

综合体建筑用电可靠性要求高、运行过程中负载波动较大，变压器应能长期可靠运行。

（2）高效节能

2020年12月工信部等部门印发的《变压器能效提升计划（2021—2030 绿色变压器技术与应用白皮书 2023 年)》指出，到2023 年高效节能变压器符合新修订《电力变压器能效限定值及能效等级》（GB 20052—2020）中 1 级、2 级能效标准的电力变压器在网运行比例提高 10%，当年新增高效节能变压器占比达到 75%以上。由此看出，采用 1 级、2 级能效等级的变压器是未来发展方向。因此综合体建筑的变压器选型宜符合国家能效标准《电力变压器能效限定值及能效等级》（GB 20052—2020）中的 2 级能效及以上水平。

（3）绿色环保

根据绿色发展理念，需考虑变压器从设计、生产、运行到回收全生命周期管理各方面的绿色环保。综合体建筑中应选用运行噪声低、便于报废后回收的产品，优先选用包装材料可循环利用、不使用对环境有害的发泡剂的变压器。如硅橡胶包封的低噪声干式变压器，寿命终止后铁心、铜材、硅橡胶等主材均很容易回收，可回收率高达 99%。

表 2-3-1 给出了 5 类干式变压器技术指标对比，供设计师选型时参考。

表 2-3-1　5 类干式变压器技术指标对比

指标	类别				
	叠铁心干式变压器（SCB）	环保型树脂绝缘立体卷铁心干式变压器(SCB-RL)	敞开式立体卷铁心干式变压器(SGB-RL)	叠铁心硅橡胶干式变压器（SJCB）	非晶合金立体卷铁心干式变压器（SGBH-RL）
图片					
磁路	三相不平衡	三相平衡	三相平衡	三相不平衡	三相平衡
能效等级	满足 1 级能效	满足 1 级能效	满足 1 级能效	满足超 1 级能效	满足 1 级能效
空载电流	较大	小	小	较大	小
噪声	较高	低	低	较低	较高
电磁辐射	一般	小	小	一般	小
局部放电	≤10pC，有介质风险	稳定，≤5pC，复合绝缘、多重容错	稳定，≤5pC，复合绝缘、多重容错	稳定，≤5pC，绝缘容错	稳定，≤5pC，复合绝缘、多重容错
过载能力	自冷状态下满载运行	自冷状态下可长期耐受 110% 的负载	自冷状态下可长期耐受 110% 的负载	自冷状态下可长期耐受 120% 的负载	自冷状态下可长期耐受 110% 的负载
抗短路能力	树脂浇筑线圈，抗短路能力强；免浇筑低压矩形线圈和铁心，抗短路能力弱	圆形线圈，框架式结构，抗短路能力强	圆形线圈，框架式结构，抗短路能力强	硅橡胶浇筑线圈，抗短路能力强；免浇筑低压椭圆线圈和铁心，抗短路能力较弱	圆形线圈，框架式结构，抗短路能力较强
占地面积	较大	小	小	较大	较小
重量	重	轻	轻	较重	较重
阻燃特性	可燃、有烟，会爆裂	不燃、不爆裂、少烟	不燃、不爆裂、少烟	不燃、不爆裂、无烟	不燃、不爆裂、少烟
防碰撞	强	强	较强	强	较强
售价	低	较低	中	高	较高

2.3.2 负荷计算与安装指标

综合体负荷计算通常采用设备安装容量和需要系数法计算，根据项目所在地经济与地理位置、业态情况、建设标准、用电设备功率等综合确定。由于综合体建设方一般要求按业态设置变电所，所以设计时也应分业态进行负荷计算。

编制组整理了近年设计和竣工的 20 个大型综合体建筑信息，将综合体建筑中商业、办公、酒店分类统计单位面积装机容量制成图 2-3-1。20 个样本项目中，商业单位面积平均指标为 134.5VA/m²，办公单位面积平均指标为 102.9VA/m²，酒店单位面积平均指标为 119.3VA/m²。

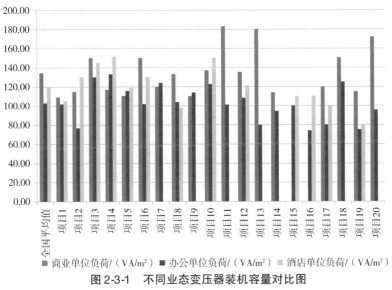

图 2-3-1　不同业态变压器装机容量对比图

根据地域分布，20 个项目中，东部、中部、西部地区各综合体建筑单位面积变压器装机容量平均指标制成图 2-3-2。由此图可以看出，综合体建筑中商业的变压器装机容量在东部、中部、西部区域差异不大，但办公和酒店的单位面积装机容量，西部明显低于中部和东部。

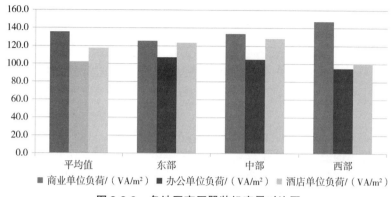

图 2-3-2　各地区变压器装机容量对比图

2.3.3　变压器台数与容量选择

1. 台数选择

变压器的台数一般根据负荷等级、用电容量和经济运行等条件综合考虑确定，由于综合体业态的特殊性，其内的商业、办公、酒店等业态用电通常需独立设置变压器，商业中的大型超市、电影院、溜冰场等业态也通常单独设置变压器，某些特殊设备（如大量的充电桩负荷）通常也单独设置变压器。

2. 容量选择

变压器容量选择的基本依据是负荷计算，要根据所带设备的计算负荷及所带负荷的种类和特点来确定。综合体各业态变电所变压器的长期负荷率不宜大于 85%，有大量一、二级负荷的变压器负荷率不宜大于 65%。单台变压器容量一般不超过 2000kVA，最大不超过 2500kVA。单台变压器容量和每个变电所最多设置的变压器台数还应结合当地供电部门要求确定。

2.4　低压配电系统

2.4.1　低压配电系统设计原则

1. 安全可靠

综合体建筑低压配电系统出现故障，将直接影响各入住商家的正常经营，造成经济损失，甚至可能引发电气火灾、造成机电设备无法正常运行，从而造成的生命财产损失。因此，在低压配电系统设计时，需考虑电击防护和电气火灾预防，应选择合理的配电接线系统，采用合适的电气设备防护等级和线路敷设的防护措施，选取优质的电气设备和导体。

2. 经济性

需要遵循经济性原则，注重节省投资，以此确保低压配电设计可以最大化地满足经济效益。对此，在设计前需根据建筑实际用电情况科学规划和设计配电线路，尽量缩减电缆长度，节省线缆材料；在设计时尽量采用节能的新材料、新产品，并在建设过程中加强成本预算管理。

3. 灵活性

综合体建筑中，商业、办公、公寓等业态用电需求往往伴随整个项目的进展不断调整。因此，是否有足够的灵活性以保证在既有配电系统条件下满足变化的用电需求是综合体项目设计要点之一。

4. 重视防火分区和配电分区

防火分区是民用建筑防火设计重要依据，国家规范对消防用电设备供配电与防火分区的关系做出了明确规定，其根本原则就是消防负荷的供配电范围要按防火分区进行设置。配电分区是根据综合体业态分布、平面空间供电线缆走向及分布等因素，同时结合后期物业运维确定的配电区域，通常每个配电分区会设置配电间。配电分区通常以防火分区为基础进行划分，一个防火分区可根据需要划分为一个或多个配电分区，配电分区原则上尽可能不跨越防火分区。

2.4.2　电能质量

综合体建筑中，影响电能质量的主要问题是谐波和电压偏差。

1. 谐波

民用建筑用电设备主要为非线性的单相负荷，其中包括如个人计算机、打印机、电信设备、电子镇流器的照明灯具、楼宇智能化设备、不间断电源等含有开关电源的非线性负荷（电压型谐波源，属于容性负载），与如含电感镇流器的照明灯具等呈电感性的非线性负荷。这两类非线性的单相负荷形成了民用建筑中的主要谐波源。它们将导致配电系统的电压、电流发生畸变，产生谐波。目前综合体建筑中主要采用以下几方面被动治理措施进行谐波治理：

（1）有源滤波器（APF）

APF是在时域中对非正弦周期信号进行分解后，再进行适当的电流补偿，从而改善系统电流波形。通常在谐波源附近和公用电网节点装设并联型或混合型APF，有效地起到补偿或隔离谐波的作用。

（2）无源滤波器（PPF）

PPF本质上是频域处理方法，也就是将非正弦周期电流分解成傅立叶级数，对某些谐波进行吸收以达到治理的目的。在谐波源附近或公用电网节点装设单调谐及高通滤波器，可以吸收谐波电流，还可以进行无功补偿，维护简单。相对于APF等新型滤波装置而言，PPF成本较低，容量大，功能易于实现。

（3）无功补偿

对于无功补偿，同样有两种形式，即用并联电容器进行静态补偿，并配置电抗器以限制电容器的合闸涌流并防止谐波放大。新型无功补偿设备是基于电力电子技术的动态无功补偿设备，称作静止无功发生器（SVG），通过调节变流器的逆变输出电压，使系统电压与变流器逆变输出电压之间的电压差作用在电抗器上，进而产生需要的无功电流，其无功输出可达到从容性到感性全范围的平滑调节。

2. 电压偏差

综合体中影响电压偏差的主要因素为变压器电压损失和线路电压损失。改善电压偏差的主要措施如下：

1）正确地选择变压器容量，提高变压器的功率因数，降低变压器的自身损耗，保证变压器的电压降在合理的范围内。

2）采取补偿无功功率措施，调整并联补偿电容器组的接入容量，使线路及变压器电压降减少。

3）降低系统阻抗，合理地选择电缆长度、截面、型号，减少线路的阻抗，从而降低线路电压损失。

2.4.3　低压系统接线方式

低压系统接线方式见方案一～方案四（图2-4-1），各方案的系统特点和适用范围比较见表2-4-1。

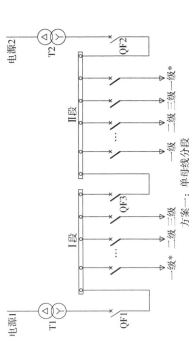

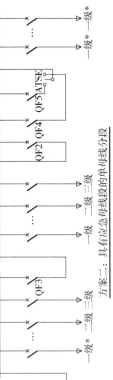

注: 1.图中"一级*"为一级负荷中特别重要负荷
   2.图中"一级"为一级负荷,分别接于Ⅰ段
    母线和Ⅱ段母线
   3.图中"二级"为二级负荷,分别接于Ⅰ段
    母线和Ⅱ段母线
   4.图中"三级"为三级负荷,可Ⅰ段母线和
    Ⅱ段母线
   5.图中示例仅供参考,具体方案由设计根据
    实际工程确定

图 2-4-1　低压系统接线方式

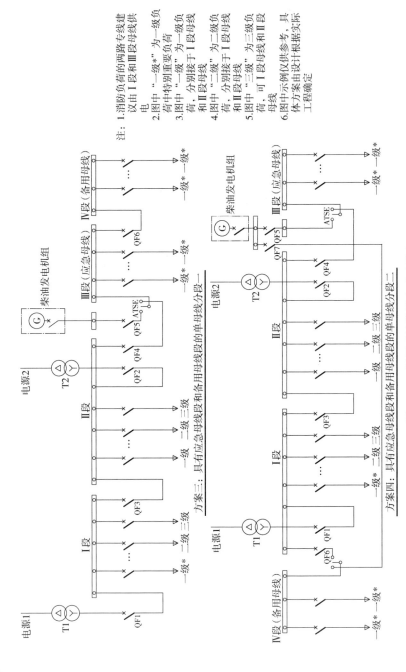

注:
1. 消防负荷的两路专线建议由Ⅰ段和Ⅲ段母线供电
2. 图中"一级*"为一级负荷中特别重要负荷
3. 图中"一级"为一级负荷,分别接于Ⅰ段母线和Ⅱ段母线
4. 图中"二级"为二级负荷,分别接于Ⅰ段母线和Ⅱ段母线
5. 图中"三级"为三级负荷,可由Ⅰ段母线和Ⅱ段母线
6. 图中示例仅供参考,具体方案由设计根据实际工程确定

方案三:具有应急母线段和备用母线段的单母线分段一

方案四:具有应急母线段和备用母线段的单母线分段二

图2-4-1 低压系统接线方式(续)

表 2-4-1　低压系统常用接线方案比较

方案编号	方案名称	系统特点	适用范围
方案一	单母线分段	Ⅰ段和Ⅱ段母线分别由不同电源供电，中间设母联断路器 QF3，平时 QF3 断开。当有一路电源断电时，QF3 闭合，由另一路电源继续供电	适用于最高负荷等级为一级负荷中特别重要负荷的供配电系统
方案二	具有应急母线段的单母线分段	Ⅰ段和Ⅱ段母线分别由不同电源供电，中间设母联断路器 QF3，平时 QF3 断开。当有一路电源断电时，QF3 闭合，由另一路电源继续供电 Ⅲ段母线由发电机和电源 2 供电，电源与发电机之间通过 ATSE 实现机械、电气联锁 注：系统图中 ATSE 可以由其他双电源转换装置替代	适用于最高负荷等级为一级负荷中特别重要负荷的供配电系统
方案三	具有应急母线段和备用母线段的单母线分段一	Ⅰ段和Ⅱ段母线分别由不同电源供电，中间设母联断路器 QF3，平时 QF3 断开。当有一路电源断电时，QF3 闭合，由另一路电源继续供电 Ⅲ段母线为应急母线段，由发电机和电源 2 供电，电源与发电机之间通过 ATSE 实现机械、电气联锁 Ⅳ段母线为备用母线段，也由发电机和电源 2 供电。当发生火灾时，可以通过断路器 QF6 将非消防电源切除 注：系统图中 ATSE 可以由其他双电源转换装置替代	适用于最高负荷等级为一级负荷中特别重要负荷的供配电系统。系统中既有应急电源，又有备用电源 该方案可以广泛地应用在综合体建筑中的高等级酒店、高档写字楼等场所
方案四	具有应急母线段和备用母线段的单母线分段二	Ⅰ段和Ⅱ段母线分别由不同电源供电，中间设母联断路器 QF3，平时 QF3 断开。当有一路电源断电时，QF3 闭合，由另一路电源继续供电 Ⅲ段母线为应急母线段，由发电机和电源 2 供电，电源与发电机之间通过 ATSE 实现机械、电气联锁 Ⅳ段母线为备用母线段，由发电机和电源 1 供电。电源与发电机之间通过 ATSE 实现机械、电气联锁 注：系统图中 ATSE 可以由其他双电源转换装置替代	适用于最高负荷等级为一级负荷中特别重要负荷的供配电系统。系统中既有应急电源，又有备用电源 该方案可以广泛地应用在综合体建筑中的高等级酒店、高档写字楼等场所

2.4.4　低压配电柜选型

综合体建筑的低压配电柜可选择固定分隔式（配插入式断路器）、抽屉式配电柜、智能式配电柜等，各柜型性能差异不大。需根据选定柜型的结构、模数、小室高度等确定各柜体出线回路数。表 2-4-2 和表 2-4-3 给出了部分柜型的参数，可供读者参考。

表 2-4-2　低压配电柜电气参数

型号	BlokSeT	MNS3.0	SIVACON 8PT	MNS2.0	MDmax
电气数据					
额定绝缘电压(U_i)	1000VAC	690VAC/1000VAC	1000VAC	1000VAC	1000VAC
额定工作电压(U_e)	400V/690V	400V/690V	400V/690V	400V/690V	400V/690V
额定频率(F)	50Hz/60Hz	至 60Hz	50Hz/60Hz	50Hz/60Hz	50Hz/60Hz
额定脉冲电压(U_{imp})	12kV	6kV/8kV/12kV	8kV/12kV	12kV	6kV/8kV/12kV
水平母线额定电流(I_n)	7000A	6300A	7400A	6300A	6300A
额定短时耐受电流(I_{cw})	100kA 1s	100kA 1s	150kA 1s	100kA 1s	100kA 1s
额定峰值耐受电流(I_{pk})	220kA	220kA	330kA	220kA	220kA
抗内燃弧性能	85kA,0.5s $I_{pc\,arc}$ 65kA,0.3s $I_{p\,arc}$	100kA eff 0.3s	65kA eff 0.3s	无	无

注：$I_{p\,arc}$ 不低于 65kA，0.3s，$I_{p\,arc}$：电弧情况下允许短路电流。
　　$I_{pc\,arc}$ 不低于 85kA，0.5s，$I_{pc\,arc}$：电弧情况下允许限制短路电流。

表 2-4-3　低压配电柜机械参数

型号	BlokSeT	MNS3.0	SIVACON 8PT	MNS2.0	MDmax
机械数据					
防护等级	IP20/IP31/IP40/IP41/IP42/IP54	至 IP54	IP30 ~ IP54	IP30 ~ IP54	至 IP54
隔离形式	1b/2b/3b/4b	至 Form4	1b/2b/3b/4b	至 Form4b	至 Form4b
高度/mm	2200	2200	2200 / 2600	2200	2200
宽度/mm	600/700/800/900/1000/1100/1200/1300	400/600/800/1000/1200	400/600/800/1000/1200	400/600/800/1000/1200	400/600/800/1000/1200
深度/mm	600/1000	800/1000/1200	500/600/800	800/1000/1200	600/800/1000/1200

2.5　变电所的选址

2.5.1　变电所选址原则

1. 满足国家及地方相关规范要求

变电所设置应根据工程特点、负荷性质、用电容量、所址环境、供电条件、节约电能、安装、运行和维护要求等因素，合理选用设备和确定设计方案，并应考虑发展空间。变电所位置应深入或接近负荷中心、靠近电源侧、高压进线和低压出线方便、便于设备的运输，经技术经济等因素综合分析和比较后确定。

2. 按业态及运营需求分设变电所

根据综合体建筑业态及运营需求，靠近负荷中心，分设变电所。超高层综合体建筑除将主变电所设在地下层外，可以在避难层和屋顶设置分变电所。

3. 负荷中心确定

负荷中心的确定通常采用负荷矩法计算，该方法以负荷中心和负荷点之间的直线距离为计算依据。常用的负荷矩中心计算法包括负荷功率矩法和负荷电能矩法，这两种方法均由物理学的重心公式演变而来。其中，负荷功率矩法为静态负荷中心计算法，只考虑了各负荷最大功率时的等值中心，未考虑各负荷最大功率出现的时间差；负荷电能矩法为动态负荷中心计算法，考虑到各负荷工作的时间并不相同，实际的负荷中心会随负荷变化而变化，因此将负荷工作的时间因素考虑到计算过程中。

4. 供电半径分析

变电所的位置应接近负荷中心，减少变压级数，缩短供电半径，以减少电能损耗。根据《全国民用建筑工程设计技术措施电气》（2009版）第3.1.3条第2款：低压线路的供电半径应根据具体供电条件，干线一般不超过250m，当供电容量超过500kW（计算容量）、供电距离超过250m时，宜考虑增设变电所。

5. 变压器吊装和运输通道规划

在考虑变电所选址时，变压器吊装和运输的路线及施工的难度是必须要考虑的一个因素。设置于地下的变电所，在机动车坡道净高满足要求的条件下，可直接利用机动车坡道将变压器运输至变电所内。施工图设计阶段只需要将变压器运输所需的净高、运输路线及运输荷载提供给建筑和结构专业，相关专业在设计时考虑相关要求即可。设置于避难层变电所，需考虑利用消防电梯井道、货梯运输变压器，设于避难层变电所内单台变压器容量一般不超过1250kVA。

2.5.2 变电所典型方案

在设计变电所的平面布置时，需要考虑满足电气操作距离、检修距离、安全距离及通风散热的条件，根据经验，双排面对面布置是变电所对空间利用较为高效的布置方式，

所以建筑专业必须给变电所电气设备的平面布置留有足够的空间。由于变电所占地面积较大，建设成本较高，因此充分利用空间，减小占地面积，做到紧凑合理，同时留有发展空间，这也是变电所的平面布置必须考虑的问题。

变电所的平面布置形式主要有两种：一种是集中式布置变电所，另一种是分散式布置变电所。

1. 集中式布置变电所

集中式布置变电所是将高低压设备和变压器集中布置在一个房间内，由于电气设备集中布置在一起，减少了变电所房间的分隔，因此其面积可相应缩小。

集中式布置变电所有两种形式：一种是高压开关柜与变压器紧贴布置在一起，低压开关柜单独设置在低压配电间内，如图 2-5-1 所示。该布置形式主要考虑容量较大的变压器的发热会影响低压进线主开关的容量，降低其供电可靠性。另一种是低压开关柜与变压器紧贴布置在一起，高压柜在另一侧布置，该布置方式通常在通风条件较好的情况下使用，如图 2-5-2 所示。

集中式布置变电所由于高低压柜和变压器紧靠布置在一起，占地面积可相应减少，但通风散热条件却比分散式布置变电所差，因此在设计时应采取以下技术措施：

1）带外壳变压器的自带风扇通常不能满足散热的要求，所以要另设机械通风。重要变电所通风的启停可根据变电所室内的温度自动控制。

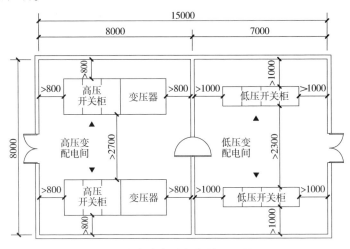

图 2-5-1　集中式布置变电所平面图（一）

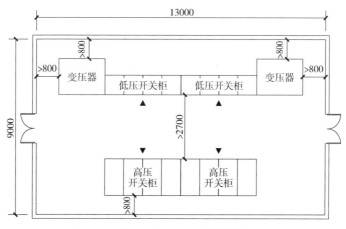

图 2-5-2　集中式布置变电所平面图（二）

2）当机械通风也不能满足要求时，应另设空调进行温度调节控制。

2. 分散式布置变电所

分散式布置变电所是将高、低压设备和变压器分高压配电间、低压配电间及变压器室三个房间分开布置的变电所，如图 2-5-3 所示。当变压器台数较多，容量较大，且建筑平面条件许可的情况下，这样布置是比较适宜的。变电所不一定要设专门的值班室。在民用建筑中，有大量的变电所为无人值班的变电所，但大型重要的变电所宜有人值班，并宜设单独的值班室。无人值班的变电所宜留有一定的面积供临时使用。

2.6　智能配电系统

2.6.1　电力监控系统设计原则

电力监控系统是指用于监视和控制电力生产及供应过程的、基于计算机及网络技术的业务系统及智能设备，以及作为基础支撑的通信及数据网络等。传统电力监控的功能包括：

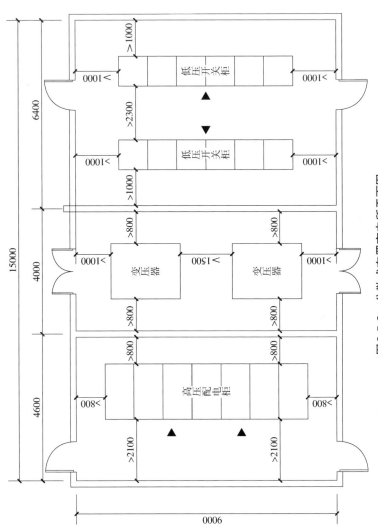

图2-5-3 分散式布置变电所平面图

（1）用电数据实时监测

电力监控系统可以通过人机界面实时监测数据，可以收集配电房电气设备和室内传感器装置的数据，然后通过通信层传输到监控服务器，由电力监控系统保存和更新。监控的电气设备主要包括变压器、直流屏和高低压进出线。系统可以实时监测各馈线柜中的三相电压和电流、电能、电功率、电功率因数、设备温度、剩余电流等重要数据，并通过一次图的方式直观显示配电线路运行情况。

（2）历史数据查询和管理

电力监控系统具有实时和历史配电参数的保存及管理分析功能，所有历史发生事件和通过通信层实时传递的电力数据都被保存在服务器数据库中。能够储存历史数据是电力监控系最突出的优点，当需要查看某线路中的三相电流和电压、正向有功电能、总功率因数、三相总有功功率和无功功率、线路信号状态等信息时，可用鼠标单击查看监视器上的一次配电图。

（3）用电分析报表管理

电力监控系统可以推送用电报表，让用户了解各配电房的能耗情况。工作人员可通过查询界面设置查询时间和查询参数来查询历史数据报表，并支持导出 Excel 格式的文件。

传统电力监控的系统框图如图 2-6-1 所示。

传统电力监控系统的弊端：

（1）缺乏对断路器本体的监测

传统的电力监控系统是通过第三方采集设备，如互感器和多功能表，实现对配电系统的监测，不是对主回路的直接监测。而对于断路器的监测只局限于传统的辅助开关，往往只监测断路器的分合闸状态以及故障脱扣状态等，无法预知断路器老化程度、触头磨损程度，导致无故跳闸，或发生跳闸事故后断路器无法重新合闸的问题。

（2）缺乏对电能质量的有效监测与分析

传统电力监控配置的多功能表一般仅监测配电回路全电参数，无法获取配电网络中电压骤升/骤降等电能质量异常，且发生电能质量事故时，无法快速定位故障问题是来自于设备的上游还是下游，或来自于系统内部还是来自于供电端。

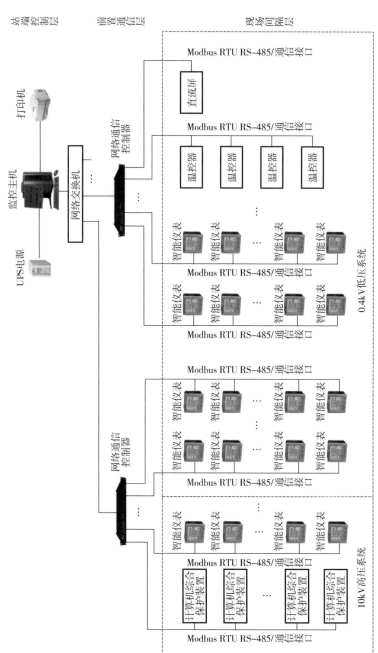

图 2-6-1 传统电力监控的系统框图

2.6.2 智能配电系统设计原则

智能配电系统是基于智能断路器、多种测量表计、透传网关等智能硬件，配合站级、本地或云端的边缘控制软件，结合专业的应用分析服务而形成的软硬件一体化、中低压一体化的系统方案，从而实现设备安全运行、建筑能碳管理、电气资产管理和电能质量综合治理的功能。

智能配电系统通常由具有通信功能的智能化元件经数字通信与计算机系统网络连接，实现开关设备运行管理的自动化、智能化。系统可实现数据的实时采集、数字通信、远程操作与程序控制、保护定值管理、事件记录与告警、故障分析、各类报表及设备维护信息管理等功能。系统面向对象操作，具有强抗干扰能力，主要控制功能由设备层智能化元件完成，形成网络集成式全分布控制系统，以满足系统运行的实时、快速、安全及可靠性的要求。系统中的智能化元件就其功能而言总体上可分为电能质量监测、开关保护与控制及电动机保护控制等。

智能配电与传统电力监控的对比见表 2-6-1。

表 2-6-1　智能配电与传统电力监控的对比

客户价值	功能	功能描述	智能配电系统	传统电力监控系统
提升可靠性及安全性 提升运维效率	运行维护管理	运行状态及现场报警管理	√	√
		实时\历史数据、历史故障记录，运行报表及查询管理功能	√	√
		图样资料及联系人信息管理，相关信息可通过柜门二维码快速访问	√	×
		电力设备维护和预防性维护过程信息管理	√	×
		基于物理设施的单线图管理	√	×
		配电室运行日报、报警周报	√	×
		手机等移动终端监测，自动/人工生成工单及派单，实现无人值守	√	×

客户价值	功能	功能描述	智能配电系统	传统电力监控系统
提升可靠性和安全性 提升运营效率 提升设备使用效率	电气资产管理	电气资产设备安装信息、静态动态参数配置信息	√	×
		可通过 Web 端登陆、APP 二维码扫描等方式多维度查询及资产报告	√	×
		断路器老化分析管理	√	×
		发电机健康度管理	√	×
提升能源使用效率	能源效率管理	能源数据监测、采集	√	√
		电能分析和展示功能	√	√
		能耗报告	√	√
提升可靠性及安全性	电能质量管理	故障录波、瞬时波形分析功能	√	×
		电压合格率对比分析（骤变分析报告）	√	×
		谐波分析	√	√

2.6.3 智能配电系统方案

智能配电系统是将低压配电、开关控制、继电保护、数据监测、运维管理以及电力监控、智能防雷监控、接地监测、能耗管理、设备及线缆诊断等功能集合为一体化的智能系统，在器件层面进行一体化、在软件层面进行一体化、在施工布线层面进行一体化、在交互层面进行一体化，进而使得采购成本降低、管理维护成本降低、施工成本降低，显著提高了系统可靠性、安全性、操作性。

1. 传统智能配电系统方案

传统智能配电系统是采用计算机控制技术、通信技术和网络技术等，通过采集模块和现场检测仪表，把数据采集到中控站上位组态软件，实现数据显示、管理和调度功能。

传统智能配电系统一般由管理层、通信层、现场层三部分组成：管理层一般位于监控室内，通过以太网通信接口负责收集通信层的数据，进行集中管理和分析，负责整个变配电系统的整体监控；通信层一般由数据采集模块和网关组成，对管理层采用 TCP/IP 协议上传采集数据，对现场层采用 Modbus、Profibus 等现场总线协议通信。

大多数传统智能配电系统主要是在模拟仪表、继电器为监测、控制的普通配电柜基础上，与新型智能仪表（网络电力仪表、智能配电监控/保护模块等、网络 I/O）进行配合，通过其网络通信接口与中央控制室的计算机系统联网，从而对配电回路的电压、电流、有功功率、无功功率、功率因数、频率、电能量等参数进行监测以及对断路器的分/合状态、故障信息进行监视，对断路器的分/合状态进行控制，并配合各种远程监控软件，实现"四遥"功能。

2. EcoStruxure Power 智能配电系统方案

EcoStruxure Power 是在互联网 + 的基础上提出的智能配电系统，与传统智能配电系统相比，它集低压框架、塑壳、微断、电力仪表、网关、综保、电能质量表为一体，不仅可以采集现场检测仪表信息，实现能耗监测和大数据分析管理的功能，还可以通过独立于本地系统的专家应用，实现对低压配电系统故障预警、诊断、安全恢复供电，电气设备全生命周期内运维管理等功能。

EcoStruxure Power 构建的网络拓扑图如图 2-6-2 所示。由拓扑图可以看出，EcoStruxure Power 智能配电系统组合方式相比传统智能配电系统更为灵活，在基于以太网基础上，以配电柜为单位实现以太网通信，传输速率和距离更有保障，通过不同类型的网关、接口仪表和接口开关设备，能轻松实现断路器智能化升级、配电柜运行环境监测分析、电能质量监测分析、远程云端管理、数字化运维、全生命周期的资产管理、双碳监测分析管理等功能。

3. 智能配电系统的关键技术

智能配电系统的关键技术很多，在此仅从智能配电系统数据获取、数据分析、数据应用的角度提出智能配电系统的十大关键技术，如图 2-6-3 所示。

图 2-6-2 EcoStruxure Power智能配电系统拓扑图

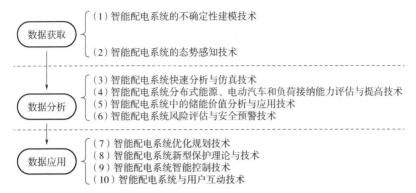

图 2-6-3　智能配电系统的十大关键技术

第3章 自备应急电源系统

3.1 概述

3.1.1 分类、特点及要求

1. 分类

自备应急电源作为常规电源的补充与完善,已成为现今建筑电气设计中不可或缺的重要一环。自备应急电源广义上是泛指正常供电电源中断时,可以向用户的重要负载进行短时供电的独立电源。通常情况下,自备应急电源分为以下几种:

1) 独立于正常电源的发电机组,包括应急燃气轮机发电机组、应急柴油发电机组。快速自启动的发电机组适用于允许中断供电时间超过15s的供电。发电机组的分类如图3-1-1所示。

2) 不间断电源设备(UPS、ISPS),UPS、ISPS适用于允许中断供电时间为毫秒级的负荷。分类如图3-1-2所示。

3) 逆变应急电源(EPS),一种把蓄电池的直流电能逆变成正弦波交流电能的应急电源,适用于允许中断供电时间为0.25s以上的负荷。

4) 有自动投入装置的有效地独立于正常电源的专用馈电线路,适用于允许中断供电时间大于电源切换时间的负荷。

5) 蓄电池,适用于特别重要的直流电源负荷。

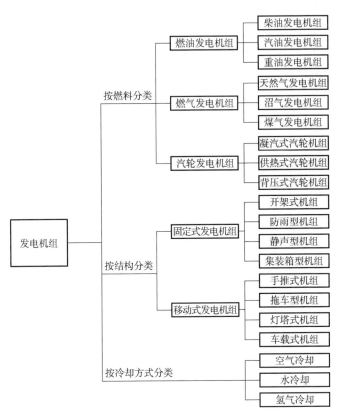

图 3-1-1　发电机组的分类

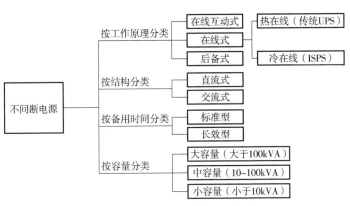

图 3-1-2　不间断电源的分类

2. 特点

不同形式的自备电源个性特色不同、作用不同、附属配套设施及维护服务需求也不同。当前市场上常见的主流产品分别为：柴油发电机、典型的热在线机型—"传统变换式 UPS"（以下简称"UPS"）、典型的冷在线机型—"智能快速应急电源系统（ISPS）"（以下简称为"ISPS"）、典型的离线类机型—EPS。

（1）柴油发电机

主要用于在外网电源断电情况下对重要负荷的持续供电，其特点是：①存在启动时间（自启动型启动时间为 15s，人工启动型启动时间约为 15min）。②当负荷不稳时，发电机输出电压也不稳。③当重要负荷保障电源为 UPS 时，在发电机输出经 UPS 供电的状态下，常见有电压振荡、电流振荡、频率振荡等异常情况，需要采取抑制措施。

（2）热在线型不间断电源 UPS

主要作用于外网电源之间（双路市电之间和市电与柴油发电机之间）切换期间的过渡性不间断供电，其特点是：①整流、逆变、滤波及输出可控硅开关等半导体模块实时热在线，其副作用较多（低效、热隐患、谐波等）。②需要配套有源滤波器以抑制谐波干扰和附加功耗等。③需要配套精密空调以防止热在线半导体导电介质发生干裂。④当外电源中有柴油发电机时，需考虑抑制柴油发电机工作期间的电压、电流及频率等参数振荡的措施，还需保证在柴油发电机工作期间 UPS 不发生旁路转换。⑤由单套 UPS 独立对重要负荷供电情况下，遇到负荷侧电流冲击会导致输出端发生智能旁路转换，而此类转换存在非法间断（$T > 10$ms）概率。

（3）冷在线型不间断电源 ISPS

与 UPS 的作用相同，其特点是：①外网电源优先供电模式，因而节能、高效、环保且无任何副作用。②不需要附属设施。③与柴油发电机匹配不存在参数振荡类情况，但要求柴油发电机输出电压稳定（波动范围在 ±10% 以内）。④单套主机独立供电不存在非法间断风险。⑤能对所在供电网络、相邻网络、上级网络与相邻网络、上上级网络与相邻网络的停电类故障提前智识和预判。⑥能实现有线和无线监测与控制。⑦可赋予集散控制功能。

（4）应急电源 EPS

主要作用是消防应急情况（火灾或地震）下对照明、疏散和消防动力类负荷的应急供电，近年来还在各类工业和民用工程中用于对允许中断供电时间在 0.5～5s 的非消防类负荷的应急供电。其特点是：①高度可靠，只要相关线路和器件不损坏，应急供电就不会受影响。②监控灵活，既可在本机界面显示相关信息，又可通过共享协议对管理总机或上位机传递相关参数与信息。③可实现蓄电池的定期自动充放电维护（GB 17945 的基本规定之一）。④主机结构灵活，其逆变模块可以定频也可以变频。⑤系统简单，控制方便。

3. 要求

有以下情景时用电单位应设置自备电源：

1）一级负荷中含有特别重要负荷。

2）设置自备电源比从电力系统取得第二电源更经济合理，或第二电源不能满足一级负荷要求。

3）当双重电源中的一路为冷备用，且不能满足消防电源允许中断供电时间的要求。

4）建筑高度超过 50m 的公共建筑的外部只有一路电源不能满足用电要求。

综合体建筑中含有商业、办公、酒店、娱乐等多种功能，大型商业、餐饮建筑、旅馆建筑中的经营管理用计算机系统用电均为一级负荷中特别重要负荷，需要设置自备应急电源。在实际设置中，垂直电梯、珠宝商铺和商场独立设置的儿童活动区照明及商超的冷库等也属于特别重要负荷，由自备电源供电。

3.1.2　本章主要内容

本章主要对综合体建筑柴油发电机机房的设置、柴油发电机组的选取及 UPS、ISPS、EPS 等设备容量的选取与配置进行介绍，希望能帮助读者对自备应急电源系统有更深入的了解。

3.2 柴油发电机房

3.2.1 机房布置

1. 机房选址原则

1）柴油发电机房宜设置在负荷中心，一般设在变配电所附近。

2）柴油发电机运行时产生大量烟和热，机房必须有良好的通风且便于排烟，室外空气尽可能地输送到柴油机旁。

3）考虑到柴油发电机运行时的噪声和振动，故柴油发电机房不应靠近人员密集场所、要求安静的生活区、工作区或医疗区，当无法避免时应采取降噪减振措施。

4）柴油发电机组供油时间超过 12h 时，柴油发电机房宜毗邻宽阔场地，便于供油车停放。

5）机房位置应便于机组的运输、吊装和检修。

6）机房上方不应有卫生间、厨房、浴室等易积水的房间。

具体到综合体建筑来说，考虑到柴油发电机组的进风、排风、排烟等情况，如果有条件时机房最好设在首层，但是综合体建筑功能较复杂，对面积的利用率要高，尤其是首层，常用于对外营业，属黄金地带，难以占用。因此，一般把发电机房设在地下室的地下一层，不宜设在地下二层及以下，另外不应设在四周无外墙的房间，为热风管道和排烟管道伸出室外创造有利条件，同时尽量避开建筑物的主入口、正立面等部位，以免排烟、排风对其造成影响。

2. 柴油发电机的搬运

1）先拆除和柴油发电机组相连的油、水、气管路及连接电缆，同样也要将柴油发电机组各管口用塑料布或其他合适的材料严密扎封好。

2）需要选用足够承受柴油发电机组重量的钢丝绳和吊具，钢丝绳应挂在底盘两端的起重吊挂处，其长度应适当，使起重设备的吊钩高出排气总管上平面 1m 以上，保证钢丝绳与机组零件不直接接触。

3）搬运的时候，需要特别注意保护柴油发电机组的控制屏，防止砸坏仪表。

4）搬运通道应先进行平整，及时清理障碍物、积水等，必要时设临时照明。

5）起重机无法作业的室内通道，需将机组放在滚杠上，用卷扬机等设备滚至机房内。

6）根据设计好的安装位置，选用适当起重设备将机组吊装就位。

3. 机房布置

机房布置应符合发电机组运行工艺要求，力求紧凑、经济合理、保证安全及便于维护并应符合下列要求：

1）机组宜横向布置，当受建筑场地限制时，可以纵向布置。

2）机房与控制室、配电室贴邻布置时，发电机出线端与电缆沟宜布置在靠控制室、配电室侧。

3）机组之间、机组外廊至墙的距离应满足设备运输、就地操作、维护检修或布置辅助设备的需要，有关尺寸应符合相关标准要求。

4）辅助设备宜布置在柴油机侧或近机房侧墙，蓄电池宜近柴油机启动电动机侧。

4. 控制室布置的要求

1）控制室的位置应便于观察、操作和调度，通风、采光应良好，进出线应方便。

2）控制室内不应有与其无关的管道通过，也不应安装无关设备。

3）控制室内的控制屏（台）的安装距离和通道宽度应符合下列规定：

控制屏正面操作宽度，单列布置时，不宜小于1.5m；双列布置时，不宜小于2.0m；离墙安装时，屏后维护通道不宜小于0.8m。

4）当控制室的长度大于7m时，应设两个出口，出口宜在控制室两端。控制室的门应向外开启。

5）当不需设控制室时，控制屏和配电屏宜布置在发电机端或发电机侧，其操作维护通道应符合屏前距发电机端不宜小于2.0m。

3.2.2　通风与排烟

综合体建筑中的柴油发电机组的冷却方式主要有风冷和水冷两种，大多选型为风冷式，在机房设计时应向通风专业提供相关的资料，由通风专业进行进风、排风、排烟的设计。当受机房送排风井条件限制时，可选用水冷机组，但应与相关专业一起确定冷却水管路路由、室外冷却设备安装位置等。

3.2.3　降噪和减振措施

1. 柴油发电机组的降噪措施

柴油发电机组是多发声源的复杂机器，一般情况下，机组各类噪声大致按如下顺序排列：进气噪声、机械噪声和燃烧噪声、排气噪声、冷却风扇和排风通道噪声。从噪声的频谱分析看分为低、中、高频三种，对于其本身来说均是不可消除的，如2000kW左右机组噪声声压级为 95 ~ 115dB（A），唯一的办法是将其噪声进行隔断、衰减，以达到在机房外噪声能符合相应的要求。

（1）进气噪声的控制

进风口净面积符合设计规范，以保证发电机的进气系统和机组的冷却系统有足够的新鲜空气吸入。进风通道经吸声处理，一般采用进风百叶加降噪箱组合。

（2）机械噪声和燃烧噪声的控制

1）对机组进行隔振处理。一般采用高效减振胶垫或专用弹簧减振装置。

2）机房外墙加厚或机房门采用消声门，阻断机组噪声传至室外。

3）机房内墙和顶板粘贴吸声材料，使噪声源在传出机房前已被有效衰减。

（3）排气噪声的控制

1）排气管安装弹性减振节，排气系统采用弹性吊装。

2）排气系统加装消声器。

3）排风口的有效面积满足机组的散热需求。

2. 柴油发电机组的减振措施

机组设高效减振胶垫或专用弹簧减振装置，消除发电机组的振动和刚性传导。

3.2.4　柴油机油箱配置

柴油机油箱配置满足如下原则：

1）油箱内装燃油容量保证每天日常供油量。

2）日用燃油箱高位布置，出油口高于柴油机的高压射油泵。

3）出油口宜高出油箱底 50mm，以免将沉淀物吸入机组。

4）油箱设通气孔，且防止灰尘和水通过通气孔进入油箱。

5）油箱底加额外盛油盘收集溢出柴油或油箱旁设排油沟排出溢出柴油。

6）油箱顶设检视口，方便检修。

7）油箱及输油管道采取防静电接地措施。

3.2.5　常用柴油发电机数据

常用柴油发电机数据见表 3-2-1、表 3-2-2。

表 3-2-1　某品牌柴油发电机组参数表

序号	最高输出功率/kW	耗油量(柴油)/(L/h)	机组尺寸/mm			质量/kg
			长	宽	高	
1	120	30	2300	830	1500	1450
2	220	41	2500	950	1480	1980
3	310	76	3280	980	1580	3380
4	460	102	3360	1240	1900	4800
5	550	127	3360	1880	2350	6400
6	660	150	4580	1630	2410	8980
7	880	205	4580	1630	2410	9680
8	1120	248	4580	1630	2510	9770
9	1500	363	6175	2286	2537	15152
10	2000	446	8000	2946	3632	20124

注：本表中数据仅为某品牌发电机参数，详细数据应以工程所选定的柴油发电机组为准进行校核。本表柴油发电机组输出电压均为 380V。

表 3-2-2　某品牌柴油发电机组空气需求量进风面积及排风面积参数表

序号	最大功率/kW	空气总耗量/(m³/min)	废气排量/(m³/min)	废气背压/kPa	机房进风面积/m²	机房排风面积/m²
1	100	156.6	26.2	10.2	0.7	0.5
2	200	444.4	47	10.2	1.3	1.1
3	310	438	73.5	10.2	1.3	1.1
4	400	601.5	89.3	10.2	2.2	1.8
5	550	1283	122.9	10.2	3.4	2.8
6	800	1304.7	179.7	10.2	3.7	3.1
7	1120	1401	271.7	10.2	4.7	3.6
8	1500	1720	/	6.8	8.8	6.8
9	2200	2172	/	6.8	20.0	13.1

注：本表中数据仅为某品牌发电机参数，详细数据应以工程所选定的柴油发电机组为准进行校核。本表柴油发电机组输出电压均为380V。

3.3　柴油发电机系统

3.3.1　设置原则

1）柴油发电机组容量选择的原则：

①柴油发电机组的容量应根据应急负荷大小和投入顺序以及单台动机最大启动容量等因素综合考虑，当应急负荷较大时，可采用型号、规格和特性相同的多机并列运行，机组台数宜为 2～4 台，备用柴油发电机并机台数不宜超过 7 台。额定电压为 230V/400V 的机组并机后总容量不宜超过 3000kW。

②柴油发电机组的长期允许容量，应能满足机组安全停机最低限度连续运行的负荷的需要。

③用成组启动或自启动时的最大视在功率校验发电机的短时过线能力。

④事故保安负荷中的短时不连续运行负荷，在计算柴油发电机组的容量时，不予考虑，仅在校验机组过载能力时计及。

⑤备用柴油发电机组容量应按工作电源所带全部容量或一级二级负荷容量确定。

⑥机组容量要满足电动机自启动时母线最低电压不得低于额定电压的75%，当有电梯负荷时，不得低于额定电压的80%。当电压不能满足要求时，可在运行情况允许的条件下将负荷分批启动。

⑦柴油发电机组的单机容量，额定电压为 3 ~ 10kV 时不宜超过 2400kW，额定电压为 1kV 以下时不宜超过 1600kW。

⑧3 ~ 10kV 中压发电机组的电压等级宜与用户侧供电电压等级一致。

⑨方案或初步设计阶段柴油发电机按以下方法估算取大者：按面积：$10 ~ 20W/m^2$；按总变压器容量的 10% ~ 20%。

⑩当重要负荷是通过不间断电源 UPS 供电时，应考虑 UPS 输入端脉动电流对发电机绕组的影响，合理选择发电机的励磁绕组工作方式和机组功率，选择能适应 UPS 类非线性负荷及脉动电流波形的柴油发电机，同时应对电气专业选择 UPS 提出禁止选用"传统双变换式 UPS"类技术要求。

2）工业建筑和民用建筑的柴油发电机组的容量确定计算方法详见《工业与民用供配电设计手册》（第 4 版）相关内容。在由 UPS 为重要负荷供电的场所，应考虑柴油发电机与 UPS 匹配的相关事宜。

综合体一般有较大部分的商业业态，其中的珠宝、奢侈品专柜照明及商超的生鲜冷柜配电采用三电源供电。当综合体内有超高层建筑时，其安防及航空障碍灯配电属于特级负荷，应采用三电源供电。

珠宝、奢侈品专柜照明可采用 UPS 做后备电源，商超的生鲜冷柜配电采用柴油发电机供电，柴油发电机的配置同时要满足经营方的要求。超高层安防及航空障碍灯可采用 UPS 和柴油发电机组合供电。

3.3.2　配电系统

柴油发电机电源作为后备电源的供电系统形式一般分为单市电 +

低压柴油发电机系统、双市电＋低压柴油发电机系统、双市电＋多台低压柴油发电机系统。

1）单市电＋低压柴油发电机系统一般用于第二路电源不易引入的场所，系统较为简单经济，柴油发电机为一二级负荷提供后备电源保障，如图3-3-1所示。

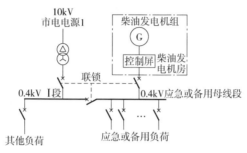

图3-3-1　单市电＋低压柴油发电机系统

2）双市电＋低压柴油发电机系统，柴油发电机为特级负荷提供后备电源保障，如图3-3-2所示。

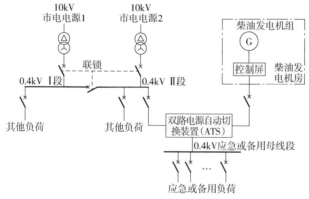

图3-3-2　双市电＋低压柴油发电机系统

3）双市电＋多台低压柴油发电机系统，柴油发电机多台并机运行，如图3-3-3所示。

3.3.3　控制系统

1）发电机组的自启动应符合下列规定：

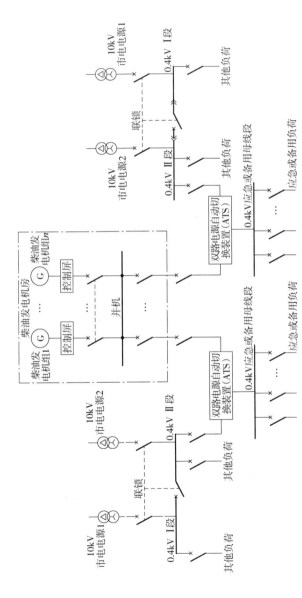

图 3-3-3 双市电+多台低压柴油发电机系统

①机组应处于常备启动状态。当市电中断时，机组应立即启动，低压发电机组应在 30s 内供电，高压发电机组应在 60s 内供电。

②机组电源不得与市电电源并列运行，并应有能防止误并网的联锁装置。

③当市电恢复正常供电后，应能自动切换至正常电源，机组能自动退出工作，并延时停机。

④为了避免防灾用电设备的电动机同时启动而造成柴油发电机组熄火停机，用电设备应具有不同延时，错开启动时间。重要性相同时，宜先启动容量大的负荷。

⑤自启动机组的操作电源、机组预热系统、燃料油、润滑油、冷却水以及室内环境温度等均应保证机组随时启动。水源及能源必须具有独立性，不应受市电停电的影响。

2) 自备应急柴油发电机组自启动宜采用电启动方式，电启动设备宜按下列要求设置：

①电启动用蓄电池组电压宜为 12V 或 24V，容量应按柴油机连续启动不少于 6 次确定。

②蓄电池组宜靠近启动电动机设置，并应防止油、水浸入。

③应设置整流充电设备，其输出电压宜高于蓄电池组的电动势 50%，输出电流不小于蓄电池 10h 放电率电流。

④当连续三次自启动失败，应发出报警信号。

⑤应自动控制附属设备及自动转换冷却方式和通风方式。

3.4 不间断电源系统

3.4.1 UPS 的选择与配置

1. 如何合理选择 UPS

不间断电源设备（UPS）适用于向用户的关键设备提供高质量电压、频率、波形的无时间中断的交流电源。UPS 主要起到两个作用：一是应急使用，防止突然断电而影响正常工作，造成数据丢失、应用停止、网络故障等。二是消除市电上的电涌、瞬间高电压、瞬间低电压、电线噪声和频率偏移等"电源污染"，改善电源质量，为电子设备提供高质量的电源。如何选择合适的 UPS，可以从如下方面着手：

（1）主机带载率

首先要确认或估算 UPS 所带负载的计算负荷总功率。根据相关规范规定和 UPS 商家提供的资料依据，推荐 UPS 的带载率在 30%～80%。带载率偏高，会引起半导体模块体温升高而增加热隐患，如果是单台 UPS 独立供电还会导致在负荷投入启动时引发不必要的旁路转换，从而增加非法间断的隐患。UPS 带载率很低（例如数据机房带载率多数低于 20%）时，虽然可换来半导体模块低温和主机寿命的延长，但造成的浪费也很明显，且 UPS 的配套蓄电池并无智能维护与管理功能，因此 UPS 的超低带载率还不利于配套蓄电池的使用寿命。

（2）关于 UPS 的功率因素

选择 UPS 电源时，应根据实际负载的物理功率因数（$\cos\theta$）和所选 UPS 的输出功率因数（$\cos\Phi$）科学匹配负荷，既不宜盲目追求 UPS 的输出功率因数（$\cos\Phi$）接近或等于 1，也不宜将 $\cos\theta \ll 1$ 的负载配接于 $\cos\Phi = 1$ 的 UPS 主机。

例如，对于纯阻性负载（$\cos\theta = 1$）而言，$\cos\Phi$ 越大越好，当 $\cos\Phi = 1$ 时，理论上 UPS 出力最大；而对于非阻性负载而言，$\cos\theta < 1$，其工作时需要 UPS 提供交换功率，此时 $\cos\Phi = 1$ 的 UPS 并非最佳。例如对于 $\cos\theta = 0.8$ 的感性负荷，在工作期间需要 UPS 同时提供阻性功率（P）和感性功率（Q），而对于 $\cos\Phi = 1$ 的 UPS 而言，没有感性电流（相位滞后于电压的电流）冗余（即没有感性功率冗余）可提供，只能透支 UPS 的总功率，从而可能导致本不该过载的 UPS 进入不该有的过载状态。

（3）UPS 的类型

UPS 的类型见表 3-4-1。

表 3-4-1　UPS 的类型

类型	在线形式	适用场所
传统变换式 UPS	热在线	各类场所对重要负荷要求
双变换式 UPS	热在线	科研场所对有高精旋转电磁场需求的高精仪器供电
直流型 UPS	热在线	仅适用于为服务器类负荷供电
旁路优先（ECO）UPS	冷在线	适用于非"特别重要负荷"供电（不宜并联运行）
在线互动式 UPS	冷在线	适用于在峰谷点电压偏移较重的场所为重要负荷供电
Delta 变换式 UPS	冷在线	适合于在电压瞬变较频繁的场所为重要负荷供电

上述各类 UPS 的选择应根据负载对电压稳定度、切换时间、输出波形等要求来确定，同时应考虑其在输出端发生转换时都存在非法间断的低概率情况。

（4）UPS 安装方式

一般来说，UPS 电源有两种安装方式，一种是塔式安装，另一种是机架式安装，可根据机房环境或现场环境来选择。

2. UPS 供电系统组网原则

在常态（市电正常状态，下同）下，UPS 工作于"交-直-交"热在线状态，负荷端的电能是依赖半导体模块（整流、逆变、滤波、输出可控硅开关）热在线变换获得的，存在谐波释放，存在因半导体模块或器件因热隐患发生异常而导致正常市电被中断的风险。因此，组网设计应考虑如下基本原则：

1）为降低半导体工作温度，应尽量降低半导体的带载率。

2）为降低热隐患风险，应按 UPS 容量配套设置精密空调。

3）为避免有源谐波危害，应配套设置有源滤波器。

4）为增强抗波动和抗冲击能力，必须是单台 UPS 独立工作时，其容量选择应留有充分的余量，而 2 台以上 UPS 工作时应采用并联运行模式，且并联 UPS 的规格、型号、批次及厂商均应相同。

5）重要负荷群（或组）应采用 "2n"（n = 1、2、3、4）供电系统。即双电源（或双段母线）下各配 n 台 UPS，应保证在某电源（或某段母线）维修期间，另一电源（或另一段母线）下的 n 台 UPS 能够安全可靠地承载全部负荷持续实时热在线工作。

6）对于特别重要负荷群，应考虑采用冗余型 2n 系统供电，保证在维修期间，遇到工作段母线下 UPS 群中恰有 1 台因故损坏或退出工作的特殊情况时，剩下的（n − 1）台 UPS 依然能够安全可靠地承载全部负荷正常工作。

7）对于在 2 ~ 3 年内有负荷增容计划的系统，增容部分的负荷功率应计算在首次系统设计的总负荷功率中；对于没有负荷增容计划的系统，只需按当前负荷估算主机安装功率。

8）对于断电应急时间 $T \leqslant 15\text{min}$ 的供电系统，精密空调由外电源直接供电，而对于断电应急时间 $T \geqslant 30\text{min}$ 的供电系统，精密空调应由 UPS 供电，此时 UPS 的总容量应包含精密空调的容量；而对于断电应急时间在 15 ~ 30min 的供电系统，需根据负荷及机房环境的实际需要确定精密空调是否由 UPS 供电。

3. UPS 电源容量配置

（1）相关规范规定

1）《民用建筑电气设计规范》（GB 51348—2019）规定：为信息网络系统供电时 UPS 的额定输出功率应大于信息网络设备额定功率总和的 1.2 倍，对其他设备供电时，其额定输出功率应为最大计算负荷的 1.3 倍。

2）《数据中心设计规范》（GB 50174—2017）规定：$E \geqslant 1.2P$。其中，E 为不间断电源的基本容量，不含备份不间断电源系统设备；P 为电子信息设备计算负荷。

（2）关于 UPS 安装总容量的估算

1）UPS 的额定输出功率（S_{SC}）。站在安全可靠的立场，UPS 的额定输出功率 S_{SC} 是指在常态下能持续热在线输出并确保安全可靠的功率，也称为 UPS 的"输出能力"或 UPS 的"出力"。事实上，在 UPS 内部的输出端口处，滤波和稳压电路的交换功率约占 UPS 逆变输出功率（即 UPS 的标称功率 S_{UPS}）的 20%。因此，UPS 的"额定输出功率 S_{SC}"约为标称功率 S_{UPS} 的 80%，即 $S_{SC} \approx 0.8 S_{UPS}$，也就是 $S_{UPS} = 1.25 S_{SC}$。

2）最大计算负荷（S_1）。对于应急供电的系统而言，其"最大计算负荷"值就应该是全部应急设备（包括"信息网络设备"和"其他设备"）负荷同时运行于额定功率下的视在功率计算总值 S_1，即：最大计算负荷 $= S_1 = P_{\Sigma}/\cos\Phi$。

3）最大计算负荷 S_1 的估算与计算。在方案设计阶段（初步设计阶段），最大计算负荷 S_1 可由 $S_1 = P_{\Sigma}/\cos\Phi$ 估算。其中 $\cos\Phi$ 是功率因数，P_{Σ} 为设备标牌上的有功负荷之和（$P_{\Sigma} = P_1 + P_2 + P_3 + \cdots + P_n$）。在方案设计阶段负荷群内各负荷的 $\cos\Phi_i$ 各不相同（$0.2 \sim 0.88$）且难以详知，因而总的 $\cos\Phi$ 智能选一个经验估值。负荷估算中常假定 $\cos\Phi = 0.8$。即 $S_1 = （P_{\Sigma}/0.8）$，在此假定下得：$S_1 = 1.25 P_{\Sigma}$。

在深化设计（施工设计）阶段，最大负荷 S_1 根据关系式 $S_1^2 = P_{\Sigma}^2 + Q_{\Sigma}^2$ 计算求得。其中，P_{Σ} 为总的有功负荷，等于各设备标牌所示的有功功率之和，Q_{Σ} 为总的无功负荷，等于各设备的无功负荷之和（$Q_{\Sigma} = Q_1 + Q_2 + Q_3 + \cdots + Q_n$）。最后总的负荷功率因数由 $\cos\Phi = P_{\Sigma}/S_1$ 确定。

4）UPS 标称容量（S_{UPS}）的估算。由 $S_{UPS} \approx 1.25 S_{SC}$（考虑 UPS 的输出能力）、$S_{SC} \geqslant 1.2 S_1$（对信息设备的规定）和 $S_{SC} \geqslant 1.3 S_1$（对其他设备的规定）以及 $S_1 = （P_{\Sigma}/\cos\Phi）$，得：

$S_{UPS} \approx 1.25 S_{SC} \geqslant 1.25 \times 1.2 S_1 = 1.5 （P_{\Sigma}/\cos\Phi）$——对信息网络设备。

$S_{UPS} \approx 1.25 S_{SC} \geqslant 1.25 \times 1.3 S_1 = 1.625 （P_{\Sigma}/\cos\Phi）$——对其他负荷。

由此，在不考虑负荷增容计划、不考虑安全余量、断电应急时间 $T \leqslant 15\text{min}$ 的前提下，可求算 UPS 总的安装容量如下：

① "信息网络设备"类负荷：

重要负荷（单套主机）：$S_{UPS} \approx 1.5$（$P_{\Sigma}/\cos\Phi$）。

特别重要负荷（双套主机）：$2S_{UPS} \approx 3$（$P_{\Sigma}/\cos\Phi$）。

② "其他设备"类负荷：

重要负荷（单套主机）：$S_{UPS} \approx 1.625$（$P_{\Sigma}/\cos\Phi$）。

特别重要负荷（双套主机）：$2S_{UPS} \approx 3.25$（$P_{\Sigma}/\cos\Phi$）。

4. UPS 电池容量的配置

在市电中断（停电）时，UPS 不间断电源之所以能不间断供电，是因为有蓄电池储能，所能供电时间的长短由蓄电池的容量大小决定，因此电池配置方面在选购 UPS 不间断电源产品时就显得尤其重要。电池容量的大小用安时数（AH）表示，例如 24AH 表示放电电流为 24A 时，可以连续放电 1h；或放电电流为 1A 时，可以连续放电 24h。即放电电流×放电时间 = 电池容量。通常用电压与安时数共同表示电池容量，例如 24V/24AH、12V/24AH、12V/7AH 等。相同电压的电池，安时数大的容量大；相同安时数的电池，电压高的容量大。

5. 典型 UPS 配置方案

（1）满容量或 N 设计

N 系统包括单个 UPS 或一组 UPS，其容量与关键负载容量相匹配，如图 3-4-1 所示。这是迄今为止最常见的 UPS 配置，一般将 N 系统设计方案视为保护关键负载的基本要求。N 配置的缺点是如果 UPS 出现问题，负载可能不受保护。特别是在具有多个模块的三相 UPS 中，这种结构引入了多个单点故障的风险。如果任何器件发生故障，内部静态旁路开关会将负载切换到市电。此外，在 UPS 维护期间下游设备将不受保护。

（2）串联冗余

通过隔离冗余配置，主 UPS 或第一级 UPS 通常为负载供电，而第二级或"隔离" UPS 则为主静态旁路供电，如图 3-4-2 所示。这要求主 UPS 具有用于静态旁路电的单独输入。如果主 UPS 所带负载切换到静态旁路，那么隔离 UPS 会立即接受全部负载，而非将其转移到市电回路。

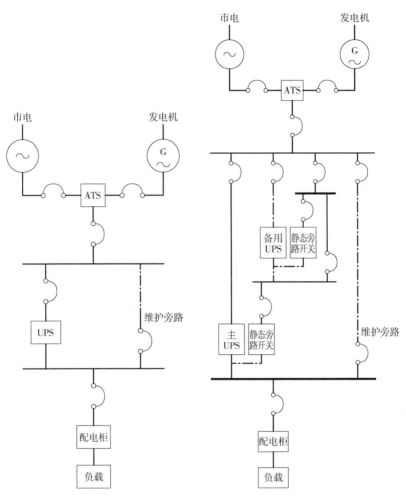

图 3-4-1　单模块"满容量"UPS 配置　　图 3-4-2　串联冗余 UPS 设置

（3）并联冗余（$N+1$）

并联冗余配置由多个容量相同的 UPS 并联运行并提供公共输出总线。如果"备用"UPS 容量至少等于一个 UPS 的容量，则该系统被认为是 $N+1$ 冗余，如图 3-4-3 所示。并联冗余实现了高可用性，与串联冗余结构相比，故障概率较低，因为所有 UPS 始终在线。

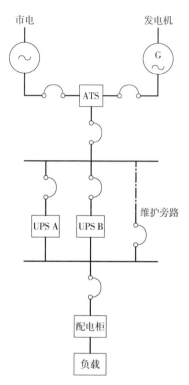

图 3-4-3　并联冗余 UPS 设置

（4）分布式冗余

分布式冗余设计是在 20 世纪 90 年代后期开发的，用以提供完全冗余的能力而无需增加相关成本。此设计将用到 3 个或以上带有独立输入和出馈线的 UPS，输出总线通过多个电源分配单元（PDU）连接到关键负载，在某些情况下还连接到静态转换开关（STS）。STS 有两个输入和一个输出。其通常接受来自两个不同 UPS 的电源，并为负载提供来自其中一个 UPS 的净化电源。如果主 UPS 发生故障，STS 将在 4 ~ 8ms 内将负载切换到辅助 UPS，从而始终为负载提供电源保护。

（5）系统 + 系统（2N，2N +1）

系统 + 系统模型是业内公认的最可靠的设计。与分布式冗余方案一样，对于如何配置系统 + 系统模型存在许多选项，其中还包含各种名称：串联并行、多并行总线、双端系统、2(N+1)、2N+2、[(N+1)+(N+1)] 和 2N，如图 3-4-4 所示。其基本理念是允许系统内各台电力设备发生故障或关闭，而无需将关键负载转换到市电。要实现这一点通常会涉及旁路，由于旁路的存在允许系统的部分设备关机，系统被旁路到另一路备用电源，以始终为所有负载提供来自 UPS 的供电。简而言之，该设计需要两路供电来支持所有关键负载，并实现从系统的进入端到末端，即关键负载端的完全冗余。

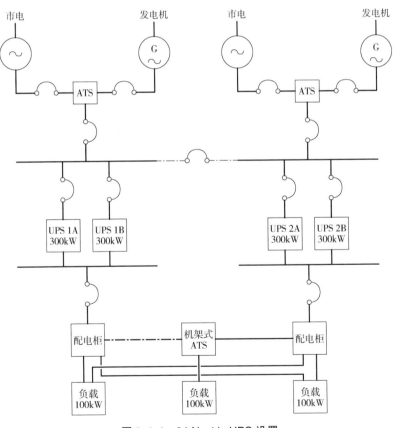

图 3-4-4　2(N+1) UPS 设置

3.4.2　EPS 的选择与配置

1. EPS 的转换时间和供电时间确定

当主电源中断或电压低于规定值时，EPS 从正常运行方式转换到逆变应急运行方式的转换时间应保证使用场所的应急要求，一般为 0.1~0.25s，使用条件不符合上述转换时间要求或特殊使用条件的用户可与制造商协商解决。当 EPS 作为应急照明系统的应急电源时，其转换时间应满足下列要求：

1）用作安全照明电源装置时，不应大于 0.25s。

2）用作疏散照明电源装置时，不应大于 5s。

3）用作备用照明电源装置时，不应大于 5s；金融、商业交易场所不应大于 1.5s。

EPS 在额定输出功率下，应急供电时间不应小于标称额定工作时间，应急供电时间一般为 30min、60min、90min、120min、180min 五种规格，还可以根据用户需要选择更长的，但其初装容量应保证应急时间不小于 90min。

2. EPS 容量确定

选用 EPS 的容量必须同时满足以下条件：

1）负载中最大的单台直接启动的电动机容量，只占 EPS 容量的 1/7 以下。

2）EPS 容量应是所供负载中同时工作容量总和的 1.1 倍以上。

3）直接启动风机、水泵时，EPS 的容量应为同时工作的风机、水泵容量的 5 倍以上。

4）若风机、水泵为变频启动时，则 EPS 的容量为同时工作的电动机总容量的 1.1 倍。

5）若风机、水泵采用星-三角降压启动，则 EPS 的容量应为同时工作的电动机总容量的 3 倍以上。

6）安装场地的海拔超过 1000m 时，应急电源设备应降额使用。

3.4.3　ISPS 的选择与配置

1. ISPS 定义及基本结构

（1）基本定义

智能快速应急电源系统（intelligent swift emergency power system，简称 ISPS）是能监测市网电停电前兆和预判市网电停电故障、能保证市网电优先供电并在市网电输入严重异常情况下无缝转换为应急供电、能在被操作断电情况下快速转换（供电间断时间 $<10\mathrm{ms}$）为应急供电的电源系统。

（2）基本结构

ISPS 由智能型监测与判断单元（IM）、智能型电源换路器（ISTS）、智能型控制器（ICo）、整流单元（RU）、增强型逆变器（EIn）、蓄电池组及监测单元（BM）、智能型充电器（IC）、蓄电池在线保护器（BP）等单元构成。

2. ISPS 的优势

ISPS 的主要优势有：

1）安全（主机内半导体器件与模块始终处于空载低温状态，故障率超低）。

2）可靠（半导体模块在常态下始终处于被激活和被监控状态，任何异常都会被及时发现，便于及时检修与更换）。

3）高效（经导线和机电开关传递的损耗接近于零）。

4）环保（无噪声、无高温、无谐波）。

5）免设精密空调（因直传市电模式热耗极低）。

6）免设有源滤波器（常态下无谐波释放）。

7）节资（初投资、运行电费、重复投资）。

8）智能（主机系统的智识模块，能智识本级、下级、相邻上级和远端上级网络的异常信息；可预先判知各级网络的短路与断路类故障；具有抗负荷短路冲击的功能）。

3. ISPS 供电系统组网原则

在常态下，ISPS 工作于冷在线状态，负荷端的电能不经过半导体而只经过导线和机电开关，没有高温和有源谐波产生，不存在半导体发生异常而影响供电的情况，平时所有半导体的状态都被冷在线监测，测到异常会被及时报警和在线处理。因此，组网设计可遵循如下原则：

1）带载率按100%（$S_{ISPS} = P_\Sigma$）设计。

2）不配套精密空调和有源滤波器。

3）多台ISPS工作时，输出端不需要并联运行。

4）在2N系统供电模式中，采用分组供电模式，即每组负荷由来自不同母线下的ISPS供电。对于供电可靠性要求极高的、极端特殊的特别重要负荷，可采用"冗余共享"型主机构建2N系统。

5）对于有负荷增容计划的系统，需预留出双段母线的配电容量和出线回路，留出增加ISPS主机的占地空间（不需要预留ISPS主机容量）。

6）对于断电应急时间$T \geqslant 30\text{min}$的供电系统，应选用带智能型降温模块（只在断电应急逆变15min后可能自动开启和运行）的主机。

4. ISPS 安装总容量的确定

（1）ISPS的标称功率（S_{ISPS}）和额定输出功率（S_{SC}）

1）在常态下，ISPS的$S_{SC} \geqslant S_{ISPS}$。

2）在断电应急的15min内，$S_{SC} \geqslant S_{ISPS}$。

3）冗余共享模式的I_{SPS}，常态下$S_{SC} \geqslant S_{ISPS}$；断电应急情况下$S_{SC} = 2S_{ISPS}$。

（2）ISPS标称功率的估算

1）对于重要负荷和特别重要负荷（含信息设备类和其他类），均有$S_{ISPS} = P_\Sigma$。

2）对于双电源或双段母线电源类特别重要负荷，采用通用机型，则$S_{ISPS} = 2P_\Sigma$；采用冗余共享模式机型，则$S_{ISPS} = P_\Sigma$。

5. 典型 ISPS 配置方案

1）对于容量较大或分散在不同区域的动力类重要负荷，宜将ISPS设在负荷附近，采用配电母线或线缆直接对ISPS供电，再由ISPS对每台（套）末端负荷供电的"终端式系统"方案。其中，动力设备的控制与启动宜集成在 ISPS 主机柜操作面。若现场条件不允许，则应将 ISPS 设在配电室或独立的电源机房，其控制与启动宜按 ISPS 柜操作面和设备机房按钮能分别操作的方案设计。

2）对于单台（套）容量较小且成群（组）分布的重要负荷（包括一级负荷或工作期间不允许间断的二级负荷），宜采用配电母线或线缆经 ISPS 对列头柜或配电柜或配电箱（以下统称为"列头柜"）供电（含双回路供电），再由列头柜对现场的负荷群（组）供电的"分组终端式系统"方案。其中，需要双回路独立电源的一级负荷，应由两段母线系统各引一路 ISPS 电源，经 ISTS 接入列头柜（配电柜）；仅需要引入双回路的，宜由同一母线系统引两路 ISPS 电源至列头柜。

3）当重要负荷为服务器群且集中于服务器机房时，应采用配电母线对 ISPS 供电，再由 ISPS 对列头柜供电，最后由列头柜对服务器分组供电的"分组终端式系统"方案。其中，列头柜可以设在服务器机房内，也可以设在电源机房或配电房内。

4）对于单台（套）容量较大的非电动机类重要负荷（包括一级和工作期间不允许间断的二级），宜采用由配电室经 ISPS 和列头柜供电的"放射式系统"方案。其 ISPS 设在电源机房，列头柜根据需要可以设在电源机房，也可以设在负荷现场。

3.5 智能自备应急电源系统

3.5.1 无机房的集中式柴油机组

1. 集装箱发电机组

集装箱发电机组采用先进的吸声材料，经过科学设计，采用声学、气流学领域的先进技术，达到降低机组噪声的目的，可分为低噪声箱体式、低噪声移动式、机房降噪三种类型。适用于对噪声污染要求严格的场所，如医院、办公场所、露天、野外固定场所施工，集装箱式结构也提高了机组的防雨、防雪、防沙等能力。其具备以下特点：

1）降噪声标准符合 ISO3744 的规定，适应城市环保要求的静声型罩壳，可使噪声降至 65～75dB 以下。

2）良好的通风系列及防止热辐射措施保证了机组始终工作于适宜的环境温度。

3）超大容量的机座油箱，可供连续运行 8h。

4）专用的降噪声消声材料，极大程度地抑制机械噪声。

5）高效减振措施确保机组的平衡运行。

6）科学的观察窗和紧急停机按钮，方便操作和观察运行状态。

2. 移动拖车发电机组

移动拖车发电机组拖车车架采用槽梁焊接成框架结构，节点选择合理、强度高、刚性好；同时装有钢板弹簧悬架结构；拖车采用高度可调节插销式牵引架，适用于各种高度牵引车；采用圆形钢管焊接直通式车轴，结构紧凑，安全可靠；车架四角设有机械式支撑装置，配备惯性行车制动、驻车制动和脱离应急制动，确保机组在各种状况下的安全；车架前端设有支撑轮，具备承受机组垂直载荷的功能的同时还具备导向功能；整车配备转向和刹车指示灯，同时装有尾灯标准插头；有较强的机动性、适应性。适用于抢险应急供电或偏远地区施工、作业供电。

3.5.2　10kV 柴油机组

随着综合体建筑的体量越来越大，柴油发电机组容量要求越来越大，需多台大功率柴油发电机组单机或并网才能满足负载的功率要求，由于发电机组数量的增加需要建设独立的机房且与实际使用负载间距离也越来越远，多台低压柴油发电机组并联运行存在着传输上的缺陷。随着大功率柴油机、大容量高压发电机以及发电机控制系统技术的发展，可选用 10kV 柴油发电机组作为综合体备用电源。

第4章 电力配电系统

4.1 概述

4.1.1 分类、特点及要求

1. 分类

1）电力配电系统的主要配电形式为放射式、树干式、放射式与树干式相结合。综合体建筑电力配电系统较为复杂，应合理地采用三种配电形式构建出简单可靠、节能低碳、满足各类负荷用电需求的低压电力配电系统。

2）电力配电系统应按照照明、电力、消防及其他防灾用电负荷等不同类别的负荷进行归纳统计，且应分别自成配电系统，通常是指从建筑物内的低压配电室分别自成系统。

2. 特点

综合体建筑需根据各业态负荷级别、负荷容量、负荷分布、负荷电能计量、供电距离等因素采用可靠、经济、合理的配电形式及系统，并宜采用智能配电系统。综合体建筑防火分区划分较多且复杂，供电系统需按照防火分区进行分区设置。

3. 要求

1）综合体建筑的电力配电系统需满足国家现行规范对负荷分级的要求，用电负荷级别分为特级、一级、二级和三级，综合体建筑基本上囊括了上述四种等级。由于综合体建筑依据的规范较多，各种规范难免有冲突和不一致之处，故在负荷分级中需综合各规范的规定从严确定负荷等级。

2）根据各用电负荷级别及供电电源的情况，末端重要及消防用电负荷需合理地选用双电源切换装置以满足负荷对切换时间和供电时间的要求。

3）电力配电系统的设计应根据综合体建筑的功能类别、规模、负荷性质、容量及可能的发展等综合因素确定。

4）配电箱及配电回路的设置和划分，应根据负荷性质、负荷密度、防火分区、维护管理等条件综合确定。

5）电力配电系统应满足生产和生活使用所需的供电可靠性、电能质量和减少电能损耗的要求，同时系统应简单可靠、经济合理、技术先进、操作方便安全，具有一定灵活性，能适应生产和使用上的变化及设备检修的需要。

6）电力配电系统的配电级数不宜超过三级，对非重要负荷可适当增加配电级数，但不宜过多。合理地整定各级配电开关的保护，以满足开关的选择性要求。各级配电箱宜根据未来发展及业主需求预留备用回路。

4.1.2　本章主要内容

本章主要介绍综合体建筑电力配电系统的分类、特点及要求，并详细叙述了从变配电所低压馈线回路到末端各类用电负荷的配电措施。同时对综合体建筑中末端谐波源的用电质量治理方案、智能一体化配电设备的特点、运用以及智能母线槽的功能及使用做出详细、深入的阐述和分析。

4.2　建筑设备配电

4.2.1　用电负荷指标

城市综合体建筑体量大，业态多，用电负荷指标繁多，尤其是综合体建筑中的用电大户商业建筑区，其不同业态的用电指标差异非常大，且比重近年不断增加的商业功能区中餐饮文娱类负荷指标随其功能、种类的变化有较大不确定性，特别是公安部公消(2016) 113号文件发布规定："设置在地下的餐饮场所严禁使用燃气。"以上各种要求，意味着综合体建筑用电指标把控难度更大。

1）综合体建筑常见业态的负荷在各种规范、标准中指标值见表4-2-1。

表4-2-1   各类业态负荷用电指标规范标准值

负荷类别	有功负荷密度/(W/m²)	负荷类别	有功负荷密度/(W/m²)
公寓	30 ~ 50	教育	20 ~ 40
酒店、旅馆	40 ~ 70	展览（轻型展）	50 ~ 100
办公	30 ~ 70	展览（中型展）	100 ~ 200
医美	40 ~ 70	展览（重型展）	200 ~ 300
商业（一般）	40 ~ 80	餐饮	100 ~ 250
商业（大中型）	60 ~ 120	汽车库	8 ~ 15
健身	40 ~ 70	机械车库	17 ~ 23
演艺剧场	50 ~ 80	演播室	250 ~ 500

注：用电指标包含插座容量在内。

2）典型功能区域的负荷指标设计参考值。根据近年综合体建筑项目调研及资料收集，对其商业功能区的单位面积用电负荷进行统计，并提出设计参考值，具体的数据见表4-2-2。

表4-2-2   商业功能区单位负荷指标设计参考值

业态	设计参考值/(W/m²)	业态	设计参考值/(W/m²)
银行	150	邮政	150
精品超市	300	生活配套	250
大型超市	200	其他零售	300
时装店	250	娱乐类（非饮食）	120
服装主力店	160	旗舰店	120
买卖店	120	家居超市	120

业态	设计参考值/（W/m²）	业态	设计参考值/（W/m²）
配套服务	160	休闲小站	500
形象设计	300	个人护理、SPA	150
美容美发	250	电影院	180
娱乐健身	120	溜冰场	600
儿童游乐	150	保龄球	16kW/道

注：以上数据不含空调用电。

3）餐饮类负荷指标设计参考值。综合体建筑中餐饮类负荷主要涉及酒店餐饮区及商业餐饮区。酒店餐饮典型功能区单位指标设计参考值详见表4-2-3。

表4-2-3　酒店餐饮的单位指标设计参考值

业态	设计参考值/（W/m²）	业态	设计参考值/（W/m²）
初加工	400	备餐	2000
面包房	2000	厨房、咖啡厅	1800
员工食堂(厨房)	1200	备餐、洗碗间	25kW
冷库	20kW	特色厨房	500
宴会厅、厨房	800	洗衣机房	400
特色食品	300	饮料甜点(无烤)	300
西式餐厅(含快餐)	600	咖啡	600
特色中餐厅	250	甜品、冰淇淋	600
大中型餐厅	200	休闲餐厅	250
美食广场	150	商务餐厅	250

注：以上数据不含空调用电。

4）负荷指标与业态密切相关，相差很大；但实际用电需求由于在招商过程中业态的不确定性，功率负荷密度的把握比较困难，尤其是餐饮类业态，不同品牌用电负荷的需求差异巨大。部分餐饮品牌的供电要求见表4-2-4。

表4-2-4 部分餐饮品牌的供电要求

代表商户	面积/m²	供电标准
新时代美食广场	≥1000	315A 断路器
海底捞	≥1600	230~260W/m²
王子厨房	1000~3000	300kW 以上
小肥羊	300~500	200kW
麦当劳	350~500	500A 断路器
必胜客 肯德基	350~500	①面积大于350m²,500A 断路器 ②面积小于350m²,400A 断路器
棒约翰	无特别要求	400A 断路器
真功夫	350~500	提供 YJV-4×95+1×50 电缆
味千拉面	350~500	400A 断路器
意粉屋	200~1000	230~260W/m²
一茶一座	200~500	230~260W/m²
星巴克	100~200	200A 断路器
可颂坊	—	80kW
汉堡王	—	400A 断路器

4.2.2 电力设备的配电措施

本节主要针对综合体建筑内常用非消防动力设备，阐述风机、水泵、电梯、电动门等设备配电设计时应注意的主要配电措施。

1）风机的配电措施应符合下列要求：

①根据用电容量及服务范围设置区域总箱，区域总箱宜由电力总箱放射式供电。

②末端设备可按照防火分区划分供电回路，可综合考虑末端风机设备的用电容量及分布区域确定采用树干式或放射式供电。

③当不同楼层的机房上下垂直对应时，可采用垂直树干式（母线插接、电缆 T 接、链接、预分支接线）供电。

④当设备较少时，可采用的放射式与树干式结合配电形式，如图 4-2-1 所示。当设备较多时，可区域集中设置配电总箱进行二次配电，可采用放射式与树干式结合配电形式，如图 4-2-2 所示。

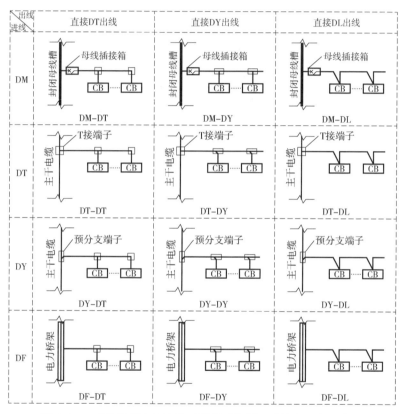

图 4-2-1　单路进线直接配出时放射式与树干式结合配电示意图

注：1. 配电形式代号，XX（进线形式）- XX（配至末端配电箱的出线形式）。

　　DM—母线树干式　DT—T 接树干式　DY—预分支树干式　DL—链接树干式　DF—放射式

2. 树干式配电形式，分支线上在距离分支点线 3 米内未设短路保护装置时，分支线路不变径。

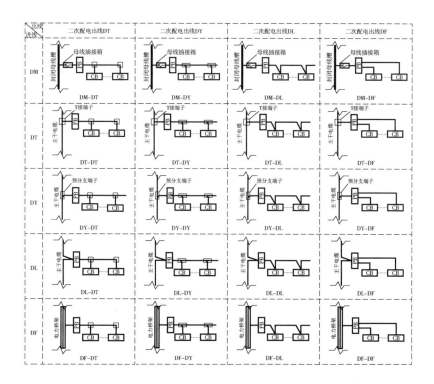

图 4-2-2　单路进线二次配出时放射式与树干式结合配电示意图

注：配电形式代号，XX（总箱进线形式）–XX（配至末端配电箱的出线形式）。

DM—母线树干式　DT—T接树干式　DY—预分支树干式　DL—链接树干式　DF—放射式

⑤诱导风机：电源引自配套风机配电箱，供电回路按照防火分区划分。当诱导风机与风机无确定配套关系或风机为消防兼用风机时，可从所在防火分区的照明配电箱供电，但需要在诱导风机配电回路设置接触器与相关风机联动。

2）中水泵、直饮水泵、污水泵、废水泵、雨水泵的配电措施应符合下列要求：

①中水泵、直饮水泵宜采用独立回路放射式供电；用电量较大时，可从低压总配电柜放射式供电，当用电量较小且距离低压总配电柜远时可从就近电力总箱独立回路放射式供电。

②污水泵、废水泵、雨水泵按区域设置配电总箱，区域总箱宜放射式供电；末端设备可以按照防火分区划分供电回路，可综合考虑末端设备的用电容量及分布区域确定采用树干式或放射式供电。

③部分地下空间项目雨水泵、污水泵，根据给水排水专业要求落实是否为消防负荷，此时配电形式同消防电梯排水泵。

④当设备较少时，可采用放射式与树干式结合配电形式，如图 4-2-1 所示；当设备较多时，可区域集中设置配电总箱，可采用的配电形式如图 4-2-2 所示。

⑤依据 GB 51348—2019 第 3.2.13 条要求，对于负荷等级不小于二级的非消防负荷生活水泵、排污泵，采用一用一备或互为备用工作制时，可采用配对使用的 2 台配电变压器低压侧各引一路电源分别为其工作泵和备用泵供电。此配电措施不影响供电可靠性，可减少双电源开关的使用。

3）非消防电梯的供电措施：

①客梯负荷等级较高的应考虑双回路供电，其中一级负荷客梯应采用两路专用回路，且互相独立电源供电；二级负荷客梯可采用一路且应为专用回路。

②对于三级负荷客梯，可由同层配电箱引接，也可采用一路专用回路供电；电梯配电箱安装在电梯机房内，无机房电梯的配电箱安装在电梯顶层靠近电梯井道附近；液压电梯的配电箱安装于电梯底层靠近电梯井道附近。

③电梯应具有断电自动平层开门功能；考虑运行维护独立断电单台电梯设备的需求，每台电梯或自动人行道应装设单独的隔离电器和保护电器。

④自动扶梯和自动人行道应不低于二级负荷，人员密集场所的自动扶梯宜设置防电压暂降的措施。

⑤非消防电梯宜从变电所低压柜或低压进线单体动力配电总箱直接放射式供电，根据负荷等级确定采用单路进线或双路进线供电。配电形式如图 4-2-3 所示。

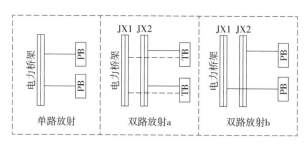

图 4-2-3 放射式配电示意图

注：配电箱（柜、屏）内字母区分其类型，PB 为动力配电箱，TB 为电源切换箱。

4）电动门、机械停车装置等供电措施：

①根据电动门、机械停车装置整体用电量确定是否设置专用配电箱，当整体用电量大时宜设置专用配电柜（箱），当整体用电量小时可由所在防火分区内的动力配电柜（箱）引单独回路供电。

②机械式停车设备应按不低于二级负荷供电。采用汽车专用升降机作为车辆疏散口的升降机用电负荷等级应满足 GB 50067—2014 第 9.0.1 条规定。

③当电动门等用专用配电箱按照三级负荷配电时，可采用的配电形式如图 4-2-4 中单路进线树干配电形式所示；当电动门、机械停车装置等用专用配电箱按照二级负荷配电时，可采用的配电形式如图 4-2-4 中双路进线树干配电形式所示。

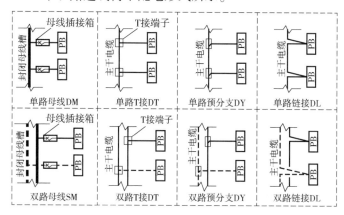

图 4-2-4 树干配电示意图

④升降停车设备的配电线路，应装设过负荷保护、短路保护及剩余电流动作保护；升降停车设备的金属导轨、金属构件及为其供电的电源应设置等电位联结。

4.2.3　空调设备的配电措施

1）综合体建筑功能分区较多，不同区域空调负荷的用电负荷分级主要取决于其服务的区域，如服务对象为大量一级负荷，则空调负荷应定为二级；如服务对象负荷等级为特一，则对应空调负荷应为一级；其余为三级负荷。

2）冷水机组供电（风冷、水冷）应符合下列要求：

①当采用高压冷水机组时，宜从总变电所高压柜直接放射式供电，宜单独设置控制室布置高压冷机机组自带进线柜、启动柜、补偿柜，如无条件时应采取防水措施且柜体上方不应有消防、给水排水等有水的管道设施。

②当采用低压冷水机组时，设备机组宜从变电所低压柜直接放射式供电，小容量冷水机组可设区域总箱，与其他泵组进行区域二次配电。

③当冷水机组按照低压配电，采用单路电源供电时，配电形式如图4-2-3所示。

3）空调机组、新风机、冷却塔、补水泵（变频）配电应符合下列要求：

①上下层配电机房对应时，空调机组、新风机可垂直树干式供电。

②当建筑规模较大时，根据用电容量及服务范围设置区域总箱，区域总箱宜从低压柜放射式供电。末端配电箱可按照防火分区划分供电回路，总箱至末端配电箱配电方式可根据用电容量及分布确定采用放射式、树干式或两者结合方式。

4）空调室外机组配电应符合下列要求：

①根据用电容量及服务范围设置区域总箱，区域总箱宜从低压柜放射式供电。

②末端配电箱可以按照防火分区划分供电回路，可根据用电容量及分布位置确定采用放射式或树干式供电。

③当空调室外机供电需要兼顾物业管理及计量收费等需求时，宜从其服务区域的户总箱供电，宜局部采用放射式供电。

④可采用的配电形式如图 4-2-2 所示。

5）空调末端设备（VAV、VRV、热风幕、风机盘管）配电应符合下列要求：

①VAV、VRV、风机盘管属于 220V 用电设备，热风幕一般属于 380V 用电设备。

②当末端设备与主机设备无逻辑控制关系时，宜由所在防火分区的照明配电箱供电（空调单独计费时不适用）或从就近空调配电箱供电，用电设备可根据单台容量多台链式供电，不应跨越防火分区。

③当末端设备与主机设备有逻辑控制关系时，宜由为主机设备供电的配电箱供电，用电设备可根据单台容量多台链式供电，不宜跨越防火分区。

④热风幕当整体用电量不大时，可由所在防火分区的照明配电箱供电，宜采用放射式供电；当整体用电量大时，宜设置区域总箱。区域总箱宜从低压柜放射式供电，末端设备宜采用放射式供电。

6）精密空调机组的供电应符合下列要求：

①精密空调机组的负荷等级需要与其服务的机房等级有关，需结合机房等级确定其负荷等级，并按照供电要求进行供电设计。

②精密空调机组宜从变电所低压柜放射式供电，配电形式如图 4-2-3 所示；当用电量小且相对集中时可采用树干式供电或进行二次配电，配电形式如图 4-2-5 和图 4-2-6 所示，供电等级为一级的精密空调应在其末端配电箱实现双电源切换。

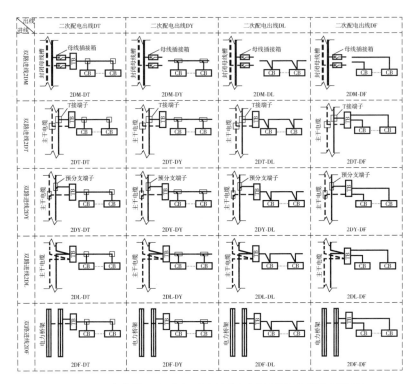

图 4-2-5　双路进线二次配出时放射式与树干式结合供电示意图一

注：配电形式代号，2XX（总箱进线形式）– XX（配至末端配电箱的出线形式）

DM—母线树干式　DT—T接树干式　DY—预分支树干式　DL—链接树干式

DF—放射式　2—进线为双回路进线

4.2.4　照明负荷的配电措施

1）照明负荷等级的确定需根据断电可能造成的人身伤害、经济损失等因素综合合理确定。

2）当照明较为集中且容量较大时，如果电压质量较差，可能严重影响灯具寿命或照明质量，需加设调压装置，或采用专用变压器，正常照明电源一般不应与冲击性大的电力负荷共用回路。

3）备用照明（非消防）应由两路电源或两回线路供电，一般需符合下列要求：

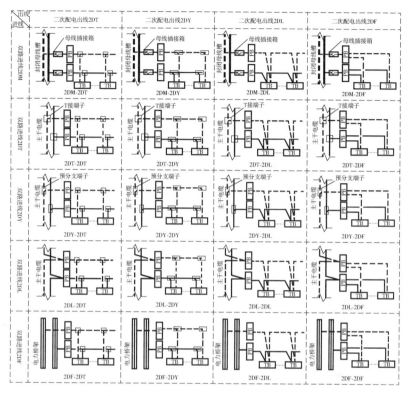

图 4-2-6　双路进线二次配出时放射式与树干式结合配电示意图二

注：配电形式代号，2XX（总箱进线形式）-2XX（配至末端配电箱的出线形式）

DM—母线树干式　　DT—T接树干式　　DY—预分支树干式　　DL—链接树干式

DF—放射式　2—进线为双回路进线

①由不同变压器的低压母线段分别提供两路电源。

②备用电源采用柴油发电机时，可由发电机专用回路作为备用照明的备用回路，另一路由正常照明电源提供；在切换时间有特殊要求的重要场所，应设置蓄电池满足切换时间的要求，作为发电机投运的过渡使用。

③如供电条件无法满足备用电源要求时，可采用蓄电池组作为备用电源或自带蓄电池的应急灯具。

4）正常照明的设计应符合下列要求：

①商场、营业厅、交通候机及候车大厅等重要场所或人员密集场所的正常照明为一级负荷时，应采用末级配电箱双电源自动切换供电；当其为二级负荷时，为减少变压器备份容量、节能降耗，可采用两个低压电源的专用回路交叉供电，并可不再另设非消防备用照明。

②公共区域的照明宜由单独的配电箱供电。

③非重要区域的普通照明可采用的配电形式如图 4-2-1 和图 4-2-2 所示，应用时根据整体用电量和建筑功能分布选取适宜的配电形式。

④走道照明和非消防备用照明可采用的配电形式如图 4-2-7 和图 4-2-5 所示，应用时根据整体用电量和建筑功能分布选取适宜的配电形式，要求特别高的区域，可采用的配电形式如图 4-2-6 所示。

5）消防备用照明的配电设计应符合下列要求：

①对于消防负荷为一级的综合体建筑，交流电供电时应采用树干或放射，并由主电源和应急电源提供双电源，按防火分区末端切换方式设置消防应急照明箱。

②如备用电源为蓄电池时，主供电源应采用双电源的应急电源专供。

③当消防用电负荷为二级，考虑交流电供电时，宜采用双回线路树干式供电；当采用集中蓄电池或灯具内附电池组时，可由单回线路树干式供电。

④该负荷为消防负荷，需末端互投，配电形式如图 4-2-6 所示。

6）消防应急疏散照明的配电设计应符合下列要求：

①根据 GB 51309—2018 第 3.1.2 条相关要求，综合体建筑通常采用集中控制型消防应急照明和疏散指示系统；灯具自带蓄电池时应急照明配电箱应由消防电源的专用应急回路或所在防火分区的消防电源配电箱供电；灯具采用集中电源供电时，集中设置的集中电源箱应由消防电源的专用应急回路供电，分散设置的由集中电源所在防火分区的消防电源配电箱供电。

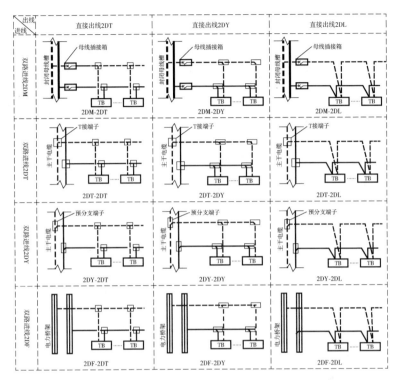

图 4-2-7 双路进线直接配出时放射式与树干式结合供电示意图

注：1. 配电形式代号，2XX（总箱进线形式）－XX（配至末端配电箱的出线形式）

　　　DM—母线树干式　DT—T 接树干式　DY—预分支树干式　DL—链接树

　　　干式　DF—放射式　2—进线为双回路进线

　　2. 树干式配电形式，分支线上在距离分支点线 3 米内未设短路保护装置时，

　　　分支线路不变径

　②建筑内垂直对应的强电间，一般不属于任一层的防火分区，可定义为安全区域。当多层合用一台应急照明配电箱或集中电源时，自垂直贯通的强电间相应去往各层的应急照明配电线路不属于跨越防火分区。

　③应急疏散照明的配电形式与疏散照明系统控制形式息息相关，实际应用中需根据所选用的疏散照明系统形式，采用匹配的配电形式。

4.2.5　特殊设备的配电措施

1）综合体建筑在一次建安设计中大致确定功能区分及比例，但大的功能分区及商户品牌可能会随招商变化。为避免随二次装修或招商配合导致调整楼层总配电柜内进出线电缆、进出线断路器改动较大，引起造价增加的不可控和更换采购需要的订货周期等问题，故商业、餐饮、文娱、康乐等功能区宜结合项目功能分区布局，综合考虑采用如下配电措施：

①大型城市综合体建筑的供配电系统宜按照不同业态设置相对独立的供配电系统。

②在涉及餐饮、文娱等负荷密度大的区域，干线供电建议采用密集母线，每层在母线上多预留1个插接口。

③楼层或功能区总配电柜的出线断路器采用电子脱扣器，楼层或功能区总配电柜至每个商家的馈线电缆暂不设计施工。

2）厨房、超市等区域的工艺设备：

①根据厨房、超市等区域的工艺设备需要并结合所在建筑物的类别以及工艺需求确定负荷分级；在供电形式上充分考虑后期的商业运行及管理模式，宜采用放射式供电；多个用户属于同一产权，且用电量不大时可采用树干式供电。

②厨房、超市等区域的工艺设备一般采用单路电源供电，当设备较少或体量较小时，可采用的配电形式如图4-2-1所示；当设备较多或体量较大时进行二次配电，可区域集中设置配电总箱，可采用的配电形式如图4-2-2所示。

③厨房、超市等区域冷柜用电，一般为二级负荷；当建筑物由双重电源供电，且两台变压器低压侧设有母联开关时，可由任一段低压母线单回路供电。当市政电源为非双重电源时可从上级电源取双回路供电，其中一路应为专用回路，非消防状态下该路电源在单路市电停电时不切除；另一路可由厨房、超市等区域的工艺设备配电箱取电。可采用的配电形式如图4-2-7和图4-2-5所示。

④厨房区域加工制作区（间）的电源进线应留一定余量，配电箱应留一定数量的备用回路。电气设备、灯具、插座防护等级不应低于IP54，操作按钮的防护等级不应低于IP55。

⑤厨房设备的配电线路应装设剩余电流动作保护。

3）泳池设备配电：

泳池主要用电设备包含水处理设备、循环泵、照明设施、游泳池清洗设备等，水处理设备（含过滤设备）、循环泵等一般安装在专用的设备机房内，这些机房一般设置在泳池旁或泳池下方，配电箱（柜）设置在机房内。

泳池配电箱及用电设备在机房内安装时，应位于游泳池1区和2区之外。配电箱至潜水泵使用的电缆应符合GB 5013系列规定的66型电缆或至少有与其等效性能的电缆。

水处理设备（氧发生器、紫外线消毒器等）、循环泵等供电电压一般为AC 220V/380V，当其设置在游泳池1区和2区以外的场所时，防护等级不低于IPX5，潜水泵防护等级为IPX8。

4）冷库配电：

冷库电气系统配电分为动力系统、照明系统。冷库动力系统主要涉及制冷机组、循环泵、蒸发器和冷风机等制冷设备配电；需要注意的是冷库搬运过程用到电动叉车会在充电后产生氢气和氧气，具有一定爆炸危险性，因此在叉车充电间需设置氢气探测系统，并设置事故风机。照明系统配电方式详见本章4.2.4节照明配电相关措施。

5）电影院、放映厅配电：

①不同影厅宜分别设置影厅配电箱，提供本影厅的照明及放映设备等电源。

②公共区域一般按功能分区设置照明箱，为本区域照明负荷供电。

③空调负荷应根据工程实际情况及空调形式确定供电形式，通常设置一台空调总箱。

④所有不同负荷应按不同负荷性质在总箱进线处进行分项

计量。

⑤电影放映设备宜设交流稳压装置供电，供电电压偏差允许值宜为±5%。

⑥对配电系统产生谐波干扰的调光器宜就地设置滤波装置；调光设备配电回路应选用金属导管、金属槽盒敷设，并不宜与电声等对电磁干扰敏感线路平行敷设；当调光回路与电声线路平行敷设时，其间距应大于1m；当垂直交叉时，间距应大于0.5m。

6）餐厅及宴会厅配电：

①宴会厅、大型餐厅照明配电宜设置照明总箱，由变配电室的低压柜专用馈电回路供电，双电源末端切换，可根据宴会厅或大型餐厅前厅、厅内、配套用房的功能划分，分别设置照明配电分箱。

②宴会厅AV控制室内应设置1台专用配电箱，供宴会厅舞台灯光设备及控制室内设备，当采用晶闸管调光方式时，应考虑滤波防治措施。

③宴会厅应预留布展的照明和设备临时用电，宜设置双电源切换箱，电源来自变配电室低压相两段不同母线段的专用馈电回路，布置在宴会厅的更衣间或机房内，其设备容量可不计入酒店变压器的计算负荷。如宴会厅有多分隔时，宜在每个隔断区内设置独立断路器箱。

④宴会厅内部，周围墙上每隔20m宜设置1组双插座；宴会厅门外，在前厅位置的墙上，每个宴会厅分隔设1个插座，给信息发布屏使用。

⑤西餐厅用电设备一般包括保温车、保温台（柜）、保温炉消毒机、饮水机、咖啡机等；设计应根据设备功率做好点位预留，餐厅配电箱可设置在餐厅服务管理前台处或相应设备间，便于管理操作。

4.2.6 消防设备的配电措施

1）消防用电设备供电应符合下列规定：

①建筑物内的消防用电设备在正常电源断电时，应能由备用电

源保证其用电，备用电源的容量应能满足建筑物一处着火时的消防设备的供电需求，并且消防用电设备应采用专用回路。

②消防设备配电支线不应穿越防火分区，干线不宜穿越防火分区。

③消防用电设备负荷等级为一级或二级时，应独立设置配电箱，在最末一级配电箱设置自动切换；如为三级时宜独立设置配电箱，其电源可由一台变压器的一路低压回路供电或一路低压进线的一个专用分支回路供电。

④对于防火卷帘、排烟窗、消防潜污泵等消防设备，可由各自防火分区配电间内双电源箱放射供至设备控制箱。

⑤消防设备不得采用变频调速控制方式。

⑥除消防水泵、消防电梯、消控室的消防设备外，各防火分区的消防用电设备，应由消防电源中的双电源或双回线路电源供电，并应满足下列要求：

A. 末端配电箱应安装于所在防火分区内的配电间或电井内。

B. 由末端配电箱配出引至相应设备，宜采用放射式供电。对于作用相同、性质相同且容量较小的消防设备，可视为一组设备并采用一个分支回路供电。每个分支回路所供设备不宜超过 5 台，总计容量不宜超过 10kW。

2）消防水泵的配电措施：

①消防水泵主要包括室外消火栓泵、室内消火栓泵、自动喷水泵、水喷雾泵、雨淋泵、消火栓增压泵、自动喷水增压泵等。

②除室外消火栓泵水专业明确要求双路消防电源供电外，其他均按照负荷等级，按照消防负荷供电措施要求供电。

③主泵一般设备容量较大，消防水泵房宜采用放射式供电，双路进线末端互投。

④稳压泵等小容量设备可就近与其他用电设备采用树干式供电，双路进线末端互投。可采用的配电形式如图 4-2-6 所示。

3）消防进排烟风机的配电措施：

①进排烟风机主要功能为采用机械排烟的方式，将房间、走道

等空间的火灾烟气排至建筑物外。

②根据通风的系统形式有专用和兼用两种，其中兼用型需按照消防负荷要求进行配电，并注意消防负荷和非消防负荷分别进行负荷计算。

③消防进排烟风机按照用电量大小、机房位置，可采用放射式供电和树干式供电。

④当单独配电箱容量较大时，宜采用放射式供电，双路进线末端互投。

⑤当每处配电箱容量较小时，可采用二次配电的方式配电，区域集中设置总箱，在末端配电处进行互投。可采用的配电形式如图4-2-6所示。

4）正压风机的配电措施：

①为了确保疏散通道的余压在火灾发生时能够处于有效的受控状态，既能阻止烟气的扩散，又能使逃生者轻松地打开防火门逃生，保护人员安全疏散。正压风机配电设计需要配合暖通专业在配电箱内、封闭楼梯间及其前室（或合用前室）内风管上设置压差自动调节装置，进行余压监控。

②正压风机按照用电量大小、机房位置可采用放射式供电和树干式供电。

③当单独配电箱容量较大时，宜采用放射式供电，双路进线末端互投。

④当每处配电箱容量较小时，可采用二次配电的方式配电，区域集中设置总箱，在末端配电处进行互投。可采用的配电形式如图4-2-6所示。

5）消防电梯的配电措施：

①消防电梯按照消防负荷级别对应的供电措施供电。

②消防电梯与其他电梯应分别供电。

③消防电梯应从低压柜或低压进线单体配电总箱直接放射式供电，双路进线末端互投。配电形式如图4-2-3所示。

6）防火卷帘门的配电措施：

①防火卷帘门主要用来进行防火分区的分隔，防止临近的一个防火分区发生的火灾向其他防火分区蔓延。

②防火卷帘门配电时，可按照一个防火分区设置一个末端配电箱，末端配电箱需按照消防负荷供电要求，双电源互投供电。由末端配电箱配出引至防火卷帘门自带控制箱，按照防火分区划分供电回路，宜采用独立回路放射式供电。对于布线方便且在同一防火分区内时，可视为一组设备并采用一个分支回路树干式供电。

③当防火卷帘门独立设置配电箱时，可采用的配电形式如图 4-2-6 所示。

④当防火卷帘门较少且分散设置时，可从同一防火分区的消防末端互投配电箱出线处取单回路供电。

7）消防排水泵的配电措施：

①排水泵中属于消防负荷的用电设备主要有消防电梯排水泵、消防水泵房排水泵。

②消防电梯排水泵按照用电量大小、位置可采用放射式供电和树干式供电；消防泵房排水泵可由其泵房内消防水泵的电源供电。

③当单独配电箱容量较大时，宜采用放射式供电，双路进线末端互投。

④当每处配电箱容量较小，且相对集中时，可采用二次配电的方式配电，区域集中设置总箱。

8）电动防火门、防火窗、电动挡烟垂壁的配电措施：

①根据建筑疏散及排烟要求，部分建筑中需设置电动防火门、电动排烟窗、电动挡烟垂壁等末端设备。

②可按照一个防火分区或就近的几个防火分区设置一组末端配电箱，末端配电箱需按照消防负荷供电要求，双电源互投供电。

③由末端配电箱配出引至设备自带控制箱，应按照防火分区划分供电回路，宜采用独立回路放射式供电。对于布线方便且在同一防火分区内时，可视为一组设备并采用一个分支回路树干式供电。

④当电动防火门、防火窗、电动挡烟垂壁等用电负荷独立设置配电箱时，可采用的配电形式如图 4-2-6 所示。

⑤当电动防火门、防火窗、挡烟垂壁等用电负荷较少且分散设置时，可从同一防火分区的消防末端互投配电箱出线处取单回路供电。

9）应急疏散照明的配电措施：见本章4.2.4节表述。

4.3 智能配电技术

4.3.1 末端用电质量治理方案

1. 智慧综合体建筑末端用电质量问题分析

随着智慧综合体建筑用电负载的不断发展，节能要求越来越高。LED照明类设备使用量越来越多。与白炽灯相比，高效率LED的耗电量要少75%左右，且使用寿命更长。

LED照明比白炽灯节能，但也有一些缺点。由于LED是通过一个开关电源产生的直流线路供电，是一个典型的非线性负载，它的运行会对供电电网的电能质量产生负面影响，给交流电路带来了不必要的压力。

通过使用电能质量分析仪，对LED照明系统进行测试，其电流电压波形如图4-3-1所示，各阶次谐波数据如图4-3-2所示，系统电压、电流和频率参数如图4-3-3所示。

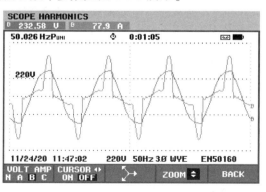

图4-3-1　LED照明系统电流电压波形

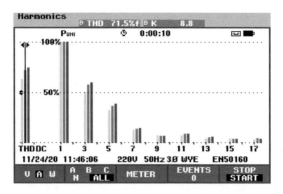

图 4-3-2　LED 照明系统各阶次谐波数据

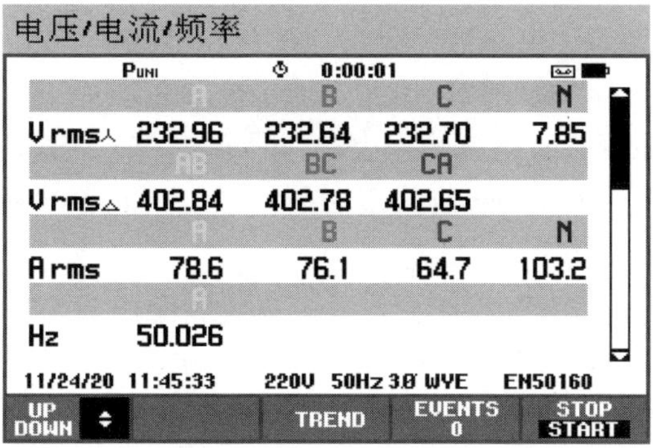

电压/电流/频率

图 4-3-3　LED 照明系统电压、电流和频率参数

　　由以上分析及测试数据可以看出，由于 LED 照明类及单相非线性负载广泛的应用，造成末端供电系统谐波电流超标、三相不平衡度超标，中性线电流已经达到相线电流的 2~3 倍，中性线起火风险很大，供电系统安全性、可靠性降低，损耗增加。

2. 末端用电质量问题带来的危害

　　1）电压波动问题造成末端用电设备不能正常工作，如照明频闪、计算机重启、空调停机、跳闸等现象频繁发生。

　　2）长时低电压问题导致末端用电设备不能正常启动或频繁停机、跳闸等现象。

　　3）三相负载不平衡问题引起三相电压不平衡以及零线电流问

题，给配电系统的安全、稳定运行带来隐患。

4）低次谐波问题会造成严重的电流、电压畸变，从而引起控制装置不能正常计算触发角而出现失控现象。

5）高次谐波问题引起小功率电子设备的电磁干扰问题，如计算机死机等。

6）中性线过流问题加速线缆绝缘老化，进而引发电气火灾，烧毁零线线缆，出现重大的"断零"事故，轻则导致用电设备烧毁，重则造成用电人员伤亡。

3. 末端用电防护治理系统（DTDS系统）功能介绍

1）智能精密型电压治理模块：具备防止电压波动功能；谐波电压治理功能；低电压抬升功能；电压短时中断、电压骤升及骤降治理功能；电压偏差调整功能；过压保护功能。

2）智能精密型电流治理模块：具备 2~63 次谐波治理功能，高次（2kB~20MB）谐波治理功能；系统三相不平衡治理功能；系统过流保护功能。

3）电网智能检测保护模块：可有效地保护系统安全运行，保证系统供电的持续性，实时监控系统供电状态，在系统出现故障和风险时及时解决。

4）中性线智能检测装置：中性线电流消除功能，实时监测中性线电流的变化。

5）智能温度检测模块：具备系统相线及中性线温度实时监测功能，及时反映供电系统温度的变化。

6）独立报警保护终端：具备定时限、反时限报警功能。

7）末端统一潮流控制模块：具备电压调节功能、相角调节功能、线路阻抗补偿功能、动态潮流控制功能、无功补偿功能。

8）集成式人机交互界面：产品配备嵌入式显示面板，提供友好的用户界面、视觉效果、触摸体验及互动节奏。可实现实时监控系统各种电参数、直观表达与精确控制；操作方式灵活，对专业知识要求低，操作者易于上手。

9）具备节能功能：真正实现降低线路损耗、器件损耗以及变压器损耗。最终实现为客户节约电费的作用。

4. 末端用电防护治理系统（DTDS系统）应用效益分析

（1）直接效益分析

通过治理末端用电系统中非线性用电设备产生的高、低次谐波电流，从而减少谐波电流在各类电气设备上产生的附加损耗。例如：集肤效应的附加损耗、变压器铜耗、变压器铁耗、线缆导体及介质的附加损耗、电容器介质附加损耗、电动机转子及定子的附加损耗等（根据电力公司提供的资料，5次谐波含量为10%时，就能使变压器损耗比不存在谐波时增大10%）。

通过治理末端用电系统中的零线过流、过热问题，从而降低零线过流产生的损耗温升（根据导体的发热量 Q 与通过导体的电流 I 的平方成正比，即 $Q = I^2 R$，可知零线过流2倍时，零线发热量达到4倍）。

通过在末端用电回路中对三相不平衡、低次谐波、高次谐波、杂散电流、零线电流进行就地综合治理，零线的全方位检测与保护，电力参数实时监控。大幅度减低了常规设计的多台单功能电能质量产品的直接采购成本以及多台单功能电能质量产品所占空间的直接经济成本。

末端用电防护治理系统（DTDS）具有显著的综合节能效果，综合节能率5%～10%。末端用电防护治理系统（DTDS）具有显著的系统稳压效果，稳压范围±5%。通过治理末端电气系统中的零线过流、过热问题，大幅度降低了电气线路引发火灾的概率，从而降低了电气火灾隐患导致的直接经济损失。

（2）间接效益分析

保障配电系统的安全、稳定、可靠运行。如解决电梯、空调等设备由于电能质量问题引起的非正常停机；解决照明、计算机等设备由于电能质量问题引起的频闪现象；解决各类精密工艺设备由于电能质量问题引起的检测误差现象；解决弱电智能化系统由于电能质量问题引起的保护宕机现象等。

负载谐波电流减少，变压器利用率提高，设备发热、损耗降

第4章 电力配电系统

低，振动减少；谐波电流减小 90% 以上，系统内各元件损坏率减低，设备绝缘老化减缓，故障率下降，延长设备寿命，从而提高了配电系统整体用电的安全性；减少电缆谐波引起的集肤效应表层发热，提高电缆电导率，降低电源内阻，提高供电能力，减少供电系统电位差，延长电缆绝缘层寿命，降低电缆起火机率；减低供电线路开关器件因谐波引起的非过流型发热，降低开关意外脱扣率，保证用电安全；降低电动机谐波发热，电动机过热烧毁现象得以大幅度减少；减少 PLC、DCS 等自动化控制系统损坏机率，提高设备安全运行时间，保证生产安全；减少照明灯具因谐波引起的频闪，防止长期工作在灯具下的人员身患建筑物综合症；减少变压器发热，降低变压器铁损和铜损；提高高精度计量设备计量精度；降低中线电流，防止中线电位升高引起的综合负面效益。谐波污染的减少，降低了对通信、自动控制装置、电能计量和继电器保护的干扰，提高了电网的安全性能。

4.3.2 智能一体化配电设备

1. 强弱电一体柜的概念

强弱电一体柜是指将强电和弱电设备集成在同一个控制柜内。它集成了控制、监测、保护、通信等多种功能于一体，大大简化了设备安装和维护的难度。强弱电一体柜是一款集数字孪生技术、边缘计算、专用控制器、变频器、水泵、冷却塔等多种控制器和传感器于一体的智能控制设备，能够对冷热源机房内的制冷机、冷水机组、热水机组、热泵机组等进行全方位的监测和控制，确保机房内温度、湿度、压力、水流量等各项参数稳定，满足机房设备的运行要求，降低能耗和运维成本。通过数字孪生技术将机房内的数据和设备模型映射到数字孪生系统中，实现对设备和环境参数的精准预测和仿真，为机房运维决策提供重要的数据支持。边缘计算技术则将部分计算任务分配到设备本地进行处理，减轻云端计算负担（如图 4-3-4 所示），提高数据处理和响应速度。

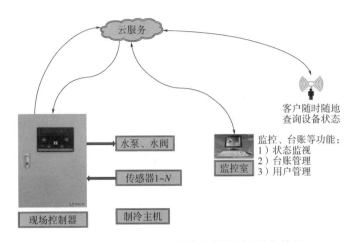

图 4-3-4 GOL-WACE 机房智能控制系统拓扑图

2. 强弱电一体柜功能描述

1）强弱电一体柜主要用于控制冷热源机房的阀门、变频器、水泵、冷却塔等设备，同时也可以监测各种传感器，如温度、湿度、压力等。其系统结构框架如图 4-3-5 所示。

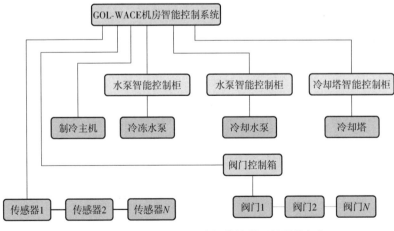

图 4-3-5 GOL-WACE 机房智能控制系统结构框架

2）控制柜内部集成了多个模块，包括主控制模块、变频控制模块、阀门控制模块、水泵控制模块等。主控制模块作为整个系统的中心，负责调度各种设备和传感器。变频控制模块可以实现对电动机的无级调速，从而实现能源的节约和减少设备的损耗。阀门控制模块和水泵控制模块则可以通过调整阀门和水泵的开度，控制供回水温差和冷却塔的效率，优化设备的运行效率。

3）控制器功能：

①强弱电一体柜配备了专用控制器和数字孪生系统，实现了控制器自动控制逻辑的实时更新和自我优化。数字孪生技术可以将实际设备的运行情况与数学模型进行比对，发现问题并进行预测，提前进行设备维护或更换，从而降低设备故障率。

②控制器可以实时监测温度传感器、压差传感器、流量传感器、热量表等传感器的数据。温度传感器可以实时监测室内外温度、回水温差等参数。压差传感器可以监测水泵进出口压差，判断水泵是否需要开启或关闭。流量传感器可以监测冷却水的流量大小，控制冷却塔的风扇转速。热量表可以监测冷热源机房的制冷或制热负荷，根据负荷情况自动调节水泵和阀门开启度。

③控制器配备了边缘计算功能，可以将传感器数据实时上传到云端进行统计和分析。通过数据分析，可以更好地了解设备的运行情况和运行效率，并对设备进行优化和调整；还可以进行远程控制和监测，用户可以通过手机或计算机远程监测设备运行情况，实现设备的远程控制。

4）变频控制模块柜：

强弱电一体柜内配备了变频器，可以根据实际需要控制水泵的转速，提高水泵的能效。同时，控制器还可以自动控制冷却塔的风扇转速，根据冷却水的流量大小进行调节，减少冷却水的浪费。

5）保护功能：

强弱电一体柜内配备了多种保护机制，如过流保护、过压保护、缺相保护、短路保护等，能够在设备异常情况下及时报警，有效保护设备安全。

3. 强弱电一体柜应用意义

随着工业和建筑业的快速发展，冷热源系统的控制和管理变得越来越重要。强弱电一体柜具备集中控制、节能、安全、可靠性高等特点，可以帮助用户实现对冷热源系统的全面管理和优化。通过数字孪生技术和边缘计算的应用，一体柜可以实时监测和控制制冷机、冷却塔、泵等设备的运行状态，调整工作参数以实现能耗最优化和高效运行。此外，强弱电一体柜还可以实现远程监控和控制，便于设备的维护和管理，提高冷热源系统的可靠性和稳定性。

4.3.3 智能母线槽

1. 智能母线槽的概念

智能母线槽是一种应用物联网和人工智能等技术的新型配电设备，可对母线槽的运行状况实现遥调、遥测、遥控、遥信等一项或多项功能。其通过实时监测母线槽运行状况，结合电力系统实时数据，能够快速定位设备故障，保证供电连续性；并通过智能算法实现对电力负载的预测和优化调度，提高电力系统的运行效率和安全性。

2. 智能母线槽系统构成

（1）系统构成及功能实现

智能母线槽由母线槽和智能测控系统组成，其中，智能测控系统又包括测量模块、数据采集模块、网关（可选）和数据监控平台等组件，如图4-3-6所示。智能测控系统的组件之间可通过有线或无线的方式进行数据传输。

图 4-3-6　智能测控系统构成

（2）智能测控系统组件功能

1）测量模块：安装在母线槽本体，监测母线槽运行参数（如温度、振动等）和环境参数（如湿度、水浸等），测得数据通过通用通信协议传输到信号采集模块。

2）数据采集模块：接收多个测量模块传输的数据，并将数据打包发送至上位系统。

3）网关（可选）：进行协议转换，将数据采集模块上传的数据重新打包为数据监控平台可识别的数据后，传输到数据监控平台。

4）数据监控平台：对母线运行状态、环境参数等进行可视化动态监测，并对异常状况进行报警；通过对历史数据的存储，可进行历史记录分析；通过智能算法，对母线和电力系统健康度进行诊断和预测。

3. 智能母线槽在建筑电气中的应用场景

根据母线槽的布置方式，可将母线槽应用场景分为三类：水平配电、上升配电、柜间（包括变压器与配电柜、配电柜之间）连接（图4-3-7）。其中，水平配电主要用于从配电设备向车间内多个用电端供电，常见于工业厂房、建筑等行业；上升配电主要用于从配电设备向高层建筑各个楼层供电，常见于建筑行业；柜间连接主要用于连接变压器与配电设备或配电柜间的连接，在各行业均有应用。

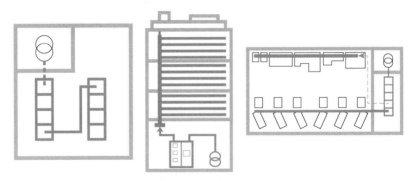

图4-3-7　智能母线槽在建筑电气中的应用场景

在水平配电和上升配电场景中，由于母线线路较长，常采用预制化有线测量系统对母线状态进行监测。该方式有安装调试简便、设备成本低、长距离通信可靠等特点。

在柜间连接场景中，由于母线线路短、弯头多，且一般较为集中，故常采用无线测量系统对母线状态进行监测。该方式有安装简便、扩展灵活等特点。

4. 智能母线槽预制化测温系统

1）智能母线槽预制化测温系统通过一体化设计，将测温单体及通信线缆预安装在母线槽上，对关键部位进行定点温度监测，并利用母线槽结构对测温单体和线缆进行保护。该系统具有安装简便、调试快捷、长距离通信稳定的特点。

2）预制化测温要求

①系统构成。智能母线槽预制化测温系统由测温单体、控制主机、上位监控系统（可选）组成。

②信号传输。测温单体与控制主机之间采用有线方式传输信号；控制主机与上位监控系统之间采用有线或无线方式传输信号。信号传输应保证稳定可靠。

③安全要求。系统应满足 EN/IEC 61010—1：2010 中关于安全规范的要求。操作人员在设备工作时可安全触摸测温单体和控制主机外壳。

④抗干扰能力。系统应不受母线干线或插接箱通断电情况的影响。系统的电磁兼容能力应至少满足 GB/T 17999.2—2003 （或 IEC 61000—6—2：2019）和 GB/T 17999.4—2012 （或 IEC 61000—6—4：2020）中对抗扰度和发射度的要求。

⑤测量范围及精度。测温单体测量温度范围至少为 −20 ~ 150℃，在 −20 ~ 100℃范围内，测温精度控制在 ±1% 或 ±1℃以内。

⑥防护等级。为满足母线应用场景，测温单体应具有 IP54 及以上的防护等级。

⑦组网拓扑。系统应支持串联组网或 T 型组网拓扑。

⑧通信地址分配。系统应具有一键分配地址功能，即所有测温单体的通信地址在调试时一键分配，无需人工设定。

5. 智能母线槽无线测温系统

1）智能母线槽无线测温系统即通过无线测温模块，对母线槽关键部位进行定点温度监测，实时获取母线运行状态，可解决由于空间不便、维护不便等因素导致的部分负荷无法被检测的问题，且可根据客户需求灵活扩展。

2）无线测温系统要求

①系统构成。智能母线槽无线测温系统由测温传感器、数据采集模块、网关（可选）和上位监控系统（可选）组成。

②信号传输。测温传感器与数据采集模块之间采用无线传输模

式，使用通用的无线通信协议，如 Zigbee、LoRa 等；数据采集模块与网关或上位监控系统之间可采用有线或无线传输模式。信号传输应保证稳定可靠，组网灵活。

③安全要求。系统应满足 EN/IEC 61010—1：2010 中关于安全规范的要求。操作人员在设备工作时可安全触摸测温传感器或数据采集模块外壳。

④抗干扰能力。系统应不受母线干线或插接箱通断电情况的影响。测温传感器的电磁兼容能力应至少满足 GB/T 17999.2—2003（或 IEC 61000—6—2：2019）和 GB/T 17999.4—2012（或 IEC 61000—6—4：2020）中对抗扰度和发射度的要求。

⑤测量范围及精度。无线测温传感器在环境温度 35℃ 时，测量温度范围为 -25 ~90℃，测温精度控制在 ±1℃ 以内。

测温传感器上可带有湿度传感器，便于更准确评估母线槽实际运行状况。湿度传感器测量范围应在 10% ~98%，湿度精度控制在 ±2% 以内。

⑥防护等级。为满足母线应用场景，测温传感器应具有 IP54 以上的防护等级。

6. 智能母线槽监控软件

智能母线槽监控软件采用专业化、模块化、智能化的设计理念，拥有强大且性能优越的实时数据管理系统，完善的主操作界面和系统维护界面，功能齐全的通信子系统。它对整个母线系统的运行状态以及能源在母线上的使用和分配状况、母线各部件的运行状况、母线下属负载电能参数、母线系统报警状态等通过图形界面进行实时监控和管理，集母线电力及能耗监控、母线运行状态监控、母线回路及场景可视化、母线相关报警归集和快速定位、母线资产管理于一体，实现对能源、电气设备、电能质量的智能监视。

第5章 照明系统

5.1 概述

5.1.1 分类、特点及要求

综合体建筑根据其功能及空间组合的多样性及复杂性，其照明设计具备多元化和灵活性的特点。综合体建筑的照明需要进行统一规划，分区分类设计并实施，其照明设计应结合不同功能场所及应用场景合理制订方案，在有条件的情况下应优先利用自然采光。

综合体建筑照明种类可分为正常照明、应急照明、值班照明、警卫照明和障碍照明。在设计时应进行合理规划以满足不同功能空间的照明需求。综合体建筑的照明特点及要求：

1）照明设计应根据视觉要求、环境条件和功能性质，使其空间获得良好的视觉效果、合理的照度和显色性，以及适宜的亮度分布。

2）应根据不同功能空间合理选择光源、灯具及附件、照明方式、控制方式等。

3）照度标准、照度均匀度、统一眩光值、照明功率密度值、能效指标等相关标准值应满足《建筑照明设计标准》（GB 50034—2013）及《建筑环境通用规范》（GB 55016—2021）的要求。

4）照明设计应与装饰设计协调一致。特定区域或目标的照度需要提高时，宜采用重点照明。

5）对于室内高大空间，除在顶部设置照明外，对照度要求高的区域可采用设置局部照明来满足需求。

5.1.2　本章主要内容

本章的主要内容是结合智慧综合体建筑的特点及不同功能空间组合的多样性，介绍照明系统的基本要求、配电及控制方式、应急照明及智慧照明控制系统的应用等内容。

5.2　综合体照明基本要求

5.2.1　照明质量

优良的室内照明质量由适当的照度水平及合适的照度均匀度、舒适的亮度分布、优良的灯光颜色品质、无眩光干扰、正确的投光方向与完美的造型立体感等要素构成。

综合体建筑的照明设计需要考虑的因素较多，由于照明区域巨大，种类繁多，不同的功能区域对照明质量要求的重点不同。如商业考虑商场档次，针对的人群，强调利用照明营造商业氛围，凸显商场品牌形象，刺激顾客消费，提升购物舒适度，对光源颜色品质要求较高。办公强调多利用自然光满足工作需求，提升工作效率，强调照度水平。公寓、酒店照明设计给使用者带来宾至如归、引人入胜的体验，结合建筑及室内风格照度、色温、显色性均比较重要，营造温馨安逸的环境。而总服务台、收款台等场所对视觉要求较高。综合体照明设计要遵照此要素，根据不同的应用场合灵活运用，综合考虑，重点突出，同时兼顾投资、后期运营及维护成本、节能效果的平衡。

5.2.2　照明方式与种类

综合《建筑照明设计标准》（GB 50034—2013）、《商店建筑电气设计规范》（JGJ 392—2016）、《旅馆建筑设计规范》（JGJ 62—2014）、《办公建筑设计标准》（JGJ/T 67—2019），照明方式分为一般照明、分区一般照明、局部照明、重点照明及混合照明。此外，高层或超高层综合体建筑还应设置航空障碍灯。

5.2.3　照明光源选择

综合体建筑的光源应以高效、节能、美观为原则，满足各个场所显色性、启动时间等要求，根据不同功能的场所、使用场景、光源、灯具及镇流器等的效率或效能、寿命等在进行综合技术经济分析比较后选择相适应的照明灯具和控制方式。

照明应按下列条件选择光源：

1) 商场部分高照度处宜采用高色温光源，低照度处宜采用低色温光源，营业厅的显色指数（R_a）不应小于80，反映商品本色的区域显色指数（R_a）宜大于85。当一种光源不能满足光色要求时，可采用两种及两种以上光源的混光复合色，丝绸、字画等变、褪色要求较高的商品，应采用截阻红外线和紫外线的光源。重点照明宜采用小功率陶瓷金属卤化物灯、LED灯。

2) 办公室、会议室等灯具安装高度较低的房间适合采用细管直管形三基色荧光灯。会议室主照明还可根据吊顶形式选用方形或条形LED平面灯。

3) 商店营业厅的一般照明宜采用细管直管形三基色荧光灯、小功率陶瓷金属卤化物灯。

4) 灯具安装高度较高的场所，应按使用要求，采用金属卤化物灯、高压钠灯或高频大功率细管直管荧光灯。

5) 酒店、公寓部分的客房宜采用LED灯或紧凑型荧光灯。

6) 应急照明应选用能快速点亮的光源。

7) 照明设计应根据识别颜色要求和场所特点，选用相应显色指数的光源。

5.2.4　照明灯具选择

常见的照明灯具类型包括直管荧光灯、紧凑型荧光灯、LED灯、金属卤化物灯等，不同的灯具类型在综合体建筑物中的应用场所见表5-2-1。

表 5-2-1　常用灯具在综合体建筑中的应用场所

序号	灯具类型	应用场所
1	直管形荧光灯	办公室、会议室、控制室、机房、商店营业厅等照明
2	紧凑形荧光灯	公寓、酒店等照明
3	LED 筒灯	地下车库、疏散标志灯、大堂、商场、超市、宾馆、公寓床头、写字台等装饰性照明、室外夜景照明
4	LED 射灯	大堂、商铺、超市、酒店、公寓户内、走道等局部或重点照明
5	LED 灯条	商场、超市、立面、台阶、客房、候梯厅、走廊吊顶等装饰性照明
6	金属卤化物灯	广场、停车场、餐厅、健身房、游泳池、娱乐场所等室内照明

　　除此之外，根据不同的场所，灯具的 IP 等级应符合相应的要求，如特别潮湿场所，应采用相应防护措施的灯具，在室外的场所，应采用防护等级不低于 IP54 的灯具；易受机械损伤、光源自行脱落可能造成人员伤害或财物损失场所应有防护措施；另外，在满足眩光限制和配光要求条件下，还应选用效率或效能高的灯具，见表 5-2-2 ~ 表 5-2-7。

表 5-2-2　直管形荧光灯灯具的效率（%）

灯具出光口形式	开敞式	保护罩（玻璃或塑料）		格栅
		透明	棱镜	
灯具效率	75	70	55	65

表 5-2-3　紧凑形荧光灯灯具的效率（%）

灯具出光口形式	开敞式	保护罩（玻璃或塑料）	格栅
灯具效率	55	50	45

表 5-2-4　小功率金属卤化物灯灯具的效率（%）

灯具出光口形式	开敞式	保护罩（玻璃或塑料）	格栅
灯具效率	60	55	50

表 5-2-5　高强度气体放电灯灯具的效率（%）

灯具出光口形式	开敞式	格栅或透光罩
灯具效率	75	60

表 5-2-6　发光二极管筒灯灯具的效能

(单位：lm/W)

色温	2700K		3000K		4000K	
灯具出光口形式	格栅	保护罩	格栅	保护罩	格栅	保护罩
灯具效能	55	60	60	65	65	70

表 5-2-7　发光二极管平面灯灯具的效能

(单位：lm/W)

色温	2700K		3000K		4000K	
灯具出光口形式	格栅	保护罩	格栅	保护罩	格栅	保护罩
灯具效能	60	65	65	70	70	75

5.2.5　照明标准值

照度标准值根据房间功能、建筑等级及实际需求确定不同的照度标准，当对视觉要求有较高要求时，可提高一级照度标准值。设计阶段，设计照度与照度标准值的偏差不应超过 ±10%，《建筑照明设计标准》（GB 50034—2013）及《建筑节能与可再生能源利用通用规范》（GB 55015—2021）给出了商店、办公、公寓、酒店等建筑中不同场所的照明标准值及功率密度限制，见表 5-2-8 ~ 表 5-2-13。

表 5-2-8　商店建筑照明设计标准

房间或场所	参考平面及其高度	照度标准值/lx	统一眩光值(U_{GR})	照度均匀度(U_0)	显色指数(R_a)
一般商店营业厅	0.75m 水平面	300	22	0.6	80
一般室内商业街	地面	200	22	0.6	80
高档商店营业厅	0.75m 水平面	500	22	0.6	80
高档室内商业街	地面	300	22	0.6	80
一般超市营业厅	0.75m 水平面	300	22	0.6	80
高档超市营业厅	0.75m 水平面	500	22	0.6	80
仓储式超市	0.75m 水平面	300	22	0.6	80
专卖店营业厅	0.75m 水平面	300	22	0.6	80
农贸市场	0.75m 水平面	200	25	0.4	80
收款台	台面	500[①]	—	0.6	80

①是指混合照明照度。

表 5-2-9　商店建筑照明功率密度限制

房间或场所	照度标准值/lx	照明功率密度限制/（W/m^2）
一般商店营业厅	300	≤9.0
高档商店营业厅	500	≤14.5
一般超市营业厅、仓储式超市、专卖店营业厅	300	≤10.0
高档超市营业厅	500	≤15.5

注：当一般商店营业厅、高档商业营业厅、专卖店营业厅需装设重点照明的时候，营业厅的照明功率密度限制可增加 $5W/m^2$。

表 5-2-10　办公建筑照明设计标准

房间或场所	参考平面及其高度	照度标准值/lx	统一眩光值（U_{GR}）	照度均匀度（U_0）	显色指数（R_a）
普通办公室	0.75m 水平面	300	19	0.6	80
高档办公室	0.75m 水平面	500	19	0.6	80
会议室	0.75m 水平面	300	19	0.6	80
视频会议室	0.75m 水平面	750	19	0.6	80
接待室、前台	0.75m 水平面	200	—	0.4	80
服务大厅、营业厅	0.75m 水平面	300	22	0.4	80
设计室	实际工作面	500	19	0.6	80
文件整理、复印、发行室	0.75m 水平面	300	—	0.4	80
资料、档案存放室	0.75m 水平面	200	—	0.4	80

表 5-2-11　办公及其他类型建筑中具有办公用途场所照明功率密度限制

房间或场所	照度标准值/lx	照明功率密度限制/（W/m^2）
普通办公室、会议室	300	≤8.0
高档办公室、设计室	500	≤13.5
服务大厅	300	≤10.0

表 5-2-12　旅馆建筑照明设计标准

房间或场所		参考平面及其高度	照度标准值/lx	统一眩光值(U_{GR})	照度均匀度(U_0)	显色指数(R_a)
客房	一般活动区	0.75m 水平面	75	—	—	80
	床头	0.75m 水平面	150	—	—	80
	写字台	台面	300①	—	—	80
	卫生间	0.75m 水平面	150	—	—	80
中餐厅		0.75m 水平面	200	22	0.6	80
西餐厅		0.75m 水平面	150	—	0.6	80
酒吧间、咖啡厅		0.75m 水平面	75	—	0.4	80
多功能厅、宴会厅		0.75m 水平面	300	22	0.6	80
会议室		0.75m 水平面	300	19	0.6	80
大堂		地面	200	—	0.4	80
总服务台		台面	300①	—	—	80
休息厅		地面	200	22	0.4	80
客房层走廊		地面	50	—	0.4	80
厨房		台面	500①	—	0.7	80
游泳池		水面	200	22	0.6	80
健身房		0.75m 水平面	200	22	0.6	80
洗衣房		0.75m 水平面	200	—	0.4	80

①是指混合照明照度。

表 5-2-13　旅馆建筑照明功率密度限制

房间或场所		照度标准值/lx	照明功率密度限制/(W/m^2)
客房	一般活动区	75	≤6.0
	床头	150	
	卫生间	150	
中餐厅		200	≤8.0
西餐厅		150	≤5.5
多功能厅		300	≤12.0
客房层走廊		50	≤3.5
大堂		200	≤8.0
会议室		200	≤8.0

同时结合《商店建筑设计规范》（JGJ 48—2014）、《商店建筑

电气设计规范》（JGJ 392—2016）、《旅馆建筑设计规范》（JGJ 62—2014）、《办公建筑设计规范》（JGJ/T 67—2019）针对具体场所补充具体要求，见表5-2-14。

表5-2-14　综合体分区照明要求

区域划分	具体要求
商店部分	商店建筑营业区的照度和亮度应符合下列规定： 1）一般区域的垂直照度不宜低于50lx；柜台区的垂直照度宜为100～150lx；有商品展示区域的垂直照度不宜低于150lx 2）正常照明的照明均匀度不应低于0.6 3）顶棚的照度应为水平照度的0.3～0.9 4）墙面的亮度不应大于工作区的亮度 5）当视觉作业亮度与其相邻环境的亮度需要有差别时，亮度比宜为3:1 6）室内菜市场中肉类分割操作台面照度不应低于200lx；其他操作台（柜台）台面照度不应低于100lx；通道地面照度宜为75lx 7）试衣间（处）试衣位置的1.5m高处垂直面照度宜为150～300lx，服装修改间工作台面照度不宜低于500lx 8）收银台的台面照度不宜低于300lx 9）设在地下、半地下或远离建筑物外窗的商店营业区，当无天然采光或天然光不足时，应将设计照度至少提高一级 10）老人用品专卖店的照度应高于同类用品商店营业区的照度水平，照度标准宜至少提高一级 商店建筑辅助区的照明设计应符合下列规定： 1）商店内的修理台应设局部照明 2）高档商品专业店临街向外橱窗照明的重点照明系数夜间宜为15:1～30:1，白天宜为10:1～20:1。中档商品专业店、百货商场及购物中心临街向外橱窗照明的重点照明系数夜间宜为10:1～20:1，白天宜为5:1～15:1。 大、中型商店建筑应设置值班照明，大型商店建筑的值班照明水平照度不应低于20lx；中型商店建筑的值班照明照度不应低于10lx；小型商店建筑宜设置值班照明，其照度不应低于5lx。值班照明可利用正常照明中能单独控制的一部分，也可利用备用照明的一部分或全部
办公部分	1）办公建筑的照明应采用高效、节能的荧光灯及节能型光源，灯具应选用无眩光的灯具 2）办公建筑配电回路应将照明回路和插座回路分开，插座回路应有防漏电保护措施

区域划分	具体要求
酒店、公寓部分	照明设计应符合下列规定： 1）三级及以上旅馆建筑客房照明宜根据功能采用局部照明，客房内电源插座标高宜根据使用要求确定；走道、门厅、餐厅、宴会厅、电梯厅等公共场所应设供清扫设备使用的插座 2）四级及以上旅馆建筑的每间客房至少应有一盏灯接入应急供电回路 3）客房壁柜内设置的照明灯具应带有防护罩 4）餐厅、会议室、宴会厅、大堂、走道等场所的照明宜采用集中控制方式 5）三级旅馆建筑客房内宜设有分配电箱或专用照明支路；四级及以上旅馆建筑客房内应设置分配电箱 6）三级旅馆建筑的客房宜设置节电开关；四级及以上旅馆建筑的客房应设置节电开关。客房内的冰箱、充电器等用电不应受节电开关控制

5.3 一般照明配电与控制

5.3.1 照明配电系统

1）三相配电干线的各相负荷宜平衡分配，最大相负荷不宜大于三相负荷平均值的115%，最小相负荷不宜小于三相负荷平均值的85%。

2）正常照明单相分支回路的电流不宜大于16A，所接光源数或发光二极管灯具数不宜超过25个；当连接建筑装饰性组合灯具时，回路电流不宜大于25A，光源数不宜超过60个；连接高强度气体放电灯的单相分支回路的电流不宜大于25A。

3）电源插座不宜和普通照明灯接在同一分支回路。

4）在电压偏差较大的场所，宜设置稳压装置。

5）使用电感镇流器的气体放电灯应在灯具内设置电容补偿，荧光灯功率因数不应低于0.9，高强气体放电灯功率因数不应低于0.85。

6）在气体放电灯的频闪效应对视觉作业有影响的场所，应采用下列措施之一：

①采用高频电子镇流器。

②相邻灯具分接在不同相序。

7）当采用Ⅰ类灯具时，灯具的外露可导电部分应可靠接地。

8）当照明装置采用安全特低电压供电时，应采用安全隔离变压器，且二次侧不应接地。

9）照明分支线路应采用铜芯绝缘电线，分支线截面不应小于1.5mm^2。

10）主要供给气体放电灯的三相配电线路，其中性线截面应满足不平衡电流及谐波电流的要求，且不应小于相线截面。当3次谐波电流超过基波电流的33%时，应按中性线电流选择线路截面，并应符合现行国家标准《低压配电设计规范》（GB 50054—2011）的有关规定。

11）当正常照明灯具安装高度在2.5m及以下，且灯具采用交流低压供电时，应设置剩余电流动作保护电器作为附加防护。疏散照明和疏散指示标志灯安装高度在2.5m及以下时，应采用安全特低电压供电。

12）照明配电终端回路应设短路保护、过负荷保护和接地故障保护，室外照明配电终端回路还应设置剩余电流动作保护电器作为附加防护。

5.3.2 照明控制系统应用原则

1. 安全性原则

照明控制系统应该保证人们在使用过程中的安全性。应符合相关的电气安全标准和规范，使用符合国家电气安全标准的电缆和接线等，确保系统的安全可靠性。应考虑到周边环境的电磁干扰和雷击等问题，采用适当的防雷和防干扰措施，确保系统长期稳定运行。应采用防火材料和防火措施，避免因设备故障或过载等原因引发火灾。应具备紧急停电功能，在停电或紧急情况下能够自动切换到备用电源或调整灯光亮度以确保照明充足，确保人员的安全。应配备安全监测装置，能够实时监测系统的运行状态和安全性能，及时发现并处理可能的安全隐患。

2. 可靠性原则

照明控制系统应该具备高可靠性，选择符合国际和国内标准的优质设备与材料，确保设备质量和可靠性。在设计照明控制系统时，应进行充分的规划和分析，考虑系统的可靠性和冗余性等方面的要求。应制订相应的预防性维护计划，定期检查和维护设备，及时发现和修复故障，避免设备因过度使用或老化而失效。应充分考虑设备的灾难恢复能力，如备用电源、备用控制器等，以应对可能出现的故障情况。

3. 能源效率原则

照明控制系统应该采用能够最大限度地减少能源消耗的技术和设备。在商业、酒店等建筑的公共照明空间中，可使用照度传感器等装置，能够根据自然光的变化自动调节灯的通断和亮度，节省能源。在办公、住宅、公寓的公共照明空间中可使用人体传感器，根据人员的活动情况，实时控制灯具，实现按需照明。可对照明系统进行能源监测，了解系统的能源消耗情况，及时发现和解决能源浪费的问题。

4. 可扩展性原则

照明控制系统应该具备可扩展性，能够随着发展和人口增加而进行扩展，以满足日益增长的照明需求。特别是在商业和办公的建筑中，应用场景复杂，应用需求多变，子系统（会议、广播、消防、门禁等）众多，故照明控制系统建议采用通用的、开放的网络协议和标准接口，以便于各种类型的照明设备之间、与不同子系统的互联互通和数据交换。应该支持软件和硬件的升级，以便于系统的功能不断完善和更新。可采用支持云端管理和本地控制的系统，以便于远程监控和管理。建议采集和管理照明设备的数据，以便于进行数据分析和应用，实现照明系统的优化和智能化控制。

5. 人性化原则

照明控制系统应该考虑到人们的需求和习惯，例如在人员进出时自动开启或关闭灯光，根据环境亮度和温度等、使用场景的需要自动调节亮度和色温。酒店的照明控制系统应考虑到不同年龄和文化程度住客的接受能力，系统应有易于使用的界面，使用户能够快速、方便地掌握系统的功能和操作方法。系统应该允许用户根据自己的需求和偏好进行个性化设置和定制，以提高用户体验和满意度。应该可以通过可视化的方式展示照明设备和控制参数，以提高用户的理解和掌握能力。

照明控制系统除了需要符合安全性、可靠性的基本原则，在不同的综合体建筑中应用也应考虑能源效率、人性化、可扩展性等方面的原则，以实现更加智能化、高效化、便利化和安全可靠的照明管理。

5.3.3　常用控制方式

综合体建筑具有人员众多、建筑体量大、高度超高、建筑功能复杂的特点，一般是当地标志性的建筑，随着建筑和照明技术的发展，照明控制技术已经成为体现照明效果的一个重要的部分，通过合理的照明控制手段创造出丰富多彩的意境或照明效果是综合体建筑照明设计的重点。常用的照明控制手段如下：

（1）手动控制

手动控制是最简单的控制方式，通过人工操作控制开关或按钮来实现对照明设备的开启、关闭、亮度调节等功能。但它通常不能满足智慧综合体照明系统的高级需求，例如自动调光、定时控制、联动控制等。因此，在复杂的智慧综合体场景中，手动控制通常需要和其他控制方式结合使用，来实现更智能、更高效的照明控制。

（2）定时控制

定时控制是通过设定时间，定时对照明设备实现开启、关闭、亮度调节等功能。它可以根据时间自动控制照明设备的开启和关闭。定时控制通常应用于一些固定的场景，例如公共区域、路灯、停车场、大厅等。通过设定开灯和关灯的时间，可以让这些区域在不同的时间段内保持不同的亮度和照明效果。

（3）感应控制

通过光敏电阻或光敏器件、车辆监测器或红外感应器、人体感应器实时检测周围光线强度或车辆、人体的存在，从而控制照明设备的亮度和开启关闭，以达到节能和环保的目的。

（4）场景控制

场景控制可以根据用户的实际需要，预先设定多个场景，场景中有一个或多个设备按预先设定的状态执行，如在公寓客房中的回家、离家、会客等场景，在办公室的上班、下班、加班、午休等场景。通过智能面板或者手机或计算机端软件手动触发，如点击下班场景，则将所有照明灯具关闭。

（5）艺术效果控制

艺术效果控制一般是应用于舞台照明，为呈现特定的艺术效果的一种独特的灯光造型控制方式，此种照明控制方式通过设计好的程序控制舞台灯光，用现代照明和影视形象的手段将表演者的情感、大自然的变化等逼真地表现出来，该种控制方式根据不同的演出种类如歌舞、歌剧、音乐会、报告会等选择合适的照明方式，呈现不同的照明效果，需要专业化公司进行设计。

（6）联动控制

联动控制是通过结合上述多种控制方式，实现对照明设备的联动控制，可由系统软件来灵活地配置，随时按照需要调整。通过传感器的传感（例如人体感应器、门窗传感器、照度传感器等）经由智能系统的调度来实现。需要预先设置条件和执行结果。如光照传感器感应亮度低于500lm并且有人经过的时候，将灯具自动打开。不同控制方式对比总结分析见表5-3-1。

表5-3-1　不同控制方式对比总结分析

控制方式		照明功能需求	特点	综合体建筑应用场景
手动控制	开关控制	照明仅需全开或全关	控制方式简单，应用范围广	办公室、会议室、设备用房、物业用房、卧室、卫生间、餐厅
	分区或群组控制	对不同区域或群组分别设置控制		
	天然采光控制；光感开关	天然采光为主，且照明水平可发生突变		

（续）

控制方式		照明功能需求	特点	综合体建筑应用场景
定时控制	定时控制或延时控制	照明按固定时间表控制	在节能环保、方便管理、节约人力、提高管理水平和工作效率等方面有较大的优势	室外照明、泛光照明、餐厅、商场超市
感应控制	红外传感器	控制区域内人员在室率经常变化,需要照明水平同步变化	在节约人力、提高工作效率等方面有较大的优势。传感器寿命影响照明控制系统寿命	开敞办公区、楼梯间照明、走道照明、室外道路照明、停车场
	天然采光控制:光感调光	天然采光为主,且照明水平不宜发生突变		
	作业调整控制	需根据作业需求进行照明水平调节		
	亮度平衡的控制:光感调光	需根据环境亮度调节作业面亮度		
	维持光通量控制:光感调光	需根据环境亮度调节作业面亮度		
	语音控制	需通过语音实现照明控制		
场景控制	—	需预设照明场景,实现统一空间多种照明模式转化	控制方便、节约人力、节能环保,改造初期投资相对增加	会议室、多功能厅、报告厅、宴会厅、走道、餐厅、公寓、酒店客房、室外广场等区域
艺术效果控制	—	需实现特定的艺术效果	需要专业化公司深化设计	多功能报告厅、宴会厅

控制方式	照明功能需求	特点	综合体建筑应用场景
联动控制	—	不是专门为照明而做的，有一定的局限性，很难做到调光控制，没有专门的控制面板，完全在计算机上控制，灵活性较差，对值班人员素质要求较高	办公室、会议室、公寓、酒店客房

5.3.4 典型功能区照明设计

1. 游泳池照明

游泳池最好选用光效高、显色性适宜、长寿命的新型光源，如LED灯、高效金属卤化物灯、无极灯，并考虑到防潮、防水。岸边休息区采用可嵌入筒灯满天星布置，以加强华丽的气氛；休息区设置小卖部的设局部加强照明，并设置柜台灯。水下照明灯其电源应不大于12V，电源设在Ⅱ区以外，泳池及相关区域做好等电位连接。

2. 健身房照明

健身房内有各种健身器械，如跑步器、自行车模拟器及大型综合锻炼器材等，照明设施可以采用荧光灯、筒灯，色温可以偏冷点，模拟阳光色温，给人愉悦、充满活力的感觉。

3. 超市照明

综合体超市一般为传统的大型综合超市，或以生鲜为主现吃现做的新型超市，良好的超市照明需要根据不同区域的品类特性、陈列方式以及顶棚方式采取不同的照明方式。超市入口应利用灯光增强吸引力，对于有广告品牌宣传的区域，要使用射灯重点突出。超市走道照明应提升顾客购物通达性，营造舒适的购物环境，主通道照度应高于次要通道，注意射灯方向避免眩光。货架区为超市陈列商品的主要区域，侧重点为立面照明，尽量保证视线范围内的照度均匀度，且要根据货架商品如零食区、日化用品、酒品饮料等设置不同的照度及色温，还要注意货架挡光造成照度不均匀的情况。生鲜区海鲜类、蛋类、肉类、蔬果类、熟食类等产品色彩丰富，要应用高显色的灯光突出表现商品，还原产品本身色彩，部分生鲜货柜自带照明，可适当减少基础照明。收银区要满足收银作业照度要求，避免眩光对扫码付款造成影响，同时，还可增设适当主题照明及装饰照明，提升超市形象。

4. 景观照明

综合体建筑通常是一个城市的地标性识别物，夜晚用灯光表现建筑风格和艺术魅力是景观照明的出发点和归宿点。照明重点通常是建筑立面、顶部、特殊部位和建筑标志等部分，建筑物的立面造型及构造比较复杂，灯位隐蔽设置比较困难，照明设计的难度较大。设计时应根据建筑物的性质、特点、表面材质、周围环境及所要表现的艺术特性来确定照明方案。

5.4 应急照明配电与控制

5.4.1 消防应急照明灯具

1. 灯具的设计

针对人员密集的大型商业综合体建筑，疏散指示标志灯需符合下列规定：

1）设置在距地面8m及以下的灯具应选择A型灯具。

2）标志灯的规格应符合下列规定：

①室内高度大于4.5m的场所，应选择特大型或大型标志灯。

②室内高度为3.5~4.5m的场所，应选择大型或中型标志灯。

③室内高度小于3.5m的场所，应选择中型或小型标志灯。

3）灯具及其连接附件的防护等级应符合下列规定：

①在室外或地面上设置时，防护等级不应低于IP67。

②在隧道场所、潮湿场所内设置时，防护等级不应低于IP65。

③B型灯具的防护等级不应低于IP34。

4）标志灯应选择持续型灯具；标志灯应设在醒目位置，应保证人员在疏散路径的任何位置、在人员密集场所的任何位置都能看到标志灯。

5）出口标志灯的设置应符合下列规定：

①应设置在敞开楼梯间、封闭楼梯间、防烟楼梯间、防烟楼梯

间前室入口的上方。

②地下或半地下建筑（室）与地上建筑共用楼梯间时，应设置在地下或半地下楼梯通向地面层疏散门的上方。

③应设置在室外疏散楼梯出口的上方。

④应设置在直通室外疏散门的上方。

⑤在首层采用扩大的封闭楼梯间或防烟楼梯间时，应设置在通向楼梯间疏散门的上方。

⑥应设置在直通上人屋面、平台、天桥、连廊出口的上方。

⑦地下或半地下建筑（室）采用直通室外的竖向梯疏散时，应设置在竖向梯开口的上方。

⑧需要借用相邻防火分区疏散的防火分区中，应设置在通向被借用防火分区甲级防火门的上方。

⑨应设置在步行街两侧商铺通向步行街疏散门的上方。

⑩应设置在避难层、避难间、避难走道防烟前室、避难走道入口的上方。

⑪应设置在观众厅、展览厅、多功能厅和建筑面积大于 $400m^2$ 的营业厅、餐厅、演播厅等人员密集场所疏散门的上方。

6）方向标志灯的设置应符合下列规定：

①有维护结构的疏散走道、楼梯应符合下列规定：

A. 应设置在走道、楼梯两侧距地面、梯面高度 1m 以下的墙面、柱面上。

B. 当安全出口或疏散门在疏散走道侧边时，应在疏散走道上方增设指向安全出口或疏散门的方向标志灯，如图 5-4-1 所示。

C. 方向标志灯的标志面与疏散方向垂直时，灯具的设置间距不应大于 20m；方向标志灯的标志面与疏散方向平行时，灯具的设置间距不应大于 10m。

②展览厅、商店、营业厅等开敞空间场所的疏散通道应符合下列规定：

A. 当疏散通道两侧设置了墙、柱等结构时，方向标志灯应设置在距地面高度 1m 以下的墙面、柱面上；当疏散通道两侧无墙、柱等结构时，方向标志灯应设置在疏散通道的上方。

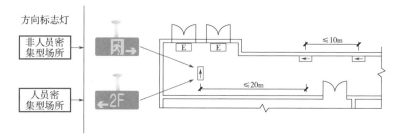

图 5-4-1　安全出口和疏散门增设方向标志灯

B. 方向标志灯的标志面与疏散方向垂直时，特大型或大型方向标志灯的设置间距不应大于 30m，中型或小型方向标志灯的设置间距不应大于 20m；方向标志灯的标志面与疏散方向平行时，特大型或大型方向标志灯的设置间距不应大于 15m，中型或小型方向标志灯的设置间距不应大于 10m。

C. 保持视觉连续的方向标志灯应符合下列规定（图 5-4-2）：

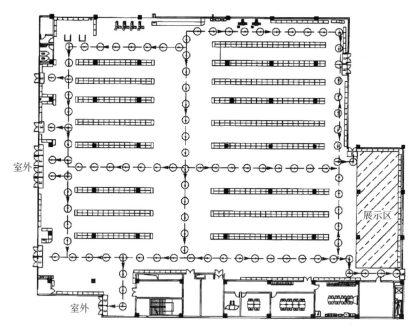

图 5-4-2　视觉连续标志灯布置示意图

a. 应设置在疏散走道、疏散通道地面的中心位置。

b. 灯具的设置间距不应大于3m。

D. 方向标志灯箭头的指示方向应按照疏散指示方案指向疏散方向，并导向安全出口。

③楼梯间每层应设置指示该楼层的标志灯（以下简称"楼层标志灯"）。

④人员密集场所的疏散出口、安全出口附近应增设多信息复合标志灯具。

2. 应急照明照度要求

1）对于疏散走道，不应低于1.0lx。

2）对于人员密集场所、避难层（间），不应低于3.0lx。

3）对于楼梯间、前室或合用前室、避难走道，不应低于5.0lx，如图5-4-3所示。

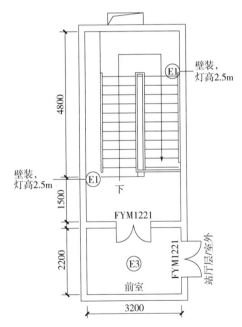

注：
1. 前室宽度2.2m，楼梯间宽度3.2m，楼梯间半层平台之间高差2.1m，前室灯具安装高度为3.0m，楼梯间灯具安装高度为2.5m，灯具布置详图中站厅层/室外标注。
2. 地铁车站楼梯间多设置在设备区，按照标准要求，地面最低水平照度不应低于5.0lx。

图5-4-3 楼梯间、前室疏散照明布置示意图

4）人员密集场所的楼梯间、前室或合用前室、避难走道，不

应低于 10.0lx。

3. 灯具的参数要求

（1）消防应急标志灯

1）指示标志内不设蓄电池，具有独立地址码，采用 32 位高性能通信控制芯片，具有红外遥控编码功能，可设置属性，能实现巡检、常亮、频闪、灭灯以及信息物联等功能。

2）灯具采用节能高效 LED 光源，工作电压为安全电压 DC24 ~ 36V，采用宽电压范围设计。

3）可变状态指示标志灯，非火灾模式为常亮，应急时可根据火灾自动报警系统的联动信号，实现调向及状态调整。

4）地面标志灯面板材质为 304 级不锈钢，防护等级 ≥ IP67，内部构件均做防腐处理，灯具本身具有防水接线盒功能。线缆采用耐腐蚀橡胶双绞线缆。

（2）消防应急照明灯

1）灯具内不设蓄电池，具有独立地址码，采用 32 位高性能通信控制芯片，具有红外遥控编码功能，可设置属性，能实现巡检、强启、灭灯以及信息物联等功能。

2）灯具采用高光效 LED 光源，整灯光效 ≥ 100lm/W。

3）A 型灯具工作电压为安全电压 DC24 ~ 36V，B 型灯具工作电压为 DC 216V/AC 220V。

4）灯具用于疏散照明，不兼做日常照明，应急时由控制器主机通过总线控制强制点亮。

5）A 型灯具采用供电 + 通信无极性二总线，穿管保护；B 型灯具供电线和通信线分设，并分管敷设。

6）位于潮湿场所的 A 型灯具防护等级 ≥ IP65、室外出口处达 IP67；B 型消防应急照明灯防护等级 ≥ IP65。

5.4.2　应急照明配电系统

综合体建筑中针对应急照明配电的要求，主要是集中电源到控制中心的线缆应带有屏蔽，防止信号远距离传输受到干扰；同时集中电源到终端设备的信号传输及供电需结合实际现场的情况来选型，例如供电距离、线缆粗细及线缆的压降都会影响系统的整体运行，因此需要对系统配电进行以下设计：

（1）系统模式

1）非火灾模式：在系统主电源断电后，可实现灯具应急点亮（≤0.5h）。非火灾模式，通过应急电源的市电监测功能，当相应区域的正常照明电源断电后，可实现灯具应急点亮。

2）火灾模式：系统应能与火灾自动报警系统及监控平台实现数据通信，获悉现场火警信息，发生火灾情况时，系统能自动/手动进入应急工作状态，消防应急照明灯点亮，需要借用相邻防火分区疏散的，可变状态指示标志可根据疏散预案调节控制疏散指示方向，指引逃生人员"安全、准确、迅速"地选择安全通道快速疏散。

（2）系统配电设计

1）结合设计标准，根据建筑平面图，按照防火分区划分疏散单元，布放应急标志灯具和应急照明灯具。

2）根据防火分区内的电气竖井，确定集中电源的位置。

3）根据区域内灯具功率及考虑压降分配回路数，确定集中电源的功率及数量。

4）根据项目灯具数量，确定控制主机的数量，综合考虑功能区域来配置。

5）根据各平面设置的集中电源，设计系统干线图及箱子系统图。

（3）通信回路设计

1）应急照明集中电源至应急照明控制器的上行通信干线选用耐火双绞线缆，采用 NH-RVS-$2 \times 1.5\text{mm}^2$-SC20/单模多芯光纤，走弱电桥架。

2）当系统上行通信干线回路的距离超过 1200m 以上，应采用光电型数据通信模块，采用多芯单模光纤，实现以太网通信、延长通信距离。

3）应急照明控制器可通过主从机级联方式组网，扩展系统带载通信能力。级联通信回路采用 NH-RVS-2×1.5mm²-SC20/单模多芯光纤，走弱电桥架。

（4）配电回路设计

1）应急照明集中电源的输入及输出回路中不应装设剩余电流动作保护器，输出回路不得接入系统以外的开关装置、插座及其他无关负载。

2）消防应急灯具的配电回路额定电流不大于 6A，回路配接的额定功率总和不应大于配电回路额定功率的 80%。回路末端电压不低于灯具额定工作电压的 80%。

3）消防控制室、消防水泵房等发生火灾时仍需工作、值守的区域和相关疏散通道，应单独设置配电回路。

4）封闭楼梯间、防烟楼梯间、室外疏散楼梯应单独设置配电回路。

5）应急照明集中电源至灯具的下行总线输出回路，采用安全电压 DC 36V（电源 + 通信）无极性二总线，线路采用耐火双绞线缆，保障系统的正常通信和抗干扰能力。

6）回路带载能力需综合考虑电源输出额定电流、线缆直径、末端压降等因素影响。

7）地面安装时，线路采用耐腐蚀橡胶线缆，标志灯的配电通信线路应采用密封胶密封。

5.4.3　应急照明控制系统

1. 系统的定义

系统设置应急照明控制器，由应急照明控制器集中控制并显示应急照明集中电源和应急照明配电箱及其配接的消防应急灯具工作状态的消防应急照明和疏散指示系统。

2. 系统架构

系统是由控制层：应急照明控制器；配电层：应急照明集中电源；终端层：消防应急灯具（应急标志灯、应急照明灯）三部分通过总线通信技术组网而成，如图 5-4-4 所示。

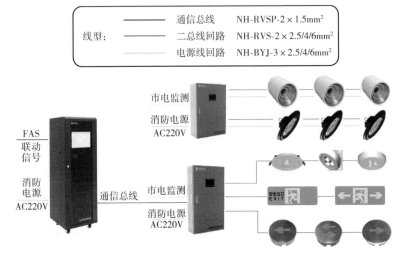

线型：
通信总线　　　NH-RVSP-2×1.5mm²
二总线回路　　NH-RVS-2×2.5/4/6mm²
电源线回路　　NH-BYJ-3×2.5/4/6mm²

市电监测
消防电源
AC220V

FAS
联动
信号

消防
电源
AC220V

通信总线

市电监测

消防电源
AC220V

安全出口
EXIT

图 5-4-4　应急照明系统架构图

1）综合体建筑多属于裙房加塔楼的结合体，一般会设有多个消防控制室，这样就需要在系统设置多台应急照明控制器时，将其中一台应急照明控制器起到集中控制功能，与其他分控制器进行级联形成组网模式。

2）应急照明控制器应通过集中电源连接灯具，并控制灯具的应急启动、蓄电池电源的转换。

3）具有一种疏散指示方案的场所，系统不应设置可变疏散指示方向功能。

4）集中电源与灯具的通信中断时，非持续型灯具的光源应应急点亮、持续型灯具的光源应由节电点亮模式转入应急点亮模式。

5）应急照明控制器与集中电源的通信中断时，集中电源应联锁控制其配接的非持续型照明灯的光源应急点亮、持续型灯具的光源由节电点亮模式转入应急点亮模式。

3. 系统的疏散预案

1）综合体建筑的场所中借用相邻防火分区疏散的防火分区，可根据火灾时相邻防火分区可借用和不可借用的两种情况，分别按最短路径疏散原则和避险原则确定相应的疏散指示方案。

2）综合体建筑的场所采用不同疏散预案时，应分别按照最短路径疏散原则和避险疏散原则确定相应疏散指示方案；其中，按最短路径疏散原则确定的疏散指示方案作为该场所默认的疏散指示方案。

5.5　智慧照明控制系统

5.5.1　系统概述与分类

智慧照明控制系统是指通过对照明设备进行控制，以实现对照明环境进行调节、管理和优化的智能化系统。它通过应用现代通信技术、传感器技术和智能算法等技术手段，实现对照明设备的集中控制，使得照明系统具有更高的效率、更节能、更安全等特点。智慧照明控制系统可以根据其通信方式的不同，大致分为以下两种：

（1）有线控制系统

这种控制系统采用有线通信方式，通过有线电缆传输信号的方式来控制照明设备。常见的有线控制系统包括 KNX 总线、CAN 总线、RS485 总线、PLC 等。有线控制系统的优点在于稳定可靠，适用于对数据传输稳定性要求较高的环境，但其缺点是大部分系统在安装时需要布置单独的通信线路，其维护成本较高。故其主要应用在大型商业、大型办公室和高端住宅中。

（2）无线控制系统

这种控制系统采用无线通信方式，通过无线射频来传输信号。常见的无线控制系统包括 ZigBee、蓝牙、Z-Wave、无源无线等。无线控制系统的优点在于安装和维护成本较低，同时还能实现更为灵活的照明控制方式，但其缺点在于信号稳定性较有线控制系统稍差。故其主要应用在小型商业办公、小型酒店、公寓、普通住宅中。

5.5.2　有线控制系统

智慧照明控制系统中的常规的有线控制系统核心由控制器、传感器、面板、网关组成，由总线将所有设备连接在一起，如图 5-5-1 所示。若设备数量超出可承载范围，可以由网关或耦合器进行驳接。

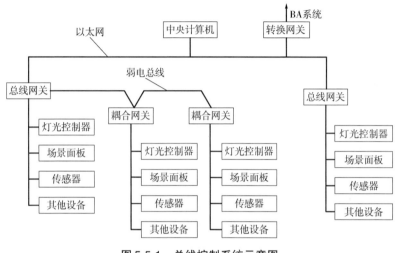

图 5-5-1　总线控制系统示意图

常见的总线通信方式包括 KNX、CAN、RS485，具有以下的不同特点。

1）KNX 系统是一种开放式系统，采用开放标准，设备丰富，厂家众多。不同品牌和厂家的产品可以实现互联互通，而不需要依赖特定的品牌或者协议。可以根据用户需求进行灵活扩展，如增加灯具、传感器、控制器等设备，可以通过软件进行可视化管理，方便用户随时随地控制和管理照明设备。

2）CAN（Controller Area Network）是一种通信协议，最早主要用于汽车和工业控制系统等场景中的实时控制和数据传输。由于其高速传输和可靠性，CAN 系统被广泛应用于智慧照明控制系统中。CAN 总线的传输速度可以高达 1Mbps，而且能够传输数据的距离长达 1km，可以满足智慧照明系统的高速数据传输和远距离传输需求。

3）RS485 是一种物理层的串行通信协议，用于在电缆、光纤或无线电连接器上传输信号。其传输距离最远可达 1200m，数据传输速度可达 10Mbps，支持多节点连接，具有较高的抗干扰能力。

4）除以上采用总线传输信号的通信外，还有电力载波 PLC 通信系统，是指利用现有电力线，通过载波方式将模拟或数字信号进行高速传输的技术。最大特点是不需要重新架设网络，只要有电线，就能进行数据传递。

以上的有线通信方式并不是相互排斥的，而是可以互相补充和结合使用的。例如，在智慧照明控制系统中，可以采用 KNX 通信协议实现照明设备的集中控制和管理，同时使用 RS485 或 CAN 通信协议实现不同区域或场景的联动控制和数据传输，这样能够实现更加全面和精准的照明控制和管理。综合体建筑有线照明控制系统特点见表 5-5-1。

表 5-5-1　综合体建筑有线照明控制系统特点

系统	特点	应用建议
KNX 系统	厂家众多,产品丰富,可扩展性强	办公楼宇、商业
CAN 系统	高速传输和可靠性	医院、政府大楼、办公楼宇、商业
RS485 系统	远距离传输	景观照明、泛光照明
PLC 系统	利用电线进行通信,无需额外布置通信线	住宅、旧房升级

5.5.3　无线控制系统

有线智慧照明系统可以满足大部分的智慧照明控制需求，但在某些场景下，无线控制系统更加便捷、灵活和经济。目前，市场上主要有 ZigBee、蓝牙、Z-Wave、无源无线等无线控制技术。

常规的无线照明控制系统普遍由墙壁开关、传感器和网关构成，如图 5-5-2 所示。

1）ZigBee 是一种低功耗、低速率、短距离无线通信技术，适用于具有大量节点和低数据速率需求的应用。ZigBee 通信协议具有自组织网络能力。通过 ZigBee 网关和云平台，用户可以远程控制

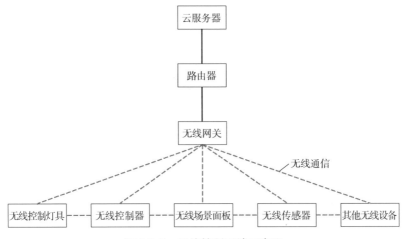

图 5-5-2　无线控制系统示意图

和监控照明设备。与传统有线系统相比，ZigBee 无线系统具有更强的灵活性和可扩展性，更容易部署和维护。

2）蓝牙是一种通用的、低功耗、短距离的无线通信协议，广泛地应用于日常生活的移动设备中。应用蓝牙技术的智慧照明控制系统可以无需借助网关设备而直接被移动设备控制。蓝牙智能照明系统普遍采用蓝牙 Mesh，可以支持大规模设备连接，最多可以连接上万个设备，支持无延时的群控和组控功能。

3）Z-Wave 协议是一个开放的标准，允许不同厂家的设备互相通信，实现了设备的互操作性，不依赖于指定的品牌和厂家。Z-Wave 协议采用的是专有的 900MHz 无线频段，可以穿过更多的障碍物，信号传输更稳定。

4）无源无线照明控制系统是采用无源产品的、基于无线通信方式控制的新型智能照明控制系统。系统由无源无线开关、无源无线传感器、控制模块、网关系统四部分组成，如图 5-5-3 所示。

无源无线的开关和传感器使用微能量的采集技术，能从人的微小动作和自然环境中采集能量而实现自我供电。产品内部无需内置电池、无需外部供电，可以长久免维护地使用。同时无需使用电池，也减少了电池对环境的污染。

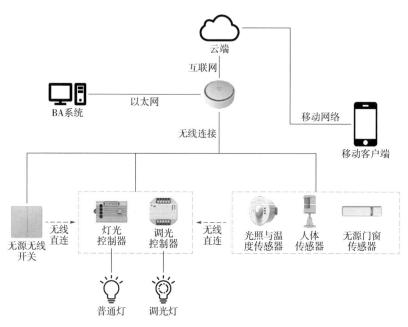

图 5-5-3　无源无线照明控制系统组成示意图

　　其中无源无线的开关负责收集人的按压动作；传感器负责采集环境的人体、温度、光照等参数；控制模块通过电线连接灯具，负责控制灯具的通断、亮度和色温等；网关通过无线通信的方式连接各个设备，实现自动化和联动功能，并可以和第三方 BA 系统进行对接。

　　系统的各设备可相互协调，根据光照水平，人员活动等环境因数，实时调节照明的亮度、色温、区域，实现按需照明，并提高照明的质量和舒适性。同时减少不必要的能源消耗，在建筑的使用阶段降低二氧化碳的排放。

　　系统采用了开关与控制模块分开安装的方式，使得灯具的控制线路无需布置在墙体上，简化了照明系统的安装过程，减少了电线、线管等耗材的使用，在建筑建设阶段降低了二氧化碳的排放量，降低了安装的时间和成本。另外因其免布控制线的特点，系统不仅适用于新建的建筑，在翻修和改造的综合体建筑中也显得更加灵活，减少了对建筑的伤害，延长了建筑的使用寿命。综合体建筑无线照明控制系统特点见表5-5-2。

表5-5-2　综合体建筑无线照明控制系统特点

无线系统	系统特点	应用建议
Zigbee	网状拓扑结构，支持自组网	小型商业、办公、酒店、住宅
蓝牙	兼容现有移动设备	酒店、住宅、公寓
Z-wave	开放的标准，不同品牌可以互通	商业、办公、酒店
无源无线	照明工程可减少一半以上的布线	住宅、公寓、旧房改造

第6章　线缆选择及敷设

6.1　概述

6.1.1　分类、特点及要求

　　综合体建筑中的线缆根据使用功能分为电力线缆、通信线缆以及特殊场所线缆，随着建筑物内电气负荷的日益增长，线缆燃烧造成的电气火灾也频繁发生。同时，一旦火灾发生，消防设备的安全可靠运行，也需要电线电缆的保障。因此，建筑电气中电线电缆的选用，不仅关系到用电设备的正常使用，关系到建筑电气的工程造价，更重要的是关系到电气使用的安全性，甚至建筑内人员的人身安全。

6.1.2　本章主要内容

　　本章内容主要包括智慧综合体建筑内各场所使用线缆的分类、特点和线缆选择原则，以及各类线缆敷设的基本要求。

6.2　电力线缆选择

6.2.1　线缆类型选择

　　电线电缆类型的选择主要包括以下几方面内容：导体材料选

择、电缆芯数选择、电力电缆绝缘水平选择、绝缘材料及护套选择、铠装及外护层选择。

6.2.2 导体及截面选择

1. 导体材料选择

用作电线电缆的导电材料，通常有铜、电工纯铝和铝合金等。铜线缆的导电率高，当载流量相同时，铝导体截面面积约为铜的1.5倍，直径约为铜的1.2倍。采用铜导体损耗比较低，铜材的力学性能优于铝材，延展性好，便于加工和安装。抗疲劳强度约为纯铝材的1.7倍。但铝材的密度小，在电阻值相同时，铝导体的质量仅为铜的一半，铝线缆明显较轻，安装方便。在综合体建筑中，主要选用铜导体的电力电缆。

2. 电缆导体截面选择

（1）电线电缆导体截面选择的条件

电线电缆截面选择主要条件：按温升选择、按经济条件选择、按短路动热稳定选择、按线路电压损失在允许范围、按机械强度要求、按低压电线电缆应符合过负载保护要求，TN系统中还应保证在接地故障时保护电器能断开电路。综合以上六个条件，将其中最大截面作为最终结果。

（2）按温升选择截面

为保证电线电缆的实际工作温度不超过允许值，电线电缆按发热条件的允许长期工作电流（以下简称载流量），不应小于线路的工作电流。电缆通过不同散热环境，其对应的缆芯工作温度会有差异，应按最恶劣散热环境（通常工程上可视此段长度≥3m）来选择截面。当负荷为断续工作或短时工作时，应折算成等效发热电流、按温升选择电线电缆的截面，或者按工作制校正电线电缆载流量。

（3）按经济条件选择截面

根据《电力工程电缆设计规程》（GB 50217—2018）关于导体经济电流和经济截面选择的原理和方法，参考实施。

（4）按电压损失校验截面

用电设备端子电压实际值偏离额定值时，其性能将受到影响，影响的程度由电压偏差的大小和持续时间而定。

配电设计中，按电压损失校验截面时，应使各种用电设备端电压符合电压偏差允许值。当然还应考虑到设备运行状况，例如对于少数远离变电所的用电设备或者使用次数很少的用电设备等，其电压偏移的允许范围可适当放宽，以免过多地耗费投资。

对于照明线路，一般按允许电压损失选择线缆截面，并校验机械强度和允许载流量。可先求得计算电流和功率因数，用电流矩法进行计算。

选择耐火电缆应注意，因着火时导体温度急剧升高导致电压损失增大，应按着火条件核算电压损失，以保证重要设备连续运行。目前市场上优质耐火电缆，燃烧试验测得的导体温度大约在500℃，导体电阻大约增至 3 倍，只要将按正常情况（即电压偏移允许值按 + 5% ～ – 5%）选择的电线电缆截面面积适当放大，原来选择 50mm^2 及以下截面面积时，放大一级截面面积；70mm^2 及以上截面面积时放大两级截面面积，通常就可以满足着火条件下的电压偏差不大于 – 10% 的条件。

6.2.3　线缆阻燃及耐火性能

1. 阻燃电缆选择

阻燃电缆是指在规定试验条件下，试样被燃烧，撤去火源后，火焰在试样上的蔓延仅在限定范围内且自行熄灭的电缆，即具有阻止或延缓火焰发生或蔓延的能力。阻燃性能取决于护套材料。

1）阻燃电缆的阻燃等级。根据《电缆和光缆在火焰条件下的燃烧试验　第 31 部分：垂直安装的成束电线电缆火焰垂直蔓延试验　试验装置》（GB/T 18380.31—2008），阻燃电线电缆分为 A、B、C、D 四级，见表 6-2-1。

2）阻燃电缆的性能。主要用氧指数和发烟性两项指标来评定。由于空气中氧气占 21%，因此对于氧指数超过 21 的材料在空气中会自熄，材料的氧指数越高，则表示它的阻燃性能越好。

表 6-2-1　阻燃电缆分级表（成束阻燃性能要求）

级别	供火温度	供火时间	成束敷设电缆的非金属材料体积	焦化高度	自熄时间
A	≥815℃	40min	≥7L/m	≤2.5m	≤1h
B			≥3.5L/m		
C		20min	≥1.5L/m		
D			≥0.5L/m		

注：1. D级标准摘自 IEC-332-3-25：1999 及 GB/T 19666—2019。

　　2. D级标准仅适用于外径不大于 12mm 的绝缘电线。

　　3. 试验方法 GB/T 18380.1—2001、GB/T 18380.2—2001。

电线电缆的发烟性能可以用透光率来表示，透光率越小表示材料的燃烧发烟量越大。大量的烟雾伴随着有害的 HCl 气体，妨碍救火工作，损害人体及设备。电线电缆按发烟透光率≥60%判定低烟性能，见表 6-2-2。

表 6-2-2　电线电缆发烟量及烟气毒性分级表

代号	试样外径 d/mm	规定试样数量/束	最小透光率（%）
D	$d \geqslant 40$	1	≥60
	$20 < d \leqslant 40$	2	
	$10 < d \leqslant 20$	3	
	$5 < d \leqslant 10$	$45/d$	
	$2 \leqslant d \leqslant 5$	$45/3d$	

注：1. 试验方法按 GB/T 17651.2—2021 要求。

　　2. 试样由 7 根绞合成束。

3）阻燃电缆燃烧时烟气特性又可分为三大类：

①一般阻燃电缆：成品电缆燃烧试验性能达到表 6-2-1 所列标准而对燃烧时产生的 HCl 气体腐蚀性及发烟量不做要求者。

②低烟低卤阻燃电缆：除了符合表 6-2-1 的分级标准外，电缆燃烧时要求气体酸度较低，测定酸气逸出量在 5%～10% 的范围，酸气 pH 值 <4.3，电导率≤20μs/mm，烟气透光率 >30%，称为低卤电缆。

③无卤阻燃电缆：电缆在燃烧时不发生卤素气体，酸气含量在 0%~5% 的范围，酸气 pH 值 ≥ 4.3，电导率 $\leq 10\mu s/mm$，烟气透光率 $>60\%$，称为无卤电缆（试验方法 GB/T 17650.2—2021）。

电缆用的阻燃材料一般分为含卤型及无卤型加阻燃剂两种。含卤型有聚氯乙烯、聚四氟乙烯、氯磺化聚乙烯、氯丁橡胶等。无卤型有聚乙烯、交联聚乙烯、天然橡胶、乙丙橡胶、硅橡胶等；阻燃剂分为有机和无机两大类，最常用的是无机类的氢氧化铝。

4）为了实现高阻燃等级、低烟低毒及较高的电压等级，20 世纪 90 年代研制了隔氧层电缆专利产品。在原电缆绝缘导体和外护套之间，填充一层无嗅无毒无卤的 $Al(OH)_3$。当电缆遭受火灾时，此填充层可析出大量结晶水，在降低火焰温度的同时，$Al(OH)_3$ 脱水后变成不熔不燃的 Al_2O_3 硬壳，阻断了氧气供应的通道，达到阻燃自熄。

5）采用聚烯烃绝缘材料，阻燃玻璃纤维为填充料，辐照交联聚烯烃为护套的低烟无卤电缆，可实现 A 级阻燃。其燃烧试验按 A 级阻燃要求供火时间 40min，供火温度 815℃。其炭化高度仅 0.95m，大大低于 A 级阻燃 $\leq 2.5m$ 的要求。而且它们发烟量也低于 PVC 及 XLPE 绝缘的隔氧层电缆，是一种较为理想的阻燃电缆，但价格较贵。

由于目前规定 A 类阻燃电缆成束敷设时的非金属含量不得超过 7L/m，对于截面较大的电缆仅数根就超过这个规定，应对的办法仅仅是将其分成数个电缆束或在电缆桥架中设纵向隔板等消极应对，有时实施非常困难。因此研制高阻燃性能的电缆十分迫切。

上海近年推出中低压超 A 类品质的阻燃电缆。其允许非金属含量可达 28L/m，当 815℃ 火焰燃烧 40min，炭化高度小于 1m。特别是中压阻燃电缆填补了该领域的空白。超 A 类阻燃电缆产品的问世，大大方便了使用。

中压阻燃电缆的电压等级有 6kV/10kV、8.7kV/15kV、26kV/35kV 几种。核心技术为成功地采用隔氧层及隔离套结构。这种电缆的外径仅比普通电缆大 2~4mm，重量重 8%。其电气性能、敷设环境、敷设方法、载流量都与普通电缆相同。还由于结构上增加了高密度交联聚乙烯护套，克服了低烟无卤电缆耐水性差的弊病。

6）阻燃电缆选择要点：

①由于有机材料的阻燃概念是相对的，数量较少时呈阻燃特性而数量较多时有可能呈不阻燃特性。因此，电线电缆成束敷设时，应采用阻燃型电线电缆。确定阻燃等级时，重要的或人流密集的民用建筑需核算电线电缆的非金属材料体积总量。

当电缆在桥架内敷设时，应考虑将来增加电缆时，也能符合阻燃等级，宜按近期敷设电缆的非金属材料体积预留 20% 余量。电线在槽盒内敷设时，也宜按此原则来选择阻燃等级。

②阻燃电缆必须注明阻燃等级。若不注明等级者，一律视为 C 级。

③在同一通道中敷设的电缆，应选用同一阻燃等级的电缆。阻燃和非阻燃电缆也不宜在同一通道内敷设。非同一设备的电力与控制电缆若在同一通道敷设时，也宜互相隔离。

④直埋地电缆，直埋入建筑孔洞或砌体的电缆及穿管敷设的电线电缆，可选用普通型电线电缆。由于低烟无卤电缆的防水性能差，护套的机械强度低，不适合直埋地及穿管敷设。

⑤敷设在有盖槽盒、有盖板的电缆沟中的电缆，若已采取封堵、阻水、隔离等防止延燃措施，可降低一级阻燃要求。

⑥选用低烟无卤型电缆时，应注意到这种电缆阻燃等级一般仅为 C 级。若要较高阻燃等级应选用隔氧层电缆或辐照交联聚烯烃绝缘，聚烯烃护套特种电缆。

⑦由于 A 级阻燃电缆价格贵，宜在敷设路径中，设法减少电缆束的非金属含量。例如电缆选择不同路径或减少同一路径中电缆数量等，变电所出线较多时，宜分别敷设在不同电缆桥架内，以有利于降低电缆阻燃等级。

2. 耐火电缆选择

耐火电缆是指在规定试验条件下，在火焰中被燃烧一定时间内能保持正常运行特性的电缆。

1）耐火电缆特性分类：根据《阻燃和耐火电线电缆或光缆通则》（GB/T 19666—2019），耐火电缆按耐火特性分为 N、NJ、NS 三种，见表6-2-3。

表6-2-3　耐火电缆性能表

代号	名称	供火时间＋冷却时间/min	冲击	喷水	合格指标
N	耐火		—	—	2A 熔丝
NJ	耐火＋冲击	90＋15	✓	—	不熔断指
NS	耐火＋喷水		—	✓	示灯不熄

注：1. 试验方法按 GB/T 19216.21~23 要求。
　　2. 试验电压：0.6kV/1kV 及以下电缆取额定电压；数据及信号电缆取相对地电压 110V±10V。
　　3. 供火温度均为 750℃。

2）耐火电缆按绝缘材质可分为有机型和无机型两种。

①有机型。主要是采用耐高温 800℃的云母带以 50% 重叠搭盖率包覆两层作为耐火层。外部采用聚氯乙烯或交联聚乙烯为绝缘，若同时要求阻燃，只要将绝缘材料选用阻燃型材料即可。它之所以具有"耐火"特性完全依赖于云母层的保护。采用阻燃耐火型电缆，可以在外部火源撤除后迅速自熄，使延燃高度不超过 2.5m。有机型耐火电缆一般只能做到 N 类。

②无机型。它又称为矿物绝缘电缆。可分为刚性和柔性两种。国外称为 MI 电缆（Mineral insulation cabel）。由于翻译的原因，引入刚性耐火电缆时，译为防火电缆，含义并不明确，根据现行标准应为耐火电缆。

刚性和柔性矿物绝缘电缆结构如图 6-2-1 和图 6-2-2 所示。

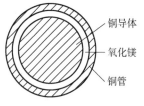

图 6-2-1　刚性矿物绝缘电缆剖面图

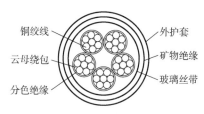

图 6-2-2　柔性矿物绝缘电缆剖面图

刚性矿物绝缘电缆采用氧化镁作绝缘材料，铜管为护套。

柔性矿物绝缘电缆大约诞生于 20 世纪 70 年代，直至 1984 年才得到推广应用。我国则于 2004 年在上海诞生该电缆，2006 年推广应用。

无论是刚性还是柔性矿物绝缘电缆，都具有不燃、无烟、无毒和耐火特性。

矿物绝缘电缆尚无国家标准，但除了满足 GB/T 12666.6 耐火标准外，应对抗冲击和喷水的要求加以具体化。可参考英国标准 BS-6387，该标准对具备抗喷淋和抗机械撞击性能要求很明确，见表 6-2-4。

表 6-2-4　BS-6387 电缆耐火性能规定

耐火	抗喷淋	抗机械撞击	
A 类:650℃ ±40℃ 180min	W 类:650℃ ±40℃ 15min 后再洒水 15min	X 类:650℃ ±40℃ 15min	每分钟撞击 2 次
B 类:750℃ ±40℃ 180min		Y 类:750℃ ±40℃ 15min	
C 类:950℃ ±40℃ 180min		Z 类:950℃ ±40℃ 15min	
S 类:950℃ ±40℃ 20min		—	

从表 6-2-4 可见，同时满足耐火、抗喷淋及抗机械撞击三项要求，以 C-W-Z 为最高标准。国内刚性和柔性矿物绝缘电缆均已达到这一水平。

刚性和柔性矿物绝缘电缆，都可外覆有机材料的外护层，但要求无卤、无烟、阻燃。矿物绝缘电缆同时具备耐高温特性，适用于高温环境，如冶金、建材工业，也可适用于锅炉、玻璃炉窑、高炉等表面敷设。

无机型刚性耐火电缆通常标注为 BTT 型，按绝缘等级及护套厚度分为轻型 BTTQ、BTTVQ（500V）和重型 BTTZ、BTTVZ（750V）两种，分别适用于线芯和护套间电压不超过 500V 及 750V（有效值）的场合。

此外，BTT 电缆外护层机械强度高可兼作 PE 线，接地十分可靠。BTT 型电缆按护套工作温度分为 70℃ 和 105℃。70℃ 分为带 PVC 外护套及裸铜护套两种。105℃ 的电缆适用于人不可能触摸到的空间。在高温环境中应采用裸铜护套型，在民用建筑中应用两种均可。但105℃线缆如直接与电气设备连接而未加特种过渡接头者，应将工作温度限制在85℃。若BTTZ电缆与其他电缆同路径敷设时，应选用70℃的品种。BTT电缆还适用于防辐射的核电站、γ射线探伤室及工业X光室等。

刚性矿物绝缘电缆须严防潮气侵入，必须配用各类专用接头及附件，施工要求也极严格。

无机型柔性耐火电缆结构是在铜导体外均匀包绕两层云母带，以50%重叠搭盖作为耐火层。线芯绝缘（分包层）及护套采用辐照矿物化合物，是将一种特殊配方的无机化合物经过大功率电子加速器所产生的高能β射线辐照，使材料保持柔软的同时，达到较高的耐火性能。不仅同样满足BS-6387中C-W-Z的最高标准，而且敷设如同普通电力电缆，十分方便。由于制造长度长，大大减少接头，使线路的可靠性提高。

无机型柔性耐火电缆的型号通常标注为BBTRZ-（重型750V、1000V两种）或BBTRQ-（轻型500V）。标注电压为导体间电压有效值。导体长期允许最高工作温度可达125℃，但选用时也与刚性耐火电缆一样，须进行修正。

3）耐火电缆分类。按电压分类共有低压0.6kV/1.0kV和中压6kV/10kV、8.7kV/15kV、26kV/35kV四种。

近年来上海成功推出中压隔离型柔性矿物绝缘耐火电缆，填补了中压耐火电缆的空白。技术核心仍然是成功应用隔氧层技术，如图6-2-3所示。

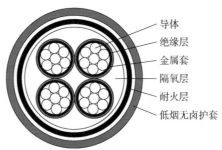

导体
绝缘层
金属套
隔氧层
耐火层
低烟无卤护套

图6-2-3　隔离型柔性矿物绝缘耐火电缆剖面图

隔离型耐火电缆采用交联聚乙烯绝缘，长期允许最高工作温度90℃，阻燃性能A级，也可实现低烟无卤性能。耐火性能是火焰温度800℃、供火时间90min绝缘不击穿，也可承受水喷淋及机械撞击。

4）耐火电线、电缆应用范围。主要用于凡是在火灾时，仍须保持正常运行的线路，如工业及民用建筑的消防系统、救生系统；高温环境；辐射较强的场合等，如：

①消防泵、喷淋泵、消防电梯的供电线路及控制线路。

②防火卷帘门、电动防火门、排烟系统风机、排烟阀、防火阀的供电控制线路。

③消防报警系统的手动报警线路，消防广播及电话线路。

④高层建筑等重要设施中的安保闭路电视线路。

⑤集中供电的应急照明线路，控制及保护电源线路。

⑥变配电所中，重要的继电保护线路及操作电源线路。

⑦计算机监控线路。

5）耐火电线、电缆选择要点：

①根据建筑物或工程的重要性确定，特别重大的选无机型耐火电缆，一般的选有机型耐火电缆。

②火灾时，由于环境温度剧烈升高，而导致导体电阻的增大，当火焰温度为800~1000℃时，导体温度可达到400~500℃，电阻增大3~4倍，此时仍应保证系统正常工作，须按此条件校验电压损失。

③耐火电缆也应考虑自身在火灾时的机械强度，因此，明敷的耐火电缆截面面积应不小于$2.5mm^2$。

④应区分耐高温电缆与耐火电缆，前者只适用于高温环境。

⑤一般有机类的耐火电缆本身并不阻燃。若既需要耐火又要满足阻燃者，应采用阻燃耐火型电缆或矿物绝缘电缆。

⑥普通电缆及阻燃电缆敷设在耐火电缆槽盒内，并不一定能满足耐火的要求，设计选用时必须注意这一点。

⑦明敷的耐火电缆需要同时防水冲击及防重物坠落损伤时，应

采用无机型矿物绝缘电缆（刚性或柔性）。

⑧用于建筑物消防设施的电源及控制线路时，宜采用刚性或柔性矿物绝缘型耐火电缆。若采用有机类耐火电缆明敷则应用耐火电缆槽盒或穿管保护，同时管子表面涂防火涂料。

6.2.4　非消防电缆选择

综合体建筑供电系统中非消防电缆需充分考虑火灾时产烟毒性的影响。根据《民用建筑电气设计标准》（GB 51348—2019）的要求，建筑高度超过 100m 的公共建筑，应选择燃烧性能 B_1 级及以上、产烟毒性为 t_0 级、燃烧滴落物/微粒等级为 d_0 级的电线和电缆。

6.2.5　消防电缆选择

综合体建筑电气设计时消防配电线路的选择关系到建筑内消防用电设备的用电安全。消防电缆设计时应根据具体消防设备在火灾时所需持续工作时间不同正确选择。同时在确保安全的前提下，还应关注一定的经济性。根据《民用建筑电气设计标准》（GB 51348—2019）的要求，消防用电设备火灾时持续运行的时间应符合国家现行有关标准的规定。当建筑物内设有总变电所和分变电所时，总变电所至分变电所的 35kV、20kV 或 10kV 的电缆应采用耐火电缆和矿物绝缘电缆。

6.2.6　母线选择

综合体建筑中的母线槽有高压母线槽和低压母线槽，高压母线槽主要用于高压配电系统中母线连接，低压母线槽主要用于低压配电柜系统联络、低压配电干线等处，由于综合体建筑的商业部分业态调整频繁、负荷变化大，干线选用母线供电能在一定程度上适应业态及负荷调整，具有较好的灵活性。低压母线槽主要分为密集绝缘母线槽、空气绝缘母线槽和耐火母线槽。目前，在普通回路中主要选用密集绝缘母线槽，在消防回路中主要采用耐火母线槽。

母线槽的导体材质主要是铜，2010 年我国有超过 85% 的低压母线槽采用铜导体，10% 左右使用铝导体，其余的几种母线导体材料（包括复合材料—铜包铝及铝合金等）应用很少。

6.3　通信线缆选择

6.3.1　一般规定

通信线缆是传输电信号或光信号的各种传输线的总称。

通信电缆（communication cable）是传输音频、图文、电视和广播节目、数据和其他电信号的电缆，是由多根互相绝缘的导线或导体绞成的缆芯和保护缆芯不受潮与机械损害的外层护套所构成的通信线路。在环境特别恶劣的地方，必要时在通信线缆护套的外面还可以安装防护层。通信电缆可以是对称电缆，也可以是同轴电缆。通信电缆传输频带较宽，通信容量较大，受外界干扰小，但不易检修，有架空、直埋、管道和水底等多种敷设方式。

光纤光缆是一种通信电缆，由两个或多个玻璃光纤或塑料光纤芯组成，这些光纤芯位于保护性的涂覆层内，由塑料 PVC 外部套管覆盖。沿光纤内部进行的信号传输，一般使用红外线。

6.3.2　通信线缆的分类

1）按照线缆的物理结构形式，通信电缆分类如下：

①单导线：是指最原始的通信电缆，单导线回路，以大地作为回归线。

②对称电缆：由两根在理想条件下完全相同的导线组成回路。

③同轴电缆：将在同一轴线上的内、外两根导体组成回路，外导体包围着内导体，同时两者绝缘（包括小同轴、中同轴和微小同轴电缆）。

④综合电缆：缆芯中既有对称线对，又有同轴管体的；或者线缆内既有信息线对也有供电线缆等组合型电缆称为综合电缆。

2）按照应用场合和使用范围，通信电缆分类如下：

①长途电缆：即长途对称电缆（包括纸绝缘高低频长途对称电缆、铜芯泡沫聚乙烯高低频长途对称电缆以及数字传输长途对称电缆）。传输距离长，一般进行复用，多数直接埋在地下，少数情况下采用架空安装的方式，或者安装在管道中。

②市内电缆：即市内通信电缆（包括纸绝缘市内话缆、聚烯烃绝缘聚烯烃护套市内话缆）。电缆内的导线"成双成对"，而且对数多。一般安装在管道中，少量的市内电缆附挂在建筑物上或架空安装。

③局用电缆：主要是指在电信局内或建筑内部使用的通信电缆，一般安装在配线架上，也有的安装在走线槽中；局用电缆用于电信局内传输设备与交换设备之间，以及其他局内设备的内部。在电信局内部为了防火，有时候还需要给局用电缆加上阻燃护套。

④光纤电缆：包括传统的电缆型、带状列阵型和骨架型三种。通常是由若干根光导纤维和增强件等构成。光纤通信与电缆通信相比，具有通信容量大、体积小、重量轻、抗干扰、保密性强和节省有色金属等优点。

⑤海底电缆：可分为对称海底和同轴海底电缆。海底通信电缆分为浅海型和深海型两种。浅海电缆用于水深不足 500m 的海域。深海电缆用于水深超过 500m 的海域。海底通信电缆供多路载波和数字通信使用。另外还有一种用于通过江、河、湖泊的水底通信电缆。

3）按照使用要求，通信电缆分类如下：

①音频（低频）电缆：音频电缆主要用于市内或近距离通信，如电话、电报、传真文件、会议广播、专业音频信号传输等的电缆。

②数字电缆：数字电缆专供数字通信使用，适用于数字通信系统，如综合业务数字网（ISDN）、局域网和数据通信系统，AES/EBU 音频系统以及楼宇布线系统中使用的电缆。

③载频（高频）电缆：载频电缆主要用于长途多路载波通信。适用于无线电通信和采用类似技术的电子装置中使用的射频电缆

（包括对称射频和同轴射频）。

6.3.3 通信线缆主要性能参数

通信电缆的电气技术指标较多且要求较高。常规有导线电阻、绝缘电阻、工作电容、绝缘强度、电容不平衡等要求。对于数字对称线缆和同轴电缆除以上要求外，还要求线缆绝缘有低的介电系数和低的介质损耗、平均特性阻抗、阻抗不均匀性、衰减常数、串音、插损、回损等特殊指标要求，见表6-3-1～表6-3-4。

表6-3-1 典型低频模拟信号线的电气性能指标

序号	项目	性能指标		试验方法
1	导体的直流电阻/（Ω/km），20℃ ——0.4mm 导体 ——0.5mm 导体 ——0.6mm 导体	最大值 ≤150.0 ≤95.9 ≤66.6	平均值 ≤144.0 ≤92.1 ≤63.9	GB/T 11327.1—1999 7.1
2	绝缘的介电强度 ——0.4mm 导体 ——0.5mm 导体 ——0.6mm 导体	1000V（a.c.） 或 1500V（d.c.） 1min 不击穿		GB/T 11327.1—1999 7.2
3	绝缘电阻/MΩ·km，20℃	≥500		GB/T 11327.1—1999 7.3
4	工作电容/（nF/km）	≤120		GB/T 11327.1—1999 7.4
5	电容不平衡/（pF/km）	≤800		GB/T 11327.1—1999 7.5
6	导体断线、混线	不断线、不混线		指示灯、万用表
7	屏蔽连续性	连续		指示灯、万用表

表6-3-2 典型数字信号线的电气性能指标节选

			电缆标称线对数	最大值	平均值	
5	工作电容 （0.8kHz 或 1kHz）	nF/km	≤10	58.0	52.0±4.0	实验值/L
			>10	57.0	52.0±2.0	
6	工作电容差 （0.8kHz 或 1kHz）	—	100 对及以上填充式电缆：≤2%			—

7	电容不平衡 （0.8kHz 或 1kHz）	pF/km	线对与线对间		≤200		实验值/ $[0.5(L+\sqrt{L})]$
			线对与地间				
			电缆标称线对数		最大值	平均值	实验值/L
			≤10		2630	—	
			>10		2630	≤570（490）	

8	固有衰减 （±20℃）	dB/km	大于 10 对的电缆				实验值/L
			—	导体标 称直径	平均值		
					150kHz	1024kHz	
			实心聚 烯烃绝 缘非填 充式电 缆	0.4mm	≤12.1	≤27.3	
				0.5mm	≤9.0	≤22.5	
				0.6mm	≤7.2	≤18.5	
				0.7mm	≤6.3	≤15.8	
				0.8mm	≤5.7	≤13.7	
				0.9mm	≤5.4	≤12.0	
			实心聚 烯烃绝 缘填充 式电缆	0.4mm	≤11.7	≤23.6	
				0.5mm	≤8.2	≤18.6	
				0.6mm	≤6.7	≤15.8	
				0.7mm	≤5.5	≤13.8	
				0.8mm	≤4.7	≤12.3	
				0.9mm	≤4.1	≤11.1	

表 6-3-3　电缆线对的拟合阻抗　　　（单位：Ω）

标称阻抗	第 3、4、5 类电缆要求	
100	95	$105+8\sqrt{f}$
120	115	$125+8\sqrt{f}$
150	145	$155+8\sqrt{f}$

注：f——频率（MHz）。

表 6-3-4　典型单模和多模光缆光纤衰减指标

光缆中光纤最大衰减 dB/km			
	OM1、OM2、OM3 多模		单模
波长	850nm	1300nm	1310nm	1550nm
衰减	3.5	1.5	1.0	1.0

6.3.4　通信线缆选型技术要点

1. 通信电缆的选择

（1）导体的选择

由于商业综合体建筑电磁环境较为复杂，而信息设备对信号完整性要求较高，能够尽可能地长距离传输；信号稳定，无干扰、无噪声的需求是通信线缆应优先考虑的因素，因此应选用低电阻率、信号衰减小的导体，对于提高信号传输可靠性和保证信号质量具有较大意义。相关规范要求通信线缆回路，导体应由质量一致、没有缺陷的裸或镀锡的软铜线制成，导体可以是实心的或绞合的。实心导体应具有圆形截面，可以是裸铜，也可以镀金属。裸铜线的性能应符合 GB/T 3953—2009 中 TR 型软圆铜线的要求；镀锡铜线应符合 GB/T 4910—2022 中 TXRH 型可焊性镀锡软圆铜线的要求；镀银铜线应符合 JB/T 3135—2011 的要求。实心导体通常应是整根拉制而成，实心导体允许有接头，接头处的抗拉强度应不低于无接头实心导体的 85%。绞合导体可采用同心绞合束绞方式，将多根裸铜线绞合成圆形截面。

（2）确定绝缘材料

1）通信线常用绝缘材料分为聚烯烃、聚氯乙烯、含氟聚合物及低烟无卤阻燃热塑性材料绝缘电缆。

2）绝缘形式分为实心绝缘和泡沫绝缘（或组合式，如泡沫皮）电缆。

为了确保信号衰减小，原则上绝缘材料应该选择介电系数小的，这样可以有效降低导线分布电容，提升信号的抗衰减能力，可以让信号传输的距离有效提高。发泡绝缘正是基于此原因成为数字通信线缆的常用绝缘形式。但也要关注不同绝缘体材料的绝缘电阻、抗拉强度等指标，结合使用特点合理选择。

绝缘可以是实心绝缘或泡沫绝缘（或组合式，如泡沫皮、皮泡皮等）。绝缘应连续，其厚度应使成品电缆符合规定的要求。绝缘的最大外径和绝缘的标称厚度在有关电缆详细规范中规定。绝缘的标称厚度应能与导体的连接方式相适应。

（3）确定是否需要屏蔽层

商业综合体建筑由于建筑结构特点决定了通信线缆信号易受到干扰。因此应优先选择带有屏蔽层的通信线缆。对于布线线缆可选择铝箔屏蔽的线缆，屏蔽率高、屏蔽效果好，且线身较细，易于在桥架及管线内排布更多数量的线缆。对于电磁辐射较为严重的场合，屏蔽应符合 YD/T 838.1—2003 第 2.2.7 条规定，屏蔽为一层镀锡铜线编织时，编织密度不小于 80%。屏蔽为一层铝塑复合带和一层镀锡铜线编织时，编织的填充系数应不小于 0.16（编织密度不小于 30%）。填充系数定义见 GB/T 17737.1。

（4）确定护套类型

信息线缆的护套选择主要基于使用环境，常规环境下优选聚氯乙烯较为经济。对于环境条件要求高或有防火、抗拉、耐冲击、耐腐蚀、耐气候、阻燃、耐火、耐辐射、防鼠咬等特种要求情况下，则根据要求进行适当的组合选择。常用护套材料为聚氯乙烯、含氟聚合物及低烟无卤阻燃热塑性材料护套电缆。

电缆的容量应根据用户的分布及需求，结合电缆芯数系列，在充分提高芯线使用率的基础上，选用适当容量的电缆。

电缆线路网中的管道主干电缆应采用大对数电缆，以提高管道管孔的含线率。电缆线径应考虑统一环路设计，基本线径应采用 0.4mm，特殊情况下可采用 0.6mm。

2. 通信光缆的选择

1）光传输网中应使用单模光纤。光纤的选择必须符合国家及行业标准和 ITU-T 相关建议的要求。

2）光缆中光纤数量的配置应充分考虑到网络冗余要求、未来预期系统制式、传输系统数量、网络可靠性、新业务发展、光缆结构和光纤资源共享等因素。

3）光缆中的光纤应通过不小于 0.69GPa 的全程张力筛选，光纤类型根据应用场合按下列原则选取：

①户外用光缆直埋时，宜选满足行业标准《通信用层绞式室外光缆》（YD/T 901）的有关规定的层绞或中心管式光缆，如有架空需要时，可选用两根或多根加强筋的黑色塑料外护套的光缆。光缆宜采用 G.652 或 G.655 光纤。

②建筑物内用的光缆在选用时应该注意其阻燃、毒和烟的特性，一般在管道中和强制通风处，可选用阻燃和有烟的类型，暴露的环境中应选用阻燃、无烟和无毒的类型。宜采用 G.652 光纤，当需要抗微弯光纤光缆时，宜采用 G.657A 光纤。

③楼内垂直布线时，可选用层绞式光缆；水平布线时，可选用层绞或中心管式光缆。

④接入网光缆宜采用 G.652 光纤，当需要抗微弯光纤光缆时，宜采用 G.657A 光纤。传输距离在 2km 以内的可选用多模光缆；超过 2km 可选用中继或单模光缆。

商业综合体建筑属于商业建筑，人员密集、火灾危险性高，因此通信线缆与电力线缆一样，需充分考虑防火性能。弱电系统缆线（电缆及光缆）的阻燃燃烧性能分级（燃烧性能等级、烟气毒性等级、燃烧滴落物/微粒等级、腐蚀性等级）等附加信息应参照《电缆及光缆燃烧性能分级》（GB 31247—2014）中强制性章节规定；耐火电缆及光缆的耐火性能应参照现行行业标准《阻燃及耐火电缆塑料绝缘阻燃及耐火电缆分级和要求　第 2 部分：耐火电缆》（GA 306.2）的有关规定，弱电系统中缆线的选择按标准第 13.9 节规定执行。

根据《民用建筑电气设计标准》（GB 51348—2019）第 21.7.3 条文说明：建议选用符合相应防火等级的线缆，并按以下几种情况分别列出：①在通风空间内（如吊顶内及高架地板下等）采用敞开方式敷设线缆时，可选用 CMP 级（光缆为 OFNP 或 OFCP）或 B1 级。②在线缆竖井内的主干线缆采用敞开的方式敷设时，可选用 CMR 级（光缆为 OFNR 或 OFCR）或 B2、B3 级。③在使用密封的金属管槽做防火保护的敷设条件下，线缆可选用 CM 级（光缆为 OFN 或 OFC）或 D 级。

6.4 特殊线缆选择

6.4.1 光伏发电系统电缆选择

1. 电缆类型选择

（1）类型

电缆有交流电缆和直流电缆两类。交流电缆用于：

1）逆变器至升压站。

2）升压站至配电装置。

3）配电装置至电网。

交流电路选择与普通配电系统相同，而直流电缆选择则不同，本节着重介绍。

直流专用电缆用于：

1）组件间的串联电缆。

2）组串间的并联电缆。

3）组串与直流配电箱（也称汇流箱）连接。

4）直流配电箱与逆变器连接。

直流电缆选取主要依据绝缘性能、耐热阻燃性能、防潮、耐日照及电缆的敷设方式等条件。

（2）光伏发电用直流电缆的特性

用于光伏发电系统的直流电缆，要求耐紫外线照射、耐臭氧、耐高低温环境冲击、耐风雨侵袭，护套材料要求阻燃，导体采用镀锡铜。

PV1-F 型交联聚烯烃绝缘和护套单芯光伏电缆，适合于 Ⅱ 类安全条件下使用。其特性为：

1）电压等级：AC：U_0/U 为 0.6kV/1kV；DC：1.8kV（非接地系统）。

最高允许工作电压：AC：0.7kV/1.2kV；DC：0.9kV/1.8kV。

试验电压：AC：6.5kV；DC：15kV，时间：5min。

2）温度范围：环境温度：-40℃~+120℃（移动或者固定）。短路时（5s内）最高温度不超过200℃。

3）电缆的弯曲半径不小于电缆外径的4倍。

4）导体为镀锡铜，常用单芯和双芯两种。绝缘和护套采用交联聚烯烃材料。

5）电缆热寿命评定结果应符合电缆使用寿命不小于25年的要求。

6）成品电缆无卤阻燃，性能符合2PfG1169/08.2007。

光伏电缆常用参数见表6-4-1。

表6-4-1 光伏电缆常用参数

导体截面面积 /mm²	导体结构 /n × mm	导体直流电阻 /(Ω/km)	导体外径 /mm	电缆外径 /mm	电缆质量 /(kg/km)
1.5	30/0.25	13.7	1.6	5.5	41.5
2.5	49/0.25	8.21	2	5.9	53.2
4.0	56/0.3	5.09	2.6	6.5	75.9
6.0	84/0.3	3.39	3.6	7.7	102.3
10	84/0.4	1.95	4.7	9.4	152.3
16	126/0.4	1.24	5.8	10.9	217.7
25	196/0.4	0.795	7.3	12.4	320.6
35	276/0.4	0.565	9.2	14.7	427.5

注：1. 电缆外径为参考值。如用户有需要，可以协商。

2. 数据摘自远东电缆厂资料。

（3）直流专用电缆型号

直流专用电缆型号如下：

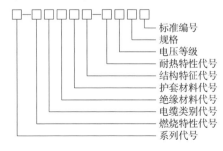

如系列代号：GF（GFDC）。

电缆类别代号：电力电缆省略；控制电缆 K；计算机数据传输电缆 D。

材料特征代号：铜导体省略；聚烯烃绝缘及护套均用 E。

结构特征代号：双芯可分离型 S；软电缆 R；铠装标注方法同普通电缆，如 2 是钢带，3 是钢丝等。

燃烧特性代号同普通电缆，如 WD 是无卤，Z 是阻燃等。

（4）光伏发电系统中电缆类型选择

直流电缆类型选择见表 6-4-2。

表 6-4-2　直流电缆类型选择

连接部位	电缆类型	选择截面电流
光伏组件与汇流箱	PV1	
汇流箱与逆变器	GFDC-YJVB$_{22}$ GFDC-YJVB 光伏	
光伏组件与组件	使用组件接线盒附带的连接电缆	最大工作电流的 1.25 倍
蓄电池与逆变器	使用通过 UL 测试的大截面多股软线	最大工作电流的 1.56 倍
蓄电池与蓄电池		最大工作电流的 1.25 倍
方阵与方阵		计算所得电缆中最大连接电流的 1.56 倍
方阵与控制器直流接线箱之间	要求使用通过 UL 测试的多股软线	方阵输出最大电流

2. 直流电缆截面选择

与交流电缆截面选择方法基本相同，即满足发热、电压降、短路热稳定、机械强度及经济最佳化等条件。所不同的是载流量裕量大，电压降按线路长度的两倍计算。

（1）按载流量选择

通常下列电缆载流量裕量为：

1）方阵内部、方阵之间连接电缆的载流量不小于最大连续电流的 1.56 倍。

2）直流配电箱至逆变器连接电缆载流量不小于计算电流的1.25倍。

特别要注意按最高环境温度对应的载流量。

（2）按允许电压降校验电缆截面

通常按下列标准：

1）光伏阵列至接制器线损不大于5%。

2）光伏输出支路线损不大于2%。

例如，某光伏组件，额定电压为12V，正负极之间24V；额定电流为10A，最大电流为12.5A（1.25倍）；电缆长度为10m，回路长度为20m；线路允许电压降2%，回路电压降为4%。

导线的计算截面面积为4.79mm²。如果电缆长度超过10m，则要选用截面更大的电缆。

3. 直流干线电缆经济选型

1）EHLF、EHLVF22（DC 0.9kV/1.5kV）电缆，采用乙丙橡胶绝缘混合弹性体护套，较适合热带地区。电缆价格为等同载荷铜电缆的90%以上。

2）YJHLF82、FS-YJHLF22（DC 0.9kV/1.5kV）电缆绝缘加厚处理，采用优质交联聚乙烯料，护套为防寒耐温弹性体。铠装层为铝镁合金的联锁铠装型电缆适用于西部荒漠、山坡地等；FS 代表防水型，适合光伏农业大棚、沿海滩涂及其他可能浸水的地带。它抗压强且施工简单，特别适合不利挖掘电缆沟或简单地埋处理的场合。

3）FZ-YJHLF、FZYJHLF22（DC 0.9kV/1.5kV）电缆，特别适合分布式电站的直流干线使用，价格为等同载荷电缆的70%左右。

4. 电缆敷设与接头

1）光伏组件之间、组串与直流配电箱之间连接电缆尽可能利用组件支架绑扎或固定，部分也可穿管或线槽敷设。

2）铺设在建筑物表面的光伏材料、电缆引线要考虑建筑立面的美观。注意避让墙体或支架锐角，以免破损绝缘护套，也要防止建筑物遭受侧面雷击等。

3) 因气温变化大，故电缆敷设的松紧应适度。

4) 直流电缆连接以插头插接为主。

5) 交流电缆的敷设方式及连接与一般配电交流电缆相同。

6.4.2 智慧温控预警电缆

1. 系统总体要求

智慧温控预警电缆系统应具有良好技术性能和稳定性能的系统设备，并充分考虑工程特点和现场实际情况，选择通用性强的通信协议与规约，并留有扩充余量。系统设备、前端设备应是技术和工艺先进并经过稳定运行实践的。

2. 智能电缆预警平台软件

智能电缆预警平台应满足以下功能要求：

1) 预警平台必须能高度集成管理预警主机，具备智能数据分析功能，可以显示所有下接预警主机的采集数据，系统具备数据分析、预警等处理功能。系统可根据不同管理人员设置不同操作权限及角色规则。

2) 预警平台有智能告警功能，具有预警主机状态异常或阀值报警、光纤、电缆位置等报警提示功能要求。报警方式应包含弹窗报警、声光报警方式。

3) 预警平台必须具备前瞻性设计，要具备很强的可扩展性，预留数据和功能接口，便于后期系统的升级和新功能的接入。

4) 预警平台必须具备历史数据保存与查询功能，历史数据联机保存不低于3年，且历史数据不能轻易更改、编辑和删除，系统检测到预定义的事故时，自动记录事故时刻前后一段时间的所有实时测量信息，以便事后进行查看、分析和反演。

5) 预警平台本地应能提供本地曲线图查询及数据导出，应能对数据库进行查询、删除、备份以及打印报表等。

6) 满足电力系统接口要求，预留足够的扩展接口以适应未来工程建设发展信息通信需要，具备负荷均担的功能，解调和报警可以实现预警主机本地处理，实现分布式运算，并由预警平台进行集中展示和控制，避免随着监控规模的增加而使系统崩溃。

7）预警平台应有可视化功能，可为单根电缆回路或桥架，根据现场走向进行可视化的绘制，且报警时电缆走向对应位置可以冒出提示气泡或者火焰，运行时，鼠标指针移动到电缆位置处，可显示出电缆的位置以及光纤温度信息，实现软件报警位置和现场实际故障位置同步。

8）可视化功能，能够配置区域可视化分级示意图，可根据电缆运行情况显示对应的颜色，有四种颜色对应显示（红色，灰色，黄色，绿色），红色温度超限报警，灰色连接断开，黄色断纤报警，绿色正常。

9）平台软件可以实现预警主机、电缆回路、电缆分区等分级对应配置，条理清晰、逻辑顺畅。报警时，值守人员可以迅速定位，节省处理时间。

10）智能预警平台应为.net开发，使用C/S架构，保证通信链路的安全性与稳定性，同时拥有更强的处理性能以及更小延时。

11）智能电缆预警平台软件性能指标见表6-4-3。

表6-4-3 智能电缆预警平台软件性能指标

技术参数名称	要求值	投标方保证值
系统平均无故障时间	大于15000h	
月故障率	低于0.2%	
系统巡检时间	小于2min	
系统巡检间隔时间	小于15s	
状态响应时间	小于20s	
数据储存周期	分钟数据	
告警漏报、误报率	低于0.06%	
告警方式	支持声光报警,软件弹窗（短信息高级可扩展）	
告警响应时间	有线监控终端小于30s,无线监控终端小于120s（从发生告警事件到发出声音告警）	
支持同时告警数	大于30个	

技术参数名称	要求值	投标方保证值
分级告警能力	2~3 级	
系统组网方式	以太网	
历史数据存储时间	不低于 3 年	
可监控监测终端	不低于 30 个	
系统的设计运行寿命	不低于 10 年	

3. 智能电缆预警主机系统

智能电缆预警主机应满足以下功能要求：

1）实现电缆温度的实时、全长、无盲区的监测；当温度异常时，具备迅速定位与报警提醒，系统软件应具备多窗口应用。

2）主界面具有简易地显示电缆回路的整体运行情况，实时显示线路上的温度分布曲线、各点温度随时间变化曲线。

3）报警功能：至少包括最高温度、温升速率、区域温差等报警功能；报警值可根据现场实际情况在软件中设置。同时具有光纤破坏报警、预警主机故障报警功能。

4）同一监测对象可配置多个报警值，并具备继电器、通过串口接口、以太网接口进行数据与报警输出联动功能。

5）分区：能对测量区域在长度上进行自定义分区，对某些区域进行局部重点监测，总监测区域数量不小于 500 个。分区应可以实现与智能预警平台同步。

6）预警主机可通过 PC 机在 Windows 环境下由工程师调试编程完成。设定区域长度与报警点以及系统校定等均可采用 Windows7 以上版本软件来完成。预警主机可通过通信接口与 PC 机相连用于数据导出和参数配置。

7）系统应具有良好的兼容性，可通过 RS485/RS232 标准接口、RJ45、USB 接口，将有关信号送至相关的控制设备进行区域报警判定及声光报警。所有信号输出应准确、完整。

8）用于电缆测温区域探测的感温光缆具有坚固、柔韧、便于安装和维护、抗电磁干扰、抗腐蚀等特点，感温光缆保证不会与动力电缆之间产生相互电磁干扰，并能承受超过温度极限的温度偏移。各报警点可根据现场情况在其工作范围内任意设定。

9）系统空间分辨率可以不大于 0.5，采样间隔不大于 0.21m，温度精度可以达到 1℃，定位精度达到 0.5m；终端机内的激光发射装置每秒钟会发射上万次的光脉冲，并将取样温度的平均值输出到显示系统，基本消除误差。

10）监测系统的监测是连续的，工作环境在 −10℃ ~ +50℃，< 95% RH（无凝露）；监测通道不少于 16 通道并可额外扩展，单通道测距达到 10km，测量时间小于 10s，具备继电器输出及声光提示。

6.4.3 全光纤系统

随着 Internet 业务和多媒体应用的快速发展，网络的业务量正在以指数级的速度迅速膨胀，这就要求网络必须具有高比特率数据传输能力和大吞吐量的交叉能力。光纤通信技术出现以后，其近 30THz 的巨大潜在带宽容量给通信领域带来了蓬勃发展的机遇，特别是在提出信息高速公路以来，光纤技术开始渗透于整个通信网，光纤通信有向全光网推进的趋势。

所谓全光网络指的是网络传输和交换过程全部通过光纤实现，因为不必在其中实现电光和光电转换，因此能大大提高网速。数据显示，铜线接入带宽只有 512kbps，但全光网宽带的带宽可以达到 50 ~ 100Mbps。

全光网络中的信息传输、交换、放大等无须经过光电、电光转换，因此不受原有网络中电子设备响应慢的影响，有效地解决了"电子瓶颈"的影响。就信号的透明性而言，全光网对光信号来讲是完全透明的，即在光信号传输过程中，任何一个网络节点都不处理客户信息，实现了客户信息的透明传输。信息的透明传输可以充分利用光纤的潜力，使得网络的带宽几乎是取之不尽、用之不竭的。如一根光纤利用 n 路 WDM，每路带有 10Gb/s 的数字信号，则光纤传输容量将是 $n \times 10$Gb/s，而当前半透明网络就大大限制了光纤的潜力。

6.5 线缆敷设

6.5.1 线缆敷设的一般规定

1）布线线路敷设方式应按下列条件选择：

①符合场所的环境特征。

②符合建筑物和构筑物的特征。

③符合人与布线之间可接近的程度。

④应考虑短路可能出现的机械应力。

⑤在安装期间或运行中，布线系统可能遭受的其他应力和导线的自重。

⑥布线系统的绝缘导线的耐压等级不应低于交流750V，低压绝缘电缆的耐压等级不应低于交流1000V；110kV绝缘电缆的耐压等级应与110kV配电系统中性点接地方式相适应。

⑦布线系统中所有金属导管、金属构架的接地要求，应符合相关规范规定。

2）选择布线线路敷设方式时，应避免下列外部环境带来的损害或有害影响：

①应避免由外部热源产生的热效应带来的有害影响。

②应防止在使用过程中因水的侵入或因进入固体物而带来的损害。

③应防止外部的机械损害。

④在有大量粉尘的场所，应避免由于灰尘聚集在布线上对散热带来的影响。

⑤应避免由于强烈日光辐射而带来的损害。

⑥应避免腐蚀或污染物存在的场所对布线系统而带来的损害。

⑦应避免有植物和（或）霉菌衍生存在的场所对布线系统而带来的损害。

⑧应避免有动物的场所对布线系统而带来的损害。

6.5.2 敷设方式的选择

电缆路径的选择应符合下列规定：

1）应使电缆不宜受到机械性外力、过热、腐蚀等损伤。

2）应便于敷设、维护。

3）应避开场地规划中的施工用地或建设用地。

4）应在满足安全条件下，使电缆路径最短。

电缆的敷设方式：

1）地下直埋。

2）屋内的墙壁或顶棚上。

3）电缆沟。

4）电缆隧道。

5）电缆排管内。

6）导管内。

7）架空。

8）桥梁或构架上。

9）水下。

电缆在屋内、电缆沟、电缆隧道和电气竖井内明敷时，不应采用易延燃的外保护层。电缆不应在有易燃、易爆及可燃的气体管道或液体管道的隧道或沟内敷设。当受条件限制需要在这类隧道或沟内敷设时，应采取防火、防爆的措施。电缆不宜在有热力管道的隧道或沟内敷设。当受条件限制需要在这类隧道或沟内敷设时，应采取隔热措施。支撑电缆的构架，采用钢制材质时，应采取热镀锌或其他防腐措施；在有较严重腐蚀场所，应采取相适应的防腐措施。电缆宜在进户处、接头、电缆头处或地沟及隧道中留有一定裕量。电缆敷设长度的计算，除计及电缆敷设路径的长度外，尚应计及电缆接头制作、电缆蛇形弯曲、电缆进入建筑物和配电箱（柜）预留等因素的裕量。

35kV 及以上三相供电回路，除敷设在水下，且电缆截面不大时可选用三芯电缆外，一般情况每回路应选用 3 根单芯电缆。交流回路中的单芯电缆不应采用磁性材料护套铠装的电缆。单芯电缆敷设时，应采取防止涡流效应和电磁干扰的措施，不应使用导磁金属夹具。电缆的首端、末端、转弯处应设置标志牌。电缆在同侧的多层支架敷设时，应按电压等级由高至低的电力电缆、电力和非电力的控制及信号电缆、通信电缆"由上而下"的顺序排列。电缆布线时，其弯曲半径，不应小于表6-5-1所列数值。

表6-5-1 电缆最小允许弯曲半径

电 缆 种 类	最小允许弯曲半径
无铅包钢铠护套的橡胶绝缘电力电缆	$10D$
有铅包钢铠护套的橡胶绝缘电力电缆	$20D$
聚氯乙烯绝缘电力电缆	$10D$
交联聚氯乙烯绝缘电力电缆	$15D$

6.5.3 施工、测试及验收

电缆选择及敷设质量在综合体建筑电气安全方面具有重要地位，其主要因素包括电缆老化程度、施工规范性以及电缆质量等几方面原因。因此在线缆的选择和敷设的施工、测试及验收过程中，应严格遵守相关规范要求，保证电气系统安全。

第7章 防雷接地与安全防护

7.1 概述

7.1.1 分类、特点及要求

综合体建筑物防雷设计必须综合考虑建筑造型特点、组成类型、结构类型、基础形式、雷击概率、损失后果及经济性的结果，因地制宜采用防雷措施，有效防止或者减少雷击建筑物所发生的人身伤亡、财产损失，以及雷击电磁脉冲引发的电气和电子系统损坏，做到安全可靠、技术先进、经济合理。

7.1.2 本章主要内容

本章根据综合体建筑的结构类型特点，明确了综合体防雷建筑物的防雷类别、分类原则，介绍了各类综合体建筑物不同结构形式的电气贯通方法及防雷措施；阐述了各类接地系统及接地装置的特点，这其中也包括了机房等特殊区域的接地措施以及近几年来应用较多的光伏、充电设施的电气安全要求。

智能防雷及雷电预警技术将云计算、移动互联网和物联网技术引入到综合防雷措施中，并通过软硬件系统的集成，能够将被动防雷升级为主动防雷，实现防雷减灾的主动预防，能够有效降低智慧综合体建筑雷击风险，是智慧综合体建筑防雷技术的主要发展方向。

7.2 防雷系统

7.2.1 防雷类别

1. 综合体建筑物防雷分类

综合体建筑的防雷类别应根据《建筑电气与智能化通用规范》（GB 55024—2022）和《建筑物防雷设计规范》（GB 50057—2010），并结合项目具体功能和类别适用的其他相关规范综合确定。如综合体建筑物含商业、办公、酒店、居住等其他多种功能时，其防雷分类还需参考其建筑具体功能和类别来确定。如商店建筑其防雷等级除需要考虑年预计雷击次数以外，还应考虑商店的大、中、小类型。含有会展建筑、档案馆、剧场、博物馆等综合体建筑的防雷类别与建筑物的等级有关，如综合体含有该类建筑功能，其防雷类别的划分应考虑相关建筑规范的要求。

2. 电子信息系统雷电防护等级

智慧综合体建筑物内部功能众多，智能化系统及智能电子信息设备复杂。其电子信息系统雷电防护等级分类见表 7-2-1。

表 7-2-1　综合体建筑物电子信息系统雷电防护等级分类

雷电防护等级	综合体建筑物电子信息系统
A 级	1）含政府办公性质的综合体建筑、含省级城市水、电、气、热等城市重要公用设施的综合体建筑物的电子信息系统 2）一级安全防范单位的综合体建筑物，如国家文物、档案库的闭路电视监控和报警系统 3）高度超过 250m 的综合体建筑物
B 级	1）含省级政务办公综合体建筑、中型计算中心的电子信息系统 2）二级安全防范单位的综合体建筑物，如省级文物、档案库的闭路电视监控和报警系统 3）含有四级或更高级旅馆的综合体建筑物的电子信息系统 4）含大型商店及高档商品专业店的综合体建筑物智能化系统机房等 5）含大型商店建筑及高档商品专业店的综合体建筑物的火灾自动报警系统总机房等

雷电防护等级	综合体建筑物电子信息系统
C级	1）含中型商店及中档商品专业店的综合体建筑物的智能化系统机房等 2）含中型商店的综合体建筑物的火灾自动报警系统总机房等 3）上述 A、B 级以外需防护的电子信息系统

电子信息系统对智慧综合体建筑物的正常运行至关重要，一般的智慧综合体建筑物电子信息系统可以根据重要性和使用性质采用定性方法确定防护等级。重要的综合体建筑物电子信息系统可采用计算防护效率的判定方法和根据重要性及使用性质采用定性方法，按其中较高的防护等级确定。

对于建筑物防雷类别及电子信息防护等级多采用雷暴日来计算，我国自 2014 年起已不再统计发布年平均雷暴日资料，开始采用雷电定位系统直接获取地闪密度。由于通过雷电定位系统直接获取的地闪密度值明显小于通过 $0.1T_d$ 估算得到的地闪密度值，而这个差异对综合体建筑物防雷分类和雷电防护等级有较为明显的影响。现有雷电定位系统其网格精细化程度可以做到 $1km \times 1km$，对于需要精确确定防雷类别的综合体建筑物，可从雷电定位系统获得所在地的地闪密度，为综合体建筑防雷精确计算提供依据，从而做到精准雷电防护，提高智慧综合体建筑物运行的稳定性。

从雷电定位系统直接获取的地闪密度，可以保证过渡阶段防雷设计中确定建筑物电子信息系统雷电防护等级的可操作性，有利于综合体建筑物防雷与时俱进。

3. 防雷系统组成

综合体建筑物防雷系统是内部防雷和外部防雷的总称，外部防雷由接闪器、引下线和接地装置组成，用于直击雷防护。内部防雷由等电位联结、共用接地装置、屏蔽、合理布线、电涌保护器等组成，用于减小和防止雷电流在需防护空间内所产生的电磁效应。综合体建筑物综合防雷框图如图 7-2-1 所示。

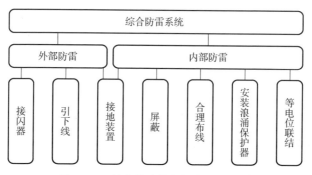

图 7-2-1　综合体建筑物综合防雷框图

7.2.2　防雷措施

综合体建筑物的防雷系统设计应结合当地环境、气象、地质等条件和雷电活动规律以及建筑物的特点，统筹选择外部防雷措施和内部防雷措施。

1. 基本要求

雷电防护措施分为三大类，各类综合体建筑物防雷措施见表 7-2-2：

表 7-2-2　不同防雷类别综合体建筑物防雷措施

防雷类别	防雷措施要求
第一类 防雷建筑物	防直(侧)击雷
	防闪电电涌侵入
	防闪电感应
	防反击
	防人身伤害
	防雷击电磁脉冲
第二类 防雷建筑物	防直(侧)击雷
	防闪电电涌侵入
	防闪电感应
	防反击
	防人身伤害
	防雷击电磁脉冲

防雷类别	防雷措施要求
第三类 防雷建筑物	防直(侧)击雷
	防闪电电涌侵入
	防反击
	防人身伤害
	防雷击电磁脉冲 （根据建筑物内设备情况确定）

2. 防直击雷

在建筑物屋顶装设接闪网、接闪带、接闪杆或由其混合组成的接闪器作为外部防雷装置，接闪网（带）应沿屋角、屋脊、屋檐和檐角等易受雷击的部位敷设，并应在整个屋面组成相应防雷类别的防雷网格。

3. 防侧击雷

高层综合体建筑物的防侧击和等电位的措施中，除应将外墙上距地等于滚球半径及以上的栏杆、门窗等较大的金属物与防雷装置连接外，还应将外墙装饰幕墙等金属体与防雷装置相连接。对高度超过45m的第二类综合体建筑物或者超过60m的第三类综合体建筑物除采取防直击雷的措施外，还应采取防直击雷侧击和等电位的保护措施。

4. 防闪电感应措施

综合体建筑物内的主要金属物，如设备、管道、支架、桥架等，应就近接至防雷装置或共用接地装置上，以防静电感应。相互间净距小于100mm的管道、构架、电缆金属外皮等，应每隔不大于30m用金属线跨接；交叉净距小于100mm时，交叉处也应用金属线跨接；综合体建筑物内防闪电感应的接地干线与接地装置的连接不应少于2处。

5. 防反击和闪电电涌侵入的措施

为防止雷电流流经引下线和接地装置时产生的高电位，对附近金属物或线路产生反击，应采取下列措施：

1）当金属物或线路与防雷装置之间不相连，或通过过电压保护器相连，但其所考虑的点与连接点的距离过长时，金属物或线路所考虑的点与引下线之间在空气中的间隔距离应满足相关要求。

2）当金属物或线路与引下线之间有混凝土墙或砖墙隔开时，其击穿强度可按空气击穿强度的1/2考虑；若间隔距离满足不了规定时，金属物应与引下线直接相连，带电线路应通过电涌保护器相连。电涌保护器的设置要求，详见7.2.3节。

6. 防人身伤害

为防止综合体建筑引下线附近区域可能会对人身产生的危害，应采取下列措施防接触电压和跨步电压：

1）利用综合体建筑物所有电气贯通的立柱作为自然引下线，这样做能够更好地分引雷电流，减少危险火花产生的概率，利于内部装置的保护和防止人身伤害。如无条件采用全部结构柱作为引下线，可以采用至少10根柱子组成自然引下线，作为自然引下线的柱子应该包括综合体建筑物四周和建筑物内的。

2）在引下线3m范围内敷设5cm厚的沥青或者15cm厚的砾石层，或将外露引下线绝缘，也可以设置物理障碍物限制和警告标志，降低人员接近危险区域的概率。

7. 防雷等电位连接

综合体建筑物设置防雷等电位连接可以大大降低引下线上的雷电流电感电压降，避免发生对附近金属物、电气和电子系统的反击。

应将屋内各种金属体及进出建筑物的各种金属管线进行防雷等电位联结和接地，降低防雷装置与邻近的金属物体之间电位差，形成均压环，防止发生火花放电、防反击。

高层综合体建筑物建议单独设置防雷等电位联结环，环间间隔距离不应大于20m，当利用建筑物梁内纵筋作为防雷等电位联结环时，应每层设置，并应与作为自然引下线的立柱主筋做好电气连接。

8. 自然构件的电气贯通

综合体建筑物结构类型众多，不同综合体建筑物的结构类型也不尽相同。针对不同结构类型采取不同的防雷等电位联结措施，综合体建筑物的电气贯通性是保证防雷措施有效的前提条件。鉴于综合体建筑与其他类别建筑电气贯通措施差异不大，本书中不再赘述。

9. 装配式混凝土综合体建筑的电气贯通

建筑工业化是建筑业发展的方向，我国也在大力促进绿色建筑生态，装配式建筑得到推广和应用。近几年来综合体建筑物中采用装配式建筑的比例越来越高，对利用装配式自然构件作为防雷装置提出了更高的要求，其关键在于解决预制构件中钢筋的电气贯通问题。

1）装配式混凝土建筑分为装配式混凝土框架结构、装配式混凝土剪力墙结构、装配式混凝土框架-剪力墙结构三类。

2）自然贯通构件。装配式混凝土建筑物自然构件的电气贯通，要求其垂直构件和水平构件各自和相互之间实现电气连接。垂直自然构件和水平自然构件可分别作为自然引下线和防雷等电位联结带，也就是均压环，两者也可以兼做建筑物侧面的防雷网络。

装配式混凝土框架结构综合体建筑可以采用预制柱内竖向钢筋作为引下线，其叠合梁内纵筋可以用作防雷等电位联结带。

装配式混凝土剪力墙结构综合体建筑物可以采用垂直后浇段内钢筋作为引下线，其叠合梁内纵筋可以用作防雷等电位联结带。

装配式混凝土框架-剪力墙结构是在框架结构中布置一定数量的剪力墙，其自然构件与上述两类相似。

3）水平、垂直构件的连接

①装配式混凝土框架结构。装配式混凝土框架结构预制柱之间的钢筋通常采用灌浆套筒连接，不容易实现电气连续性。设计中可以采用附加连接体，如接地连接板等，通过扁钢焊接实现电气贯通，连接完成后随后浇带一起封堵，预制柱电气连接示意图如图7-2-2所示。预制柱内竖向附加连接的钢筋和叠合梁后浇段内纵筋之间应附加机械连接或焊接。中间层预制柱中间支座垂直、水平钢筋连接示意图如图7-2-3所示。

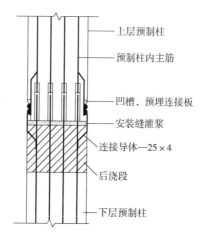

图 7-2-2　预制柱电气连接示意图

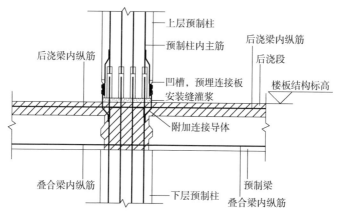

图 7-2-3　中间支座垂直、水平钢筋连接示意图

②装配式混凝土剪力墙结构。装配式混凝土剪力墙结构建筑物，可以利用现浇边缘构件竖向钢筋作引下线，要求其钢筋直径不小于12mm。也可以利用垂直后浇带竖向钢筋作为引下线，此时应该采用焊接或机械连接措施，钢筋直径不应小于8mm，边缘构件处后浇带竖向钢筋直径不应小于12mm。作为自然引下线的垂直后浇段内竖向钢筋和叠合梁后浇段内纵筋应附加机械连接或焊接。中间层剪力墙中间支座垂直、水平钢筋连接示意图如图7-2-4所示。

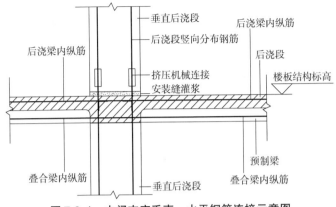

图 7-2-4　中间支座垂直、水平钢筋连接示意图

7.2.3　防雷击电磁脉冲

防雷击电磁脉冲的保护系统是对综合体建筑物内部系统，包括电气系统和电子系统的整体保护措施。一套完整的保护系统包括防经导体传来的电涌和防辐射磁场效应。

1. 建筑物的空间屏蔽

1）综合建筑物屏蔽一般是对整栋建筑、部分建筑或房间所做的空间屏蔽；优先利用钢筋混凝土构件内钢筋、金属框架、金属支撑物以及金属屋面板、外墙板及其安装的龙骨支架等建筑物金属体形成的笼式格栅形屏蔽体或板式大空间屏蔽体。

利用建筑物钢筋和金属门窗框架构成的笼式格栅形屏蔽体的原理示意如图 7-2-5 所示。

2）为改善综合体建筑的电磁环境，所有与建筑物组合在一起的大尺寸金属物如屋顶金属表面、立面金属表面、混凝土内钢筋、门窗金属框架等都应相互等电位联结在一起并与防雷装置相连。

2. 线路屏蔽

综合体建筑物内的房间屏蔽、线路屏蔽及以合适的路径敷设线路是有效遏制辐射电磁场的手段，根据不同防雷区（LPZ）的电磁环境要求在其空间外部设置屏蔽措施以衰减雷击电磁场强度；以合

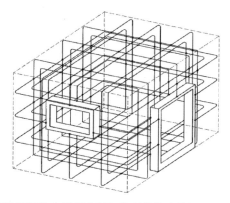

图 7-2-5 建筑物钢筋和金属门窗框架构成的笼式格栅形屏蔽体的原理示意

适的路径敷设线路及线路屏蔽措施以减少感应电涌；线路屏蔽及合理布线也能有效地减小闪电感应效应。其措施说明如图 7-2-6 所示。

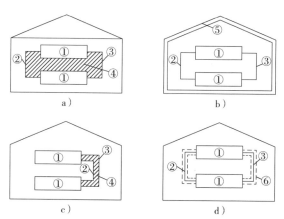

图 7-2-6 屏蔽和线路措施说明

a）无保护的系统　b）外部屏蔽措施使感应效应减弱
c）合适的线路布置而使感应效应减弱　d）对电缆线路做屏蔽来减弱感应效应，
如采用完全等电位联结的金属构件、电缆桥架、套管和线槽

对由金属物、金属构架或钢筋混凝土钢筋等自然构件构成的建筑物或房间的格栅形大空间屏蔽，应将穿入这类建筑的金属管道、金属物就近与接地装置做等电位联结。

3. 合理布线

合理布线能够有效降低建筑物的线路受到的感应过电压和电磁干扰:

1) 综合体建筑物各线路敷设的路径应与防雷装置引下线采取隔离措施, 距离防雷引下线宜为 2m 以上, 达不到要求时需加以屏蔽。

2) 电力电缆与弱电信号电缆之间应该采取隔离措施, 特别是在综合体建筑中的大型电子设备房间的电源线和信号线应避免与设备的电源线贴近敷设, 交叉点应该采用直角交叉跨越。

3) 综合体建筑中对电磁干扰敏感的设备应该尽量远离潜在干扰源, 并设置电涌保护器或者滤波器。

4. 电涌保护器的协调防护

SPD 保护水平、预期放电电流是 SPD 两个重要参数, 综合体建筑物配电线路设置的 SPD, 应根据工程的防护等级和安装位置(特别是防护区域交界处)对 SPD 的冲击放电电流、标称放电电流、有效电压保护水平、最大持续运行电压等参数进行选择, 同时应考虑 SPD 专用保护装置的选择。

(1) SPD 冲击电流和标称放电电流

对于用于不同等级综合体配电线路电涌保护器的冲击电流和标称放电电流的参数, 宜按照表 7-2-3 进行配置。

表 7-2-3   配电线路电涌保护器冲击电流和标称放电电流参数推荐值

综合体建筑雷电防护等级	总配电箱		分配电箱	设备机房配电箱和需要特殊保护的电子信息设备端口处	
	LPZ0 与 LPZ1 边界		LPZ1 与 LPZ2 边界	后续防护区的边界	
	(10μs/350μs) I 类试验	(8μs/20μs) Ⅱ 类试验	(8μs/20μs) Ⅱ 类试验	(8μs/20μs) Ⅱ 类试验	(1.2μs/20μs 和 8μs/20μs 复合波) Ⅲ 类试验
	I_{imp}/kA	I_n/kA	I_n/kA	I_n/kA	U_{OC}/kV/ I_{SC}/kA
A 级综合体	≥20	≥80	≥40	≥5	≥10/≥5

综合体建筑雷电防护等级	总配电箱		分配电箱	设备机房配电箱和需要特殊保护的电子信息设备端口处	
	LPZ0 与 LPZ1 边界		LPZ1 与 LPZ2 边界	后续防护区的边界	
	（10μs/350μs）Ⅰ类试验	（8μs/20μs）Ⅱ类试验	（8μs/20μs）Ⅱ类试验	（8μs/20μs）Ⅱ类试验	（1.2μs/20μs 和 8μs/20μs 复合波）Ⅲ类试验
	I_{imp}/kA	I_n/kA	I_n/kA	I_n/kA	U_{OC}/kV/ I_{SC}/kA
B级综合体	≥15	≥60	≥30	≥5	≥10/≥5
C级综合体	≥12.5	≥50	≥20	≥5	≥10/≥5

对于重要的综合体建筑物，为保证 SPD 设备的正常运行且便于后期维护和管理，此类综合体建筑宜采用 SPD 智能监测装置，SPD 智能监测装置应具备对 SPD 工作状态及运行参数进行监测的功能，且具备通信接口可实现数据远程传输，可详见 7.5.3 节。

（2）SPD 最大持续运行电压

电涌保护器的最大持续运行电压不应小于表 7-2-4 所规定的值；在电涌保护器安装处的供电电压偏差超过所规定的 10% 以及谐波使电压幅值加大的情况下，应根据具体情况对限压型电涌保护器提高最大持续运行电压最小值。

表 7-2-4　不同系统特征下电涌保护器所要求的最大持续运行电压最小值

电涌保护器接于	配电网络的系统特征				
	TT 系统	TN-C 系统	TN-S 系统	引出中性线的 IT 系统	无中性线的 IT 系统
每一相线与中性线之间	$1.15U_0$	不适用	$1.15U_0$	$1.15U_0$	不适用
每一相线与PE 线之间	$1.15U_0$	不适用	$1.15U_0$	$\sqrt{3}U_0$	相间电压

电涌保护器接于	配电网络的系统特征				
	TT 系统	TN-C 系统	TN-S 系统	引出中性线的 IT 系统	无中性线的 IT 系统
中性线与 PE 线之间	U_0	不适用	U_0	U_0	不适用
每一相线与 PEN 线之间	不适用	$1.15U_0$	不适用	不适用	不适用

（3）SPD 电压保护水平

确定从户外沿线路引入的雷击电涌时，SPD 的有效电压保护水平值的选取应符合下表 7-2-5 规定。

表 7-2-5　SPD 有效电压保护水平

	屏蔽情况	被保护设备距 SPD 线路距离	SPD 有效电压保护水平	
1	线路无屏蔽	≤5m	$U_{P/F} \leq U_W$	考虑末端设备的绝缘耐冲击过电压额定值
2	线路有屏蔽	≤10m	$U_{P/F} \leq U_W$	
3	无屏蔽措施	>10m	$U_{P/F} \leq (U_W - U_i)/2$	考虑振荡现象和电路环路的感应电压对保护距离的影响
4	空间和线路屏蔽或线路屏蔽并两端等电位联结	>10m	$U_{P/F} \leq U_W/2$	不计 SPD 与被保护设备之间电路环路感应过电压

注：U_W——被保护设备绝缘的额定冲击耐受电压（V）。

　　U_i——雷击建筑物时，SPD 与被保护设备之间的电路环路的感应过电压（kV）。

（4）线路电涌隔离

线路电涌隔离是雷电电涌防护的重要措施之一，常见的此类措施包括光缆、光电隔离器和隔离变压器等，线路电涌隔离是对线路上传导电涌的隔离措施，需要与电涌保护器等措施配合使用。

（5）SPD 外部脱离器

综合体建筑物如何保证失效 SPD 的安全一直是 SPD 设备运维

的难题，一般采用外部脱离器来保证失效 SPD 安全，避免因故障扩大而影响被保护设备的安全，理想的外部脱离器要满足耐受 SPD 的冲击电流或标称放电电流不断开；其次是需要安全分断 SPD 安装电路的预期工频短路电流，包括内部脱离器不能分断的故障工频电流。

在选择 SPD 外部脱离器时应根据该技术原则要求，同时考虑综合体建筑的用户需求、应用环境和成本效益因素，选择适用的断路器、熔断器或 SPD 专用保护装置作为脱离器。当 SPD 自身性能可以保证安全分断 SPD 支路预期的故障工频电流时，不需要在 SPD 支路安装额外的外部脱离器。

7.3 接地系统

7.3.1 接地系统分类

综合体建筑的接地分为功能接地、保护接地以及两者兼有的接地。其中功能接地包括配电系统接地、信号电路接地；保护性接地包括电气装置保护接地、雷电防护接地、防静电接地。需要注意的是，电磁兼容性（EMC）接地既有功能性接地（抗干扰）、又有保护性接地（抗损害）的含义。

7.3.2 接地装置

1. 综合体建筑物的接地装置

接地装置是接地导体和接地极的总和，用于传导综合体建筑物的雷电流并将其流散入大地。综合体建筑物的接地装置宜优先利用直接埋入地中或水中的自然接地体。需要注意的是，铝导体和综合体建筑内用于输送可燃液体或气体的金属管道、供暖管道、供水、中水、排水等金属管道不应作为接地装置。

2. 接地装置的导体选择

1）对接地装置接地体的材料和尺寸的选择，埋入土壤里的接地导体（线）规格要求等，应考虑耐腐蚀和机械强度要求，具体应符合现行国家及行业标准。

2）总接地端子。综合体建筑物的总接地端子板宜选用紫铜排或铜板，在采用保护联结的每个装置中都应配置总接地端子，并应将保护联结导体、保护导体（PE）、接地导体和相关功能导体与其连接。综合体建筑内各电气系统的接地及防雷接地，除特殊设备有另行规定外，应采用同一接地装置；对于综合体建筑群而言，推荐采用共用接地体。

7.3.3 等电位联结

综合体建筑物应实施等电位联结。包括进入综合体建筑物内的金属管道、正常使用时可触及的装置外部可导电结构、综合体集中供热和空调系统的金属部分、结构钢筋、进线配电箱（柜）的PE母排以及自接地极引来的接地干线。通信电缆的金属护套也应该做保护性等电位联结。

保护性等电位联结能够有效防止间接接触电击及雷电带来的危害，综合体建筑物内等电位联结线是保证保护性等电位联结有效性的基本要求，其大小应该满足故障电流、机械强度等要求。

为进一步减小综合体建筑物内各类人员伸臂范围内可能出现的危险电位差，满足防雷和信息系统抗干扰要求，可以在局部范围内设置辅助等电位联结。

7.3.4 电气装置的接地

1. 综合体建筑低压配电系统的接地形式

综合体建筑配电系统的接地形式建议采用 TN-S 系统；采用 TN 系统的综合体建筑物供电系统可以向总等电位联结作用以外的局部 TT 系统供电。

变配电所不在综合体建筑内的配电系统可以采用 TN-C-S 系统，从变配电所至本栋建筑物之间采用 PEN 导体，但进入建筑物后应通过总等电位接地端子排将 N 线应与 PE 线分开。总配电柜/箱后的系统为 TN-S 系统。

2. 低压电气装置的保护接地

保护接地和保护等电位联结是综合体低压电气装置电击防护中保障措施的重要组成部分。对于综合体建筑的 TN、TT 和 IT 系统电气设备的外露可导电部分按照各系统接地形式的具体条件和 PE 导线连接。可同时触及的外露可导电部分应单独、成组或者共同连接到同一综合接地装置。

对于 TN 系统，电气装置的外露可导电部分应通过 PE 导体接至装置的总接地端子，该总接地端子应连接至供电系统的接地点。故障回路的阻抗应满足保护电器动作要求。

综合体内 TT 系统的电气装置，由同一个保护电器保护的所有外露可导电部分，都应通过 PE 保护导体连接到这些外露可导电部分共用的接地极上。

综合体建筑的 PE 保护导体优先采用多芯电缆中的芯线导体，在电缆沟、电缆井、电缆桥架等干线敷设处也可以采用固定安装的裸露或绝缘导体。综合体建筑物内的 PE 导体对机械伤害、化学或电化学损伤、电动力和热动力等应具有防护性能。PE 导体与其他设备之间的连接应能够提供持久的电气连续性和足够的机械强度和保护，形成有效的电气通路。

7.3.5 机房接地措施

1. 电子设备的等电位联结

综合体建筑电子设备的接地主要包含信号电路接地、电源接地、保护接地等，原则上应采用共用接地系统。综合体电子设备的信号地可以是大地，也可以是接地母线、接地端子等功能接地导体，此时信号地为相对于地电位的参考电压。

2. 电磁屏蔽接地

综合体电子设备的屏蔽接地可以有效防止其内、外部电磁感应或静电感应的干扰。屏蔽接地能够把金属屏蔽体上感应的静电干扰信号直接导入地中，减少电磁感应的干扰和静电耦合，保证人身安全。能够防止形成环路产生环流引发的磁干扰。

重要的机房或有辐射的场所应设置屏蔽室，其接地应在进线口处做一点接地。

当综合体建筑物内含有金融营业厅、交易厅、数据中心主机房等，应符合一级电磁环境标准；其他场所宜符合二级电磁环境标准。当不符合规定时，宜采取电磁干扰抑制措施。

3. 防静电接地

综合体内如含有洁净室、计算机房等房间一般需要防静电接地。采用接地的导静电地板，其与大地之间的电阻在 $10^6\Omega$ 以下时，可以防止静电危害。静电产生的能量虽然小（一般不超过 mJ 级），但可能产生较高的静电电压，放电时的火花可能点燃易燃易爆物造成事故。

7.3.6 特殊接地措施

1. 阴极保护接地

综合体建筑物金属管道的腐蚀会影响建筑物机电设备的正常运转，影响建筑物的日常运行，造成较大经济损失。目前最经济适用的电化学保护方法为阴极保护法。

阴极保护分为牺牲阳极保护和外加电流阴极保护，牺牲阳极保护一般用于保护小型（电流小于 1A）或处于低土壤电阻率环境下（小于 $80\Omega\cdot m$）的金属结构；外加电流阴极保护主要用于保护大型或处于高土壤电阻率土壤中的金属结构，如长输埋地管道、大型罐群等。

综合体建筑物金属管道的阴极保护不一定需要追求完全保护，因为外加电流密度越大，保护效率越低，如果能够达到每年 0.1mm 的速度均匀腐蚀时，则可认为保护程度是适宜的。

2. 专用功能区域与特殊设备的接地

（1）具有综合通信功能的综合体建筑物接地

具有通信功能的综合体建筑物其内部的通信设备的工作接地、保护接地和防雷接地应采用共用接地方式。建筑物的接地网应除利用建筑物钢筋混凝土基础等自然接地体外还需围绕建筑物四周敷设环形接地体，环形接地体与水平基础钢筋应可靠贯通，每隔 5 ~ 10m 连接一次。

（2）5G移动基础设施接地

近几年，我国加快了5G移动通信基础设施的建设，实现移动通信基础设施与建设工程的有机融合。综合体建筑物配建5G移动通信基础设施一般与建设工程同步规划、同步建设。移动基础设施所在综合体建筑物工程的接地系统应采用联合接地方式，接地网的接地电阻应满足主体建筑工程的接地要求，且不宜大于10Ω。

在基站机房内和馈线窗外、楼层竖井信号设备安装处、一体化机柜的柱墩处、安装天线的柱墩处等需预留接地端子板作为接地预埋点。接地线应采用截面面积不小于40mm×4mm的热镀锌扁钢或截面面积不小于95mm²的多股铜线。基站机房和各分机房室的交流配电箱应配置限压型浪涌保护器SPD。

（3）大、中型电子计算机接地

综合体建筑物内的电子计算机设备属于精密设备，可根据设备特性采用单点或多点接地，接地系统的选用需要根据信号接地的导体长度和电子设备的工作频率来选择。

机房内每台电子信息设备（机柜）应采用两根不同长度的等电位联结导体就近与等电位联结网络连接。多个电子计算机系统宜分别用接地线与接地极系统连接。

7.4 综合体建筑电气安全

7.4.1 基本要求及措施

综合体建筑的电气装置，在使用的过程中，需要采取适当措施，避免各类人员受到直接和间接的电击伤害，其电击防护设计是安全防护极为重要的部分。设计中应该灵活采取各类防电击措施，预防以及避免电击伤害事故的发生。

7.4.2 电击防护基本原则

综合体建筑电击防护的基本原则是在正常条件及单一故障情况下，危险的带电部分不应是可触及的，而且可触及的可导电部分不应是危险的带电部分。

1. 直接接触防护（基本防护）

基本防护（直接接触防护）较为简单明确，是指带电部分有绝缘层、遮拦、阻挡物或外护物（外壳）作为防护物，或将可以同时触及的不同电位的部分之间的距离在伸手可及的范围之外。如装置采用阻挡物和置于伸臂范围之外的防护措施，该装置只有相应级别的熟练技术人员或受过培训的人员才可接近。

2. 间接接触防护（故障防护）

（1）自动切断电源

自动切断电源是综合体建筑电击防护使用得较多，也是各类接地系统中最有效的电击防护措施。对于额定电流不超过 63A 的插座和 32A 固定连接的用电设备的终端回路，其最长的切断电源时间见表 7-4-1。

表 7-4-1　不同电压等级的最长切断电源时间要求

系统	$50V < U_0 < 120V/s$		$120V < U_0 < 230V/s$		$230V < U_0 < 400V/s$		$400V < U_0/s$	
	交流	直流	交流	直流	交流	直流	交流	直流
TN	0.8	—	0.4	1	0.2	0.4	0.1	0.1
TT	0.3	—	0.2	0.4	0.07	0.2	0.04	0.1

除以上情况下，TN 系统切断电源的时间不允许超过 5s，TT 系统内切断电源的时间不允许超过 1s。当自动切断电源的时间不能满足以上要求时，应该采取附加防护措施。

1）TN 系统的保护措施。综合体建筑物内多采用 TN 接地系统。TN 系统因绝缘损坏发生接地故障后，如 PE 导体上的接触电压超过其限值，这时如果人体接触到带电的设备外露可导电部分，就极有可能发生电击事故。

综合体建筑物内的 TN 系统故障保护可以采用过电流保护电器和 RCD。如果 TN 系统内发生接地故障的回路故障电流较大，可利用过电流保护电器兼做故障保护。

对于体量较大的综合体，其泛光照明、景观照明灯线路较长、导线截面小的配电线路，过电流保护电器通常不能满足自动切断电源的要求，此时可以采用 RCD 做故障保护。还可以采用局部等电位联结或辅助等电位联结来降低接触电压，有效地防止电击事故的发生。

2）TT 系统的保护措施。TT 系统发生接地故障时，故障回路包含有电气装置外露导电部分保护接地的接地极和电源处系统接地的接地极的接地电阻。与 TN 系统相比，TT 系统故障回路阻抗大，故障电流小，通常采用 RCD 作为接地故障保护。

3）IT 系统的保护措施。IT 系统第一次故障时的故障电流为非故障相导体对地电容返回电流，其值很小、电压低、外露可导电部分的故障电压限制在接触电压限值以下，一般不需要切断电源。第二次故障时，当 IT 系统的外露可导电部分单独接地时，其防电击要求和 TT 系统相同。当 IT 系统全部的外露可导电部分共同接地时，如发生第二次接地故障，其防电击要求和 TN 系统相同。

（2）双重绝缘或加强绝缘的防护措施

采用双重绝缘或加强绝缘作为防护措施是通过基本绝缘来实现，故障防护是通过附加绝缘来实现。如果带电部分和可触及部分之间采用相当于双重绝缘的加强绝缘，可以实现基本防护兼故障防护。

（3）电气分隔的防护措施

采用电气分隔的基本防护是所有用电设备的带电部分应覆以基本绝缘或安装遮拦或外护物，也可以采用加强绝缘或者双重绝缘。其故障防护是采用隔离变压器供电，实现被保护回路与其他回路或接地之间的分隔。

（4）非导电场所的防护措施

该类场所所有电气设备应符合基本防护要求，在装置外可导电部分上覆盖的绝缘应具有足够的机械强度，并应能够承受至少 2000V 的试验电压。正常情况下泄漏电流不超过 1mA。

在非导电场所不应该有保护接地导体，并应确保装置外可导电部分不自场所外将点位引入非导电场所内。非导电场所防护措施只有在具有相应级别的熟练技术人员和受过培训人员的操作或管理下的电气装置才能使用。

（5）采用 SELV 和 PELV 特低电压的防护措施

综合体建筑物的安全特低电压（SELV 或 PELV）系统的电压上限值为交流 50V 或直流 120V。

SELV 特地电压回路发生故障时，故障电流为线路的电容电流，其值非常小，用电设备外露可导电部分对地电压接近于 0V。

PELV 特低电压回路由 PELV 回路供电的设备外露可导电部分可以接地。如果 PELV 电路用电设备外露可导电部分接地，PE 线带有故障电压时，用电设备外露可导电部分也带有故障电压，此时，必须将用电设备布置在等电位联结有效范围内，并且保护电器要切断电源，以防止用电设备外露可导电部分对人身产生电击危险。

3. 电气装置内的电气设备及其防护配合

综合体建筑物内的电气设备产品按防间接接触电击的不同要求分为 0、Ⅰ、Ⅱ、Ⅲ四类。使用过程中仅靠产品上采取的措施并不完全能满足防电击要求，往往还需要在电气装置的设计、安装中补充一些必要的防电击措施，其有赖于电气装置设计和产品设计之间的配合。表 7-4-2 概括了综合体建筑物内各类电气设备在产品设计和电气装置设计应分别采用的防电击措施。

表 7-4-2　综合体建筑物低压装置中设备的应用

设备类别	设备标志或说明	设备与装置的连接条件
0 类	—仅用于非导电场所 —采用电气分隔防护	非导电场所
		对每一台设备单独地提供电气分隔
Ⅰ 类	⏚ 或字母 PE，或绿黄双色组合	将这个端子连接到装置的保护等电位联结上
Ⅱ 类	▢	不依赖于装置的防护措施
Ⅲ 类	◇Ⅲ	仅接到 SELV 或 PELV 系统

7.4.3 特殊场所的电气安全

对于综合体建筑物中一些特殊场所或特殊电气装置，发生电气事故的危险性比较大，一般的电气措施并不能完全适应这些情况，对综合体建筑物的电气安全设计提出了更高的要求。

1. 有浴盆或淋浴盆的场所

在设计过程中，业主多会要求在有分隔的卫生间预留淋浴设施，方便人员使用。该类场所属于特别潮湿场所，其电击危险性大。此类区域一般采用 SELV 和 PELV 特低电压供电。并采用剩余电流保护器作为附加保护对所有回路提供保护。

2. 游泳池和喷水池

综合体建筑物内不乏游泳池、喷水池和戏水池等游乐场所。此类设施的电气安全设计尤其重要。游泳池的 0 区、1 区只允许采用不超过交流 12V 或直流 30V 的 SELV 保护方式，其供电电源应该安装在 0 区、1 区以外。如果电源安装在 2 区，电源的供电回路应设置 RCD 保护，保护动作电流≤30mA。

预期让人进入的喷水池，按照游泳池 0 区和 1 区的要求设置防雷措施。

3. 装有桑拿加热的房间

装有桑拿浴加热器的小间是高温高湿场所。此类区域基本防护不应采用阻挡物、置于伸臂范围之外的点击防护措施。

该类场所可以采用 SELV 或 PELV 供电，对附加保护 RCD 的要求，除了桑拿加热器外，其余所有桑拿回路应设置剩余动作电流≤30mA 的 RCD。

4. 停车场充电设施

新能源汽车的推广使得综合体建筑物的充电设施日益剧增。充电设施除采取电气分隔防护措施回路外，每个充电桩应设置可同时切断所有带电导体的 RCD。室外电动充电车位应在地面下 0.15 ~ 0.30m 设置等电位均衡线，间距为 0.6m×0.6m 网格。车挡与等电位均衡线应可靠焊接，等电位均衡线与接地极可靠焊接。充电设备（交流充电桩、非车载充电机和充电集控终端等）的周围也需要设置等电位均衡线，并与充电车位均衡线联结。

5. 展览陈列展位

综合体建筑物内的展览、陈列位的电气装置的故障防护一般采用自动切断电源措施，有条件时可以设置辅助等电位联结，如设置地板下有金属网，应该连接到辅助等电位联结。正常情况下，为提高观展体验，不应使用阻挡物和伸臂范围之外的防护。故障情况下不应使用非导电场所和不接地的局部等电位联结的防护。

6. 光伏电源装置

随着节能与可再生能源技术的推广与应用，越来越多的综合体建筑物需要装设光伏发电系统，光伏电源装置的电击防护应受到格外重视。其基本防护不应采用阻挡物、置于伸臂范围之外电击防护措施；故障防护不应采用非导电场所、不接地的局部等电位联结及为超过一台用电设备供电的电气分隔电击防护措施。建议设备采用双重或加强绝缘防护，诸如使用在直流侧的光伏模块、汇流箱等设备应为Ⅱ类设备或与其等效的绝缘。

有功能接地的光伏阵列，应设置功能接地故障断路器，当光伏阵列中有接地故障时，功能接地故障断路器动作，可切断接地故障电流。

7. 户外照明

综合体建筑物的户外照明包括广告牌、建筑物泛光、楼栋标志引导等，该类场所不应采用非导电场所和不接地的等电位联结的防护措施。灯具和照明装置的外护物应防止不使用钥匙或者工具便可接触带电部分。距地面高度小于 2.8m 的灯具，只能在使用工具除去遮拦或外护物后，才可能接近光源。类似场所的照明设备回路均应采用额定剩余动作电流≤30mA 的 RCD 作为附加防护。

7.5 综合体建筑智能防雷技术

7.5.1 SPD 专用保护装置

1. 传统过电流保护器（如熔断器和断路器）的问题

由于 SPD 内部原件的老化会造成保护功能的失效，需要在

SPD 支路前端安装过电流保护器。然而 SPD 的电涌耐受能力和传统过电流保护器能力之间存在配合不协调的问题，见表 7-5-1。

表 7-5-1 单次冲击耐受和完全保护比率示例

熔断器的典型额定电流/A	典型弧前值							
	Cyl gG /A^2 s				NH gG /A^2 s			
	弧前值 $I^2 t$	计算值 8/20	试验值 8/20	比率	弧前值 $I^2 t$	计算值 10/350	试验值 10/350	比率
25	800	7.6	5	0.66				
32	1300	9.6	7	0.73				
40	2500	13.4	10	0.75				
50	4200	17.3	15	0.87				
63	7500	23.1	17	0.73				
80	14500	32.2	25	0.78				
100	24000	41.4	30	0.72	20000	8.8	5	0.57
125	4000	53.4	40	0.75	33000	11.3	7	0.62
160					60000	15.3	10	0.65
200					100000	19.75	15	0.76
250					200000	27.93	20	0.72
315					300000	34.21	25	0.73

为了和 $I_{imp} = 25kA$ 的 Ⅰ 类 SPD 相配合，必须使用额定电流等于 315A 的熔断器。该熔断器的额定电流往往超过上级过流保护装置的额定电流；为了和 $I_n = 20kA$，$I_{max} = 40kA$ 的 Ⅱ 类 SPD 相配合，必须使用额定电流为 125A 的 gG 熔断器。该熔断器的额定电流也可能超过上级过流保护装置的额定电流。

SPD 的常规外部脱离器为了具有足够的电涌耐受能力，通常具有较高的额定电流。目前内部脱离器和 SPD 常规外部脱离器的保护特性存在盲区，如图 7-5-1 所示，可能导致内部和外部脱离器无法在 SPD 起火燃烧前分断电路。

2. SPD 专用保护装置 SSD（SPD specific disconnector）

新型 SPD 专用后备保护装置 SSD 有效地解决了传统后备保护装置断路器、熔断器出现的配合不当、保护不全面等问题，有效地消除了保护盲区，如图 7-5-2 所示。

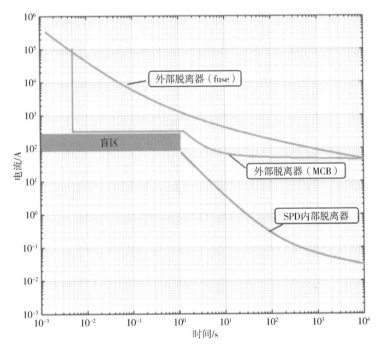

图 7-5-1　SPD 内部和外部脱离器的动作特性示意图

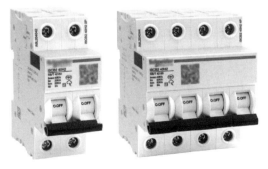

图 7-5-2　SPD 专用后备保护装置

SSD 相比传统的过电流保护器具有更高的电涌耐受能力，在电涌冲击下不会误动作；更广的工频过电流保护范围，在高短路分断、低短路瞬动方面具有优异的表现；此外，其电压保护水平更低，可使设备得到更好的保护，见表 7-5-2。

表 7-5-2　各类过电流保护器对比表

		MCB	MCCB	fuse	SSD 专用后备保护
电涌耐受能力		☹	😐	☺	😐
短路分断能力	高短路	☹	☺	☺	☺
	低短路	☹	😐	😐	😐
残压		☹	☹	☹	☺

7.5.2　专用保护一体式 SPD

如图 7-5-3 所示，专用保护一体式 SPD 显著提升了 SPD 的保护效果，相比传统的分体式产品，其具有更低的有效电压保护水平 $U_{p/f}$，保护能提高 20% 左右，能够为综合体建筑物的敏感负载提供更好的保护效果；专用保护一体式 SPD 在安装材料、工时、空间占用等各方面都有很大的提升空间，且提高了产品选型效率。

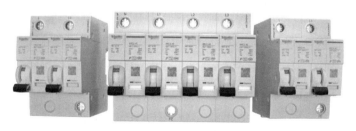

图 7-5-3　一体式电涌保护器

7.5.3　智能 SPD

采用智能 SPD 能够有效解决全生命周期的监管，有效解决了大型综合体建筑 SPD 安装比较分散，维护困难等诸多运维痛点，实现了数据监测、故障告警、通信等功能。

智能 SPD 监测系统架构图如图 7-5-4 所示，该系统能够根据采集的智能型 SPD 采集的雷电信息以及泄漏电流信息实时预判 SPD 寿命，实现远程集中监控，故障实时告警，解决传统 SPD 运维过程中效率低、风险大、成本高问题，实现 SPD 全生命周期管理，真正实现综合体建筑的智能运维。

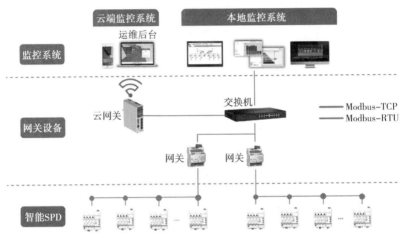

图 7-5-4　智能 SPD 监测系统架构图

7.5.4　雷电临近监测和预警技术

雷电临近预警是针对一定时段内雷电发生的主动预测及防雷技术，该技术能够对 10km 范围内的短时局部区域的雷电、雷暴云监测及预警。雷电临近监测和预警系统主要由雷电监测预警探头（图 7-5-5）、通信控制单元、数据处理单元、远程控制装置及用户管理平台等组成，将雷电监测资料、预警信息、自动控制及物联网等有机地融为一体，灵活应用于被保护设备的闪电电涌侵入通道的自动阻断，构成主动防雷系统，并在 GIS 图层上动态显示重点监控对象区域、实时预警级别、终端控制类型及执行情况等信息。

雷电临近监测预警系统设备布置图如图 7-5-6 所示。该系统能够达到主动防雷的目的。根据重点保护建筑物对象的结构特点，预设出可依据雷电临近预警指令，通过远程控制装置和电控执行机构，实施全自动方式对重点保护对象的隔离，降低或避免电子设备通过交流电源通道引雷入室的雷电安全隐患。

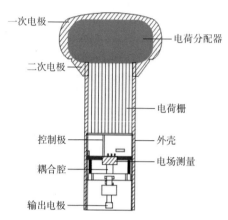

图 7-5-5　雷电监测预警探头构架图

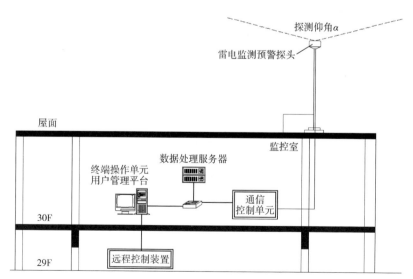

图 7-5-6　雷电临近监测预警系统设备布置图

第8章 火灾自动报警及消防控制系统

8.1 概述

8.1.1 分类、特点及要求

1. 根据保护对象及设立的消防安全目标划分

报警系统分为区域报警系统、集中报警系统、控制中心报警系统，综合体通常建筑规模大、业态复杂，在进行系统设计时还需考虑功能、租售情况、物业管理等因素和需要，因此通常设有多个消防控制室，设置消防控制中心和分消防控制室，实现状态、信息共享，即综合体建筑大多为采用控制中心报警系统。

2. 根据线制划分

（1）四总线制系统

每个报警回路含两根供电线路、两根通信线路的总线制系统，四总线制的系统用线量较少，设计、施工比较方便，是目前被广泛采用的总线制报警系统。

（2）二总线制系统

二总线制是目前技术较先进的报警布线系统，控制主机馈出的报警回路只需要两根线，即将四总线制的供电线与信号线合并，实现信号和供电共用一条线缆的总线技术，更少地使用线缆，施工布线更加方便，支持无极性接线，接线不易出错，但技术的复杂性和难度也相应提高，对于体量庞大、报警系统复杂的综合体建筑比较适用。

3. 根据传输方式

根据报警信号的传输方式分为无线传输、有线传输。无线传输方式没有物理线路连接，传输信号易受干扰从而影响系统可靠性，因此未能大范围被采用，可作为局部不便敷设线缆时的补充。

8.1.2 本章主要内容

由于综合体建筑业态多、人员密度大、火灾风险高、防火难度大，因此火情能够尽早发现、尽早处置，对降低或消除火灾事故的影响极其重要。本章针对重点对综合体建筑的火灾自动报警系统的构成、主要设备选型及其主要相关系统的设计进行论述。

8.2 火灾自动报警系统

8.2.1 火灾自动报警系统框图

火灾自动报警系统框图如图 8-2-1 所示。

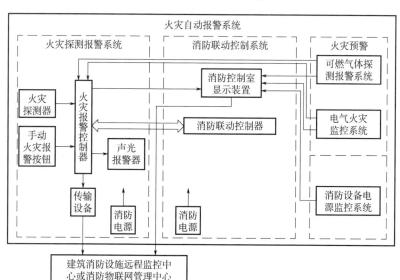

图 8-2-1 火灾自动报警系统框图

8.2.2 报警区域和探测区域的划分

1. 报警区域的划分

民用建筑中一般是以一个或若干个防火分区、一层或几层划分为一个报警区域，综合体建筑内的防烟排烟设备、防火卷帘等消防联动设备较多，报警区域通常以防火分区进行划分，即通常一个防火分区就是一个报警区域。

2. 探测区域的划分

探测区域是火灾自动报警系统中最小的构成单位，可精准定位火灾位置，及时进行处置。如酒店、公寓的单独房间，写字楼开敞办公和商铺等不超过 $500m^2$ 的区域等可划分为一个探测区域，楼梯间、消防电梯和楼梯间合用前室，管道井等特殊场所也应划分为单独探测区域。

8.2.3 火灾探测器与报警设备的选择

1. 火灾探测器选择

火灾探测器按采集类型分为感烟、感温、火焰、特殊气体探测器；按对现场信息采集的原理分为离子型、光电性、线性探测器。按安装方式分为点型、线型、红外光束探测器。综合体建筑火灾自动报警系统中常用以下几种探测器类型：

（1）点型火灾探测器

点型火灾探测器包括离子感烟探测器、点型感温探测器、点型火焰探测器、图像型火灾探测器、可燃气体探测器、点型采样吸气式感烟探测器等。点型感烟探测器及感温探测器是最为普遍使用的探测器。

1）点型火焰探测器。点型火焰探测器分为单红外火焰探测器、双波段红外火焰探测器、三波段红外火焰探测器、单紫外火焰探测器、红紫外复合火焰探测器。

红外火焰探测器适用于无烟液体和气体火灾、产生明火以及产生爆燃的场所，是通过探测火焰能量大小和频谱特征，判断火情。

对于综合体建筑，一般配合红外对射感烟探测器使用在高大空间内。因其使用环境稳定、清洁、干扰因素较少、管理维护及时到位，因此多采用双波段红外火焰探测器或紫外火焰探测器，可以在火灾初期即可对火焰做出快速反应，能及早发现火情，极大地减少损失。

2）图像型火灾探测器。图像型火灾探测器是利用采集到的视频图像进行识别、比对、判断，最终实现对火情发出报警信号。探测器类别分为 A、B、C 型，分别对应感烟型、火焰型、感温型。

对于综合体建筑，一般配合红外对射感烟探测器使用在高大空间内。设计时需保证探测器视角能覆盖保护区域；避免阳光及灯光直射探测窗口；探测目标与探测器之间不应有遮挡物。

3）采样吸气式感烟探测器。采样吸气式感烟探测器又称极早期火灾探测器，是把保护区的空气通过空气采样管吸入探测器，进行检测分析空气种所含烟雾浓度值，将电信号上传至火灾报警控制中心。

采样吸气式感烟探测器可以作为其他类型探测器的补充，如存在高速气流、大空间、低温、需隐蔽探测、人员不宜进入等特殊环境及要求的场所可以使用这种探测器。对于综合体建筑，演艺舞台、大型游乐园等区域，空间高大，设备布置复杂，存在机械设备、灯光、幕布等遮挡，不适合设置感烟探测器、红外对射感烟探测器以及图像型探测器，可以同时采用吸气式感烟探测器与双波段火焰探测器。

在工程设计时，应根据火灾初期燃烧特征，安装环境的温度、湿度、气流，安装位置的高度、梁高、装修吊顶形式（格栅吊顶时，需考虑通透率）以及易产生误报的原因等因素，选择适合的点型火灾探测器。

（2）线型火灾探测器

线型火灾探测器常用的有线型光束感烟探测器、缆式线型感温探测器、线型光纤感温探测器、线型定温探测器。对于民用综合体建筑，常采用线型光束感烟探测器和缆式线型感温探测器。

线型光束感烟探测器可应用于高大中庭等空间。若空间高度超过12m，还需增加另一类型的探测器，通常可另设置火焰探测器或吸气式感烟探测器。

电缆竖井、电缆夹层、电缆桥架内缆式线型感温探测器，沿着电缆敷设路径，以"S"形布置在每层电缆上表面。

（3）综合体建筑火灾探测器选择推荐表

综合体建筑典型场所火灾探测器选择推荐表见表8-2-1。

表8-2-1　综合体建筑典型场所火灾探测器选择推荐表

序号	房间功能	探测器选择
1	中庭、溜冰场、滑雪场等高大空间	线型光束感烟探测器、图像型火灾探测器、采样吸气式感烟探测器、火焰探测器
2	餐饮厨房区、超市冷鲜区等潮湿场所	感温探测器、可燃气体探测器(燃料为可燃气体时)
3	冷冻、冷藏库房	采样吸气式感烟探测器
4	剧场、电影院等观众席	线型光束感烟探测器、图像型火灾探测器、采样吸气式感烟探测器、火焰探测器、点型感烟探测器
5	剧场舞台区、大型游乐场	采样吸气式感烟探测器、火焰探测器
6	电井、电缆井、电缆夹层、电缆桥架内等电缆敷设处	缆式线型感温探测器
7	潮湿设备用房	感温探测器
8	普通设备用房	感烟探测器
9	其他普通场所	按现行规范要求设置

2. 消防报警设备选择

消防报警设备在建筑发生火灾时，便于附近人员及时提供火灾报警信号或者报警系统提示建筑内人员警情及疏散信息，包括手动报警按钮、消火栓手动报警按钮、消防应急广播、声光报警器等。

（1）手动报警按钮

对于综合体建筑中的商业区，需结合区域功能的不同，在手动报警按钮的设置上加以区别对待，如核心商业区域，具有存在可移动临时布置、疏散流线较复杂、固定墙体较少等特点，对步行距离影响较大，因此在规范规定"步行30m"的基础上，适当保守设计，增设若干手动报警按钮点位，提高人工报警的便捷性。

（2）消防应急广播

消防应急广播在发生火灾时，向现场人员播报紧急情况，指挥、引导人员疏散。综合体建筑大部分区域同时有背景音乐广播与消防应急广播的需求，系统设计时应协调好两者之间的关系，必要的前提是发生火灾时，背景音乐广播不影响消防应急广播。需要特别注意的是，超市、影院、溜冰场、健身房等主力店一般独立设置背景音乐广播，消防控制室与这类场所的广播系统需有强切措施。

8.3 消防联动控制系统

消防联动控制系统是对自动喷水灭火系统、消火栓系统、防烟排烟系统、气体灭火系统、电梯设备、非消防设备配电系统、防火门和防火卷帘系统、疏散照明及指示系统等其他相关系统的联动控制。

消防联动控制系统包括集中控制、集中与分散相结合控制两种方式。其中集中控制方式适用于集中报警系统形式，集中与分散相结合控制方式更适用于控制中心报警系统。

通常综合体建筑采用控制中心报警时，会在商业、办公、酒店等分别设置消防控制室。首先需确定一个主消防控制室，并对其他消防控制室进行管理。主消防控制室应集中显示保护对象内所有火灾报警信号和联动控制状态信号，并能显示各分消防控制室内的消防设备状态信息；各分消防控制室内的消防设备间可以互相传输、显示状态信息；为防止消防设备间指令冲突，各分消防控制室的消防设备间不应互相控制。

8.3.1　消防联动控制系统框图

消防联动控制系统框图如图 8-3-1 所示。

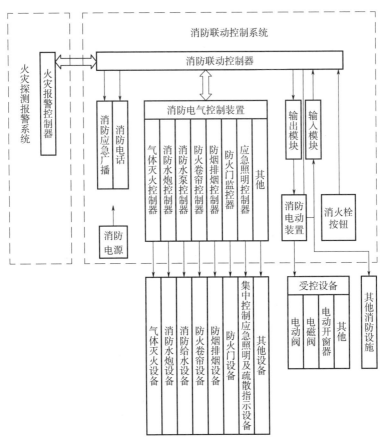

图 8-3-1　消防联动控制系统框图

8.3.2　灭火系统联动控制设计

综合体建筑（群）共用消防水泵时，可根据消防安全的管理需求及实际情况，由最高级别的消防控制室统一控制，也可以由就近的分消防控制室实现手动专线控制及联动控制，当条件允许时，也可由各消防控制室分别采用手动专线启动消防水泵。

1. 自动喷水灭火系统的联动控制设计

自动喷水灭火系统分为闭式和开式两大类。闭式自动喷水灭火系统又分为湿式、干式、预作用、自动喷水与泡沫联用四种系统；开式自动灭火系统分为雨淋系统和水幕系统。

综合体建筑常用湿式、干式、预作用系统，有的综合体建筑还有大型剧场等观演功能，这类建筑还可能会设置雨淋系统和水幕系统。

（1）湿式与干式自动喷水灭火系统的联动控制

1）联锁控制启动：当喷头接受火焰影响动作，水流指示器（湿式系统）动作或加速排气阀（干式系统）动作，报警阀压力开关动作信号直接启动消防水泵，向管网内持续注水灭火。

2）联动控制启动：干（湿）式报警阀压力开关动作信号与任一火灾探测器或手动报警按钮报警信号的"与"逻辑作为系统的触发信号，通过现场控制模块启动消防水泵，向管网内持续注水灭火。避免了当湿式报警阀压力开关联锁线路发生电气故障，无法联锁启泵的可能。

3）手动控制启动：消防水泵控制箱的启、停按钮与消防控制室手动控制盘之间设专用手动控制线，值班人员可手动直接启动消防水泵。

（2）预作用系统的联动控制

预作用系统同时具有了湿式和干式系统的特点，与干式系统不同，预作用系统在火灾初期探测到火情后，在很短时间内使消防水进入管网，完成充水，由干式系统立刻变为湿式系统。

系统的启动可同时采取联动控制启动、手动控制启动方式。

1）联动控制启动：由同一报警区域内两只及以上独立感烟探测器或一只探测器与一只手动报警按钮形成"与"逻辑信号，开启预作用阀组，启动消防水泵，使管道充水，由干式系统专为湿式系统，待温度进步升高，喷头闭锁装置融化脱落，自动喷水灭火。

2）手动控制启动：消防水泵控制箱的启、停按钮以及预作用阀组的启、停按钮与消防控制室手动控制盘之间设专用手动控制线，值班人员可手动直接启动消防水泵和预作用阀组，使管道充水，由干式系统专为湿式系统，待温度进步升高，喷头闭锁装置融化脱落，自动喷水灭火。

（3）雨淋系统的联动控制

1）联锁控制启动：当雨淋阀组压力开关动作信号直接启动消防水泵，向管网内持续注水灭火。

2）联动控制启动：由同一报警区域内两只及以上独立感烟探测器或一只探测器与一只手动报警按钮形成"与"逻辑信号，由消防联动控制器开启雨淋阀组，进而直接启动消防水泵灭火。

3）手动控制启动：消防水泵控制箱的启、停按钮以及雨淋阀组的启、停按钮与消防控制室手动控制盘之间设专用手动控制线，值班人员可手动直接启动消防水泵和雨淋阀组。

（4）水幕系统的联动控制

水幕系统具有两种类型，一种是与防火卷帘配合，作为防火卷帘的冷却防护保护，另一种是作为防火分隔。

1）联锁控制启动：当阀组压力开关动作信号直接启动消防水泵，向管网内持续注水。

2）联动控制启动：当作为防火卷帘的保护时，由防火卷帘降到地面时反馈信号与本防火区域内的火灾探测器和手动报警按钮报警信号的"与"逻辑信号，通过消防联动控制器启动系统阀组。

3）手动控制启动：消防水泵控制箱的启、停按钮和系统控制阀组分别与消防控制室手动控制盘之间设专用手动控制线，值班人员可手动直接启动消防水泵和系统阀组的开启。

2. 消火栓系统的联动控制设计

1）联锁控制启动：由消火栓系统出水干管上的低压压力开关、高位消防水箱出水管上的流量开关或报警阀压力开关与消火栓泵启、停按钮间均设置联锁线，直接控制启动消火栓泵。

2）联动控制启动：由消火栓报警按钮与任一火灾自动报警按钮或手动报警按钮的报警信号形成"与"逻辑，通过消防联动报警控制器启动消火栓水泵。

3）手动控制启动：消防控制室的手动控制盘与消火栓泵控制

箱柜上的启、停按钮之间应设置手动控制专线，值班人员可直接手动控制消火栓泵的启动、停止。

3. 气体灭火系统的联动控制设计

气体灭火系统控制系统分为连接防区探测器和不连接防区探测器两种系统形式，前者防区内的火灾探测器与控制器直接连接并提供报警信号，后者是通过火灾自动报警系统提供报警信号。两种系统形式仅报警信号的来源不同，联动控制方式是相同的。

8.3.3　防烟排烟系统的联动控制设计

防烟排烟风机可根据建筑消防控制室的管控范围划分情况，由相应的消防控制室实现手动专线控制及联动控制；主消防控制室也可通过跨区联动的方式对其他分消防控制室控制的防烟排烟风机实现联动控制。

1. 加压送风系统的联动控制设计

由加压送风口所在的防火分区内的两只独立火灾探测器或一个火灾探测器和一个手动报警按钮的"与"逻辑信号，通过消防联动控制器打开火灾楼层及相关场所的加压送风口和加压风机。

2. 机械排烟系统的联动控制设计

由同一防烟分区内的两只独立火灾探测器的报警信号（"与"逻辑）作为排烟口或排烟阀开启的触发信号，消防联动控制器开启排烟口或排烟阀，同时停止该防烟分区的空气调节系统；由排烟口或排烟阀的开启动作信号与该防烟分区内的任一火灾探测器的报警信号作为排烟风机的启动信号，由消防联动控制器启动排烟风机。

送风口、排烟口或排烟阀、排烟窗的启、闭动作信号，防烟、排烟风机的启、停及电动防火阀关闭的动作信号，均应反馈至消防联动控制器。另外排烟风机入口总管的280℃排烟防火阀与风机控制箱之间设置联锁线，关闭后直接联锁风机停止，排烟防火阀与风机动作信号反馈至消防联动控制器。

3. 防烟系统、排烟系统的手动控制设计

可以通过消防控制室的消防联动控制器手动控制送风口、电动

挡烟垂壁、排烟口、排烟窗、排烟阀的开启或关闭；通过消防控制室的总线控制盘手动直启防烟、排烟风机；通过设置于现场的手动开启装置控制挡烟垂壁及排烟窗的开启。

8.3.4 其他系统的联动控制设计

1. 防火卷帘的联动控制设计

（1）疏散通道上设置的卷帘

防火分区内任两只独立或任一只联动防火卷帘专用感烟探测报警信号联动控制防火卷帘下降至距地 1.8m 处，同时保证人员疏散和防止烟雾扩散；当任一只用于联动防火卷帘的感温探测器报警信号联动控制防火卷帘下降至楼板。卷帘两侧纵深 0.5~5m 范围内均应设置不少于 2 个联动卷帘的专用感温探测器。

（2）非疏散通道上设置的卷帘

此类卷帘一般作为防火分隔使用，将防火卷帘所在防火分区内任两只独立的火灾探测器的报警信号作为触发防火卷帘下降至地面的动作信号。

两类卷帘均可通过卷帘两侧的手动控制按钮升降。另外卷帘降落至 1.8m 处和地面处的信号均需反馈至消防控制室。

2. 防火门的联动控制设计

疏散通道上的防火门分为常开型和常闭型。常开型防火门平时处于开启状态，当发生火灾时，防止火情扩散，需由消防联动控制器或防火门监控器（通常做法是专设防火门监控器）控制防火门闭门器关闭。由防火门所在防火分区内两只独立火灾探测器或一只火灾探测器与一个手动报警按钮的报警信号作为联动信号。常闭防火门通常自带机械闭门器，平时处于通行后自动关闭状态，无需联动控制。

3. 电梯的联动控制设计

消防联动控制器应控制火情区域所有电梯迫降至首层或转换层，对于非消防电梯，待电梯内人员撤离后，切断电源。

4. 消防应急照明和疏散指示系统的联动控制设计

综合体建筑通常采用集中控制型系统。发生火灾时，由火灾自动报警系统提供应急照明集中控制器相关信号，应急照明控制器根据预先设定好的程序，开启相关部位的疏散照明，根据火灾部位调整疏散指示方向。

5. 余压监控系统

火灾发生时，开启加压风机，余压监控系统实时采集相应防烟楼梯前室和走道、疏散楼梯与走道间的压力差，系统通过控制旁通泄压阀的启闭，始终保持疏散区域的防火门内外余压值稳定在规范要求的区间值内，烟雾既不向疏散通道扩散，又可以使防火门正常推开，保证人员及时疏散撤离。

6. 切除非消防电源

当发生火灾时，对于发生火灾时无需继续工作以及切断后不会带来损失的平时负荷可立即切除，包括一般动力负荷、扶梯、排污泵、空调、康乐设施、厨房、商铺等电源。对于有利于疏散、火灾扑救、火情定位等系统的供电可延迟切除，包括正常照明、生活水泵、视频监控、客梯、地下室排水泵等电源。对于正常照明、生活水泵电源的切除，应在消防水系统启动之前切除，避免发生触电事故。

7. 安防系统的联动要求

出入口控制系统需与火灾自动报警系统联动，在发生火灾时，释放通道上门禁系统控制的疏散门，打开园区电动大门，打开车库出入口挡杆，保证人员顺利疏散，消防救援人员和车辆进入现场。

视频监控系统需与火灾自动报警系统联动，火灾自动报警系统将报警信号定位发送至视频监控系统，将火情区域画面显示在监控中心屏幕上，便于相关人员及时、准确地应对火情。

8.4 相关消防系统设计

8.4.1 电气火灾监控系统设计

对于大型综合体建筑（群），当采用消控中心报警系统，分布多个消防控制室时，推荐采用主监控器加分监控器形式，主监控器设置于消防总控制室，分监控器分布于各分消防控制室，监控器之间互联。

　　系统的整体设计应满足相关规范规定，需特别注意的是，综合体建筑一般都会有高度大于12m的空间，此类空间主要的火灾隐患就是电气火灾，且不易被发现，因此高大空间的照明系统，需采用具有探测故障电弧功能的电气火灾监控探测器，对此区域的照明线路故障引起的火灾进行有效探测。

8.4.2　消防电源监控系统设计

　　对于大型综合体建筑（群），当分布多个消防控制室时，推荐采用主监控器加分监控器形式，主监控器设置于消防总控制室，分监控器分布于各分消防控制室，监控器之间互联。

8.5　消防设备选型

8.5.1　消防设备构成

　　消防设备构成如图8-5-1所示。

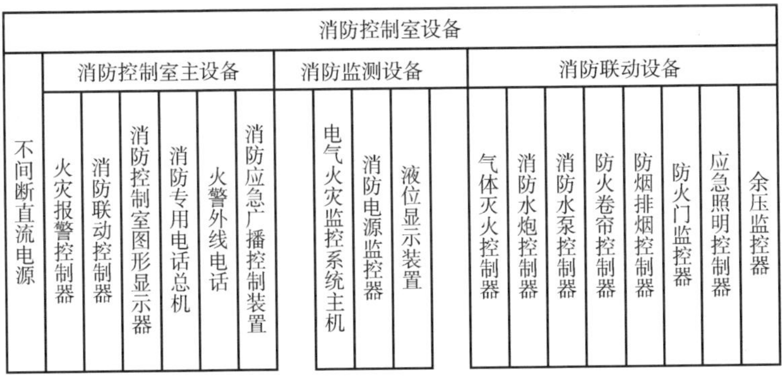

消防控制室设备																
消防控制室主设备						消防监测设备			消防联动设备							
不间断直流电源	火灾报警控制器	消防联动控制器	消防控制室图形显示器	消防专用电话总机	火警外线电话	消防应急广播控制装置	电气火灾监控系统主机	消防电源监控器	液位显示装置	气体灭火控制器	消防水炮控制器	消防水泵控制器	防火卷帘控制器	防烟排烟控制器	防火门监控器	应急照明控制器	余压监控器

图8-5-1　消防设备构成

8.5.2　控制器及配套设备的选择

　　火灾报警控制器与消防联动控制器性能影响着楼宇消防系统的

可靠性与稳定性。要根据建筑物消防设备数量和特点选择合适的控制器，达到稳定可靠、经济合理的要求。

1. 火灾报警控制器

核心部件包括回路卡和主机主板。

回路卡分为只带智能探测器型、只带监视/控制模块型、混合型三种。选择回路卡的数量及形式时需根据产品特性，考虑火灾自动报警系统各回路的结构形式、系统的回路数、系统的总点数等因素，并考虑预留 15%～20% 的裕量。

2. 总线操作盘

总线操作盘是火灾报警控制器上联动单元的扩展，通过 RS485 通信接口与火灾报警控制器配接，使用该操作盘上的启动按键对联动设备根据预先设定的程序进行手动控制。控制的对象包括消防风机、电梯、消防水泵、广播、非消防负荷断路器等设备或装置。应根据大于控制对象数量的 1.1 倍选择总线操作盘的控制容量。

3. 多线控制盘

多线控制盘也称直接控制盘，使用硬线与消防设备直接连接，是消防联动系统的后备保证，用于手动远程控制消防设施的启、停控制，并显示其工作状态。控制对象通常包括消防水泵、防烟排烟风机、雨淋及预作用阀组以及预作用系统快速排气阀入口的电动阀等重要设备。

4. 设备电源

火灾自动报警及消防联动控制系统采用 UPS 蓄电池组作为系统的备用电源，电源的容量与消防系统设备的数量、供电距离有关。要确保系统的稳定可靠，电源配置应从电流容量、末端设备电压两方面考虑。

应急电源的输出电流应能满足自动状态下启动最多设备时所需的电流。应急电源的输出功率应大于系统全负荷功率的 120%，蓄电池组的容量应保证系统同时连续工作 3h 以上。

计算末端设备电压时，电源输出电压一般为 DC 26V，末端设备的电压 V_m 可按此公式计算：$V_m = 26 -$ 导线长度 × 导线电阻 × 导线电流。应根据保证线路末端电压 V_m 大于用电设备的最小工作电压来选择电源型号。

8.5.3　通信及应急广播设备的选择

1. 消防通信系统主机

消防通信分为多线制消防电话系统和总线制电话系统。

多线制消防电话系统主机门数需按固定式消防电话数量及消防电话插孔计算。

总线制消防电话系统由总线制消防电话主机、火灾报警控制器、现场的消防电话专用模块和消防电话插座及消防电话分机构成。一般厂商消防电话主机可接入几十路消防电话分机或上千个消防电话插孔，可满足综合体建筑的消防通信需求。

2. 应急广播系统主机

应急广播主机采用 220V、50Hz 交流电源，具有备用电源接口，可实现主备电源转换和工作状态指示。声频功率放大器参数应满足：失真限制的有效频率范围为 125Hz ~ 63kHz；总谐波失真不大于 5%；信噪比不小于 70dB。

应急广播功放的标称额定输出功率按不小于其所驱动的广播扬声器额定功率总和的 1.5 倍选取。

8.5.4　消防监控设备的选择

1. 电气火灾监控系统主机

应具有监控报警功能、控制输出功能、故障报警功能、自检功能、主备电源管理功能、操作级别管理功能等。

2. 消防设备电源监控系统主机

应具有查询功能、存储功能、系统工作状态显示功能、通信功能、即时打印功能、操作权限管理功能、主备电源管理功能、与图形显示装置通信功能等。

3. 防火门监控系统主机

应具有显示闭门器和释放器状态功能、控制各释放器工作状态功能、与火灾自动报警系统联动功能、防火门故障提示功能、主机故障报警功能、自检功能、主备电源管理功能等。

4. 余压监控系统主机

应具有集中显示各类信息功能、总线通信功能、声光报警功能、存储功能、可精确控制泄压阀角度等功能。

8.6 智慧化消防技术

8.6.1 智慧消防系统架构与功能

智慧消防系统是一种基于物联网、云计算、人工智能、虚拟现实等技术手段的新型消防安全保障技术。它通过各类传感器、视频监控等手段实时采集火灾信息，对火灾危险源进行监测，发现火灾风险并提供数据支撑；通过有线传输或无线传输方式，将检测到的信息传输实时到云端数据中心或消防指挥控制中心，进而通过大数据、人工智能等技术进行火灾预测和火灾应急响应方案的制订，从而实现对危险源的快速检测、信息传输和有效控制，提高火灾防控的效率和准确度。智慧消防系统凭借先进的技术，改善了消防执法及管理效果、提高了救援能力、将火灾风险和火灾损失降到了最低，在未来有着广泛的应用和发展前景，为社会的安全保障提供了有力的支持。

1. 智慧消防系统架构

智慧消防系统的体系结构通常可以分为三个层次，分别是感知层、传输层和应用层，每个层次承担着不同的任务和功能。系统网络结构如图 8-6-1 所示。

（1）感知层

感知层是智慧消防系统的最底层，主要作用是利用安装在建筑物内的各类传感器对火灾信息进行实时感知和采集。检测设备传感器能够实时检测火灾的发生和变化，提供全面准确的数据支持，并将采集到的数据转换为数字信号传输到传输层，为后续的处理和分析提供数据基础。各个感知节点不仅作为终端节点使用，同时还扮演着路由节点的角色，即任意节点之间可以进行相互通信，以及将所采集的数据上传至云端数据中心或消防指挥控制中心。通过合理

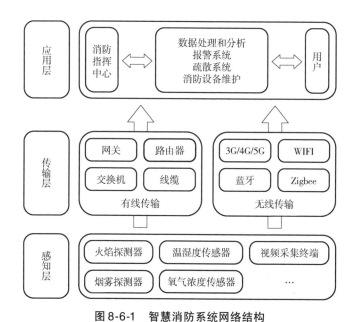

图 8-6-1　智慧消防系统网络结构

部署感知层设备，可以最大限度地发现火灾的发生和变化，提高火灾发现的及时性和准确性，为后续的处理和应对工作提供有力支持。

（2）传输层

传输层是智慧消防系统的中间层，通过提供可靠的数据传输服务、保证数据的完整性和正确性，以及进行数据流控制和错误处理，为系统的正常运行和数据传输提供了强有力的支持，是物联网重要的基础设施。传输层的传输方式包括有线传输和无线传输，有线传输是指网络设备通过网络线或电缆传输信息，无线传输则包括 3G/4G/5G 等移动网络，WIFI、蓝牙、Zigbee 等无线通信方式，将数据传输到应用层中的数据处理和分析系统中，同时也可以将指令和控制信号传输到消防设备中，控制其运行状态。传输层还可以将各个子系统的数据整合起来，提高消防系统的响应速度和效率，降低误报率和漏报率。通过对感知层收集到的数据进行聚合、清理、存储、深入挖掘和分析，能够在保证实时性的同时形成具有价值密度的深度数据和主题数据。此外，传输层还应该有身份验证、数据加密等过程保障数据传输过程中的安全。

（3）应用层

应用层是智慧消防系统的最高层，主要通过手机 APP、Web 端等多种形式展示消防数据和服务，负责对消防系统进行监测、控制和管理，采用支撑服务技术，通过对传感器层和传输层采集到的数据进行处理和分析，提供了火灾预测、预警、响应和处理等功能。消防指挥中心可以通过应用层的数据处理和分析系统，快速获取火灾信息，并及时发布预警和指令，组织疏散和灭火工作，有效避免火灾的扩散和危害。

2. 智慧消防系统功能

（1）电气火灾监控系统

作为智慧消防中的预警系统，该子系统主要用于监测电气设备的电压、电流、功率因数、温度等参数，判断电气设备和电路是否存在过载、短路、漏电等异常情况，对用电系统进行在线实时检测，实时分析电气设备运行状态，及时发现潜在的电气火灾隐患，有效地减少或避免由电气原因引起的火灾。

（2）建筑消防水监测系统

该子系统由液压、液位传感器、物联网采集终端和系统平台组成，能够及时发现和预防消防水系统的隐患，保障消防设施的有效性和稳定性，提高消防安全性能和管理效率。通过布设水系统监测设备与一体化管理平台软件，能够实现如下功能：

1）消防水源监测：监测消防水源的水位、水压等参数，及时预警水源是否不足或压力不足等问题。

2）消防水泵监测：监测消防水泵的运行状态，如是否正常工作、是否存在故障、是否需要维护等，保障消防水泵的稳定运行。

3）消防水管监测：监测消防水管的水压、漏水等情况，及时发现管道破裂、泄漏等问题，并提供报警信号。

4）消火栓监测：监测消火栓的水流量、水压等参数，及时发现消火栓是否正常工作。

5）喷淋系统监测：监测喷淋系统的运行状态，如是否正常工作、是否存在故障、是否需要维护等，保障喷淋系统的稳定运行。

6）灭火器监测：监测灭火器的数量、位置、使用情况等信息，以保障消防设施的完好性和有效性。

（3）火灾自动报警系统

该子系统主要用于自动侦测和报警火灾，及时发现火灾，减少火灾的损失。当设备探测到烟雾后，通过安装于消防控制室报警主机的用户信息传输装置，获取和传输从用户消防控制主机获取的各类用户报警信息和设备状态信息，以 APP、短信、电话等多种方式实时同步推送给业主、消防安全责任人、消防安全监管人、消防维保单位等相关人员，对所有隐患类型、发生时间等都会实时传送到平台及相关负责人的手机 APP。

（4）消防可视化监测系统

该子系统通过全天候录像对建筑消防的重点区域进行监控，并将数据上传至监控中心，结合消防设备的报警信号和监测数据，实时判断火情的严重程度和蔓延速度，并生成实时火情图像和烟气扩散模拟图等监控报告，以便消防人员及时掌握火情信息，有效地提高指挥部门的应急决策能力。当火灾发生时，系统可以实现和报警系统的联动，通过监控视频就可实时显示警报的发出位置。此外，系统还可以将消防设备的运行状态和维护情况可视化展示，帮助消防部门及时发现设备故障和维修需要，并提供相应的维修建议和技术支持，以保证消防设备的有效运行和维护。

（5）应急照明智能疏散系统

该子系统主要用于火灾或其他紧急情况下的人员疏散，提高疏散效率和安全性。在火灾或停电等紧急情况下，自动开启应急照明灯，保障疏散路线和出口的明亮度和可见性，自动识别火灾或紧急情况的发生位置，通过指示灯或语音提示，智能指引人员疏散方向和疏散路线，提高疏散效率和安全性。

（6）可燃气体监测系统

该子系统通过高灵敏的探测报警装置，实现对烟雾、有害气体等进行实时秒级检测，当监测数据超过提前设置的风险阈值时，系统将通过 APP、短信、电话等方式报警，并自动将监测数据传递给消防指挥中心，显示异常气体位置、浓度等信息，方便指挥中心及时采取相应措施。通过设备的标签、地理位置定位，快速定位可避免由于可燃气体泄漏引发的火灾和爆炸事故的发生。

(7) 隐患统计及火灾预警系统

支持对某个设备、某个单位或者某个项目的已发生的越限故障、越限预警进行分类统计，分析建筑物和消防设施之间存在对应关系，利于建筑管理部门、消防部门管理工作的开展。用户也可通过这些统计数据，全面了解线路运行状况，并对多发性故障进行排查处理，提高消防隐患排除能力，杜绝事故隐患。

8.6.2　智慧消防系统的设计原则

智慧消防系统的设计原则应该围绕整体性、预防性、可靠性、灵活性、实时性、智能化和安全性展开，充分考虑系统的功能和服务需求，保证系统能够高效、可靠、安全地运行，最终实现人员和财产的安全保障。

1. 整体性原则

智慧消防系统各子系统之间相互配合、协调工作，实现信息共享和联动，确保系统的完整性和一体化。整体性原则的实现需要解决多个问题，如子系统之间的数据接口设计、信息传递协议、数据标准化等。同时，智慧消防系统的整体性还需要考虑各个子系统之间的协同和联动问题。

2. 预防性原则

智慧消防应以防为主，通过提前预警和预防火灾，将险情控制在萌芽状态，降低火灾风险。智慧消防系统采用智能终端、感知设备和物联网技术，通过实时监测和数据分析，能够及时发现消防设备的故障和异常情况，并自动报修和通知相关人员进行处理，化被动的发现险情为主动的监测预警，从而保障消防设备的及时维护和更新，避免因设备故障导致火灾事故的发生。

3. 可靠性原则

智慧消防系统应该具有高度的可靠性，要求系统具备高质量的硬件、软件设备，以及完善的备份和恢复机制，确保系统在任何情况下都能够正常运行。在系统设计时需要考虑到各种可能的故障和失效情况，并采取措施进行预防和处理，为保证系统长期运行的可靠性和稳定性，还需要对系统进行定期的维护和更新。

4. 灵活性原则

智慧消防系统应该具备灵活性，能够适应各种建筑结构、使用场景和需求，支持多样化的操作和管理模式，提供丰富的功能和服务，满足用户的个性化需求。系统可采用开放兼容的模块化的设计，根据需要进行灵活的组合和扩展，使系统能够适应不同场所的需求。

5. 实时性原则

智慧消防系统的实时性原则指的是通过实时监控、实时数据传输和实时更新等手段，使系统能够及时掌握现场情况，对火灾和其他险情进行实时预警和快速处置。智慧消防系统通过集成视频监控系统、物联网数据等实现现场人员、地理方位、实景数据的集成，将所有的系统和数据链接成一张图，实现可视化、动态化指挥需求。消防救援人员、消防车辆、消防装备、消防水源等各类资源的实时智能化调度，可快速响应并派出最合适的资源。

6. 智能化原则

智慧消防系统应该具备智能化特点，利用先进的技术手段，如自动化控制、人工智能、大数据、物联网等技术，通过数据分析、模型建立和算法优化等手段，实现自动监测、自动报警、自动灭火等智能化功能，提高系统的智能化水平。

7. 安全性原则

智慧消防系统应该具备高度的安全性，保障系统数据的安全、可靠和隐私，防止数据被非法入侵、攻击、破坏等情况，提供完善的数据加密、防火墙、权限控制等安全保障措施，保证系统数据和信息的安全性。加入数据备份和恢复机制，防止数据丢失或损坏。设置安全监测和报警机制，及时发现安全漏洞和异常情况。

8.6.3　智慧消防系统的典型方案

1. 基于 BIM 基础上的智慧消防方案

基于建筑信息模型技术（BIM）的智慧消防方案通过将消防安全信息嵌入到建筑信息模型中，实现了消防安全信息的数字化、可视化和智能化管理。在建筑设计阶段，该方案可以通过 BIM 技术进行火灾模拟和消防设计优化，从而提高建筑物的消防安全性；在建设阶段，该方案可以通过传感器实时对消防设施的运行状态进行监测和管理，并及时发现和解决消防安全隐患；在使用和维护阶段，该方案可以通过智能化调度管理消防设备和消防资源，提高消防应急响应速度和效率，减少火灾对人员和财产造成的损失。下面将对几个基于 BIM 的智慧消防方案进行更详细的介绍。

（1）BIM 消防安全评估系统

BIM 消防安全评估系统是一种通过将建筑物的 BIM 模型与火灾风险评估算法相结合，分析建筑物在火灾发生时的安全状况，从而确定消防设备的最佳布局方案的智慧消防方案。该系统的主要功能包括建筑物 BIM 模型的构建、火灾风险评估算法的实现、消防设备布局优化算法的实现等。在建筑物 BIM 模型构建阶段，需要考虑建筑物结构、材料、设备等信息，对其进行数字化建模；在火灾风险评估算法实现阶段，需要考虑火源位置、火势大小、燃烧时间等因素，计算火灾蔓延的可能性和危险程度；在消防设备布局优化算法实现阶段，需要根据火灾风险评估的结果和建筑物的结构特点，确定消防设备的最佳布局方案，从而提高消防设备的覆盖率和响应速度。

（2）BIM 火灾模拟系统

BIM 火灾模拟系统是一种在建筑物的 BIM 模型上模拟火灾的发生和蔓延情况的方案。主要功能包括火灾模拟算法的实现、火灾蔓延路径预测算法的实现等。在火灾模拟算法实现阶段，需要考虑火源位置、火势大小、燃烧时间等因素，计算火灾的蔓延情况，以及火灾蔓延过程中产生的烟气等参数。在火灾蔓延路径预测算法实现阶段，需要考虑建筑物的结构特点、烟气浓度等因素，预测火灾蔓延的路径和可能产生的后果，从而为灭火救援提供科学依据和方案预测。

（3）BIM 消防设备管理系统

BIM 消防设备管理系统通过将消防设备的信息和建筑物 BIM 模型进行绑定，实现对消防设备的实时监控和管理，包括消防水源、消防栓、消防通道、消防电源等多种设备。通过对消防设备的实时监控和维护，可以提高消防设备的可靠性和效率，减少消防安全事故的发生。

（4）BIM智能火灾报警系统

BIM智能火灾报警系统可以通过将建筑物的BIM模型与消防救援资源的地理信息进行关联，实现消防救援资源的智能调度和管理，提高救援效率和准确性。例如，在消防救援系统中，可以将消防车、消防人员等资源的位置信息与建筑物BIM模型关联起来，实现智能调度和管理。在火灾事件发生时，消防指挥中心可以实时监控消防资源的位置和状态，并快速指派消防人员和消防车前往灾害现场救援，提高救援效率和准确性。

（5）BIM自动化灭火系统

基于BIM的智慧消防系统还可以通过与建筑自动化系统进行联动，在火灾事件发生时，消防设备可以自动启动，并进行灭火、疏散等操作，提高灭火效率和准确性。此外还可以通过使用人工智能算法对消防设备的运行状态进行预测和优化，提高设备的运行效率和寿命。通过使用机器学习算法，对消防数据进行分析和建模，实现火灾预测、风险评估等功能，提高消防安全保护的准确性和效率。

2. 基于物联网技术的智慧消防方案

物联网技术（Internet of Things，IoT）是指将传感器、嵌入式设备、网络连接技术等各种物理设备和对象通过互联网互相连接、互相交互，实现数据的共享、信息的感知和智能的控制，可运用在火灾防控预警、灭火救援指挥和消防资源管理等方面，通过自动化管理、实时监测、智能分析等手段，为消防安全工作提供技术上支持，提高消防救援的效率和质量。

（1）物联网技术在智慧消防中的可行性

首先，在智慧消防中，物联网技术不仅可以将各种传感器、监测设备、控制设备、执行设备等联网，实现全面监测和自动化控制，还可以将消防部门和消防设备、建筑管理部门、公安机关、市民等各方资源和信息实现共享和互通。这种全面联网、共享互通的特点，恰好满足了智慧消防的需求。

其次，物联网技术具有开放性和灵活性，在智慧消防中，物联网技术可以根据不同建筑、不同区域、不同应用场景的需求，实现灵活的配置和应用。

最后，物联网技术在智慧消防中的应用，已经得到了政府、企业和社会的广泛支持和推广。充分运用物联网和现代信息技术，全时段、可视化监测单位消防安全状况，实时化、智能化评估消防安全风险，提高预测、预警能力，分级分类实施差异化消防安全线上监管。

（2）物联网技术在智慧消防中的具体运用

1）火灾防控预警。物联网技术可以帮助消防部门更早地发现火灾风险，并提供更准确的预警信息。通过在建筑物、公共场所和城市各个角落安装传感器和监测设备，一旦出现异常情况，立即触发报警和应急响应机制，及时通知消防部门和相关人员。此外，物联网技术还可以实现大数据分析，通过对历史数据和趋势分析，提前发现火灾风险，对预防火灾具有重要意义。

2）灭火救援指挥。物联网技术可以提高灭火救援指挥效率和准确性。通过在消防车、消防设备和消防员身上安装传感器和监测设备，建立包含建筑各种数据信息的电子识别标签，可以实现对消防车辆和人员的实时监控，包括位置、状态、健康状况等。在救援过程中，终端设备通过识别火灾信号，迅速了解建筑物的实际状况，指挥中心可以通过智能终端实时获取这些信息，快速确定最佳的灭火救援方案，并派遣消防车和人员到达现场。

3）消防资源管理。物联网技术可以优化消防资源管理，提高资源利用率和响应速度。通过在各个消防设施和资源点安装传感器与监测设备，可以实时监控设备运行状态和资源使用情况。同时，物联网技术还可以实现消防资源调度和管理的智能化。通过大数据分析和人工智能技术，提供科学的资源调配方案，合理分配消防资源，确保各个资源点的安全和响应速度。

3. 基于5G的智慧消防方案

5G移动通信技术，支持边缘计算和物联网等新型数字体验，是实现人机物互联的网络基础设施，采用了新的技术标准和频段，使得5G网络具备更高的信号质量和网络容量，可以应用于智慧消防等特定领域，为社会和经济的发展提供了更多的可能性。5G网络主要有三个应用场景：增强型移动宽带（eMBB），主要应用于高速上网，有助于智慧消防系统进行超高清视频监控等功能；大规模物联网通信（mMTC），主要应用于大量的设备之间通信；高可靠、低时延通信（uRLLC），可以用于智慧消防报警系统等对实时性要求高的场合。下面分别根据这三种应用场景进行详细介绍。

（1）增强型移动宽带（eMBB）

5G网络的eMBB应用场景可以提供高速、稳定的移动网络，为智慧消防系统的视频监控、远程控制等应用提供支持。5G网络可以提供更高的带宽和更低的延迟，实现超高清视频监控和视频流的快速传输，使得消防人员能够更准确地判断火情，并提升智慧消防系统的实时性和响应速度，从而采取更有效的应对措施。此外，5G网络还可以支持虚拟现实（VR）和增强现实（AR）等技术，让消防人员可以通过头戴式显示器等设备实时观察火灾现场，更快速、更准确地了解火灾情况。

（2）大规模物联网通信（mMTC）

智慧消防系统中，各种消防设备需要进行大量的信息传输和互动，利用5G的mMTC应用场景，可以实现这些设备之间的高效通信和数据传输。5G网络支持大规模设备的连接，能够提供更高的带宽和更低的延迟，实现设备之间的快速响应和协同工作，从而提高智慧消防系统的整体效率和安全性。

（3）高可靠、低时延通信（uRLLC）

对于消防报警系统，实时性是至关重要的，因为及时的报警信息可以有效地降低人员伤亡和财产损失。基于5G技术的智慧消防报警系统可以实现高速、低时延的数据传输，保证报警信息的及时到达。同时，通过5G网络的高可靠性，可以有效避免数据传输中的丢失或错误，保证报警信息的准确性和可靠性。

第9章 公共智能化系统

9.1 概述

9.1.1 分类、特点及要求

1）公共智能化系统分类如下：

①智慧综合体建筑公共智能化系统宜包括信息设施系统、信息化应用系统、建筑设备管理系统、公共安全系统、智慧管控平台等。

②信息设施系统建设应满足建筑物的应用与管理对信息通信的需求，将各类具有接收、交换、传输、处理和存储等功能的信息系统整合，形成建筑物公共通信服务综合基础条件的系统。

③信息化应用系统应以信息设施系统和建筑设备管理系统为基础，为满足建筑物的各类专业化业务、规范化运营及管理的需要，由多种类信息设施、操作程序和相关应用设备组合而成。

④建筑设备管理系统应对综合体建筑的机电设备进行综合管理。

⑤公共安全系统应具有应对危害社会安全的各类突发事件而构建的综合技术防范或安全保障体系，实现对综合体建筑公共安全的维护。

⑥智慧管控平台基于统一的信息平台，以多种类信息集成方式，实现信息汇聚、资源共享、协同运行、优化管理等综合应用，实现建筑物的运营及管理目标。

2) 公共智能化系统设计特点应符合如下规定:

①公共智能化系统应具备智慧管理的特点。

②应具备智能感知的特点,运用视觉采集和识别、无线定位、RFID、条码识别、视觉标签等各类传感技术,构建智能视觉物联网,进行智能感知、自动数据采集,将采集的数据规范化,进行可视化综合体管理。

③应具备互联互通的特点,打破智能化各子系统间的信息孤岛,形成互联互通的智能化整体设计,实现各类设备、子系统之间的接口、协议、系统平台、应用软件、运行管理等进行互联和互操作。

④应具备协调共享的特点,智慧综合体能实现商业、酒店、公寓、写字楼等建筑的资源协同共享,价值相互提升,以提升综合体的整体价值。

⑤应具备集中监控的特点,对于综合体的智能化来说,监控中心是管控执行的核心区域,应做好智能化的监控中心,当出现问题时,可以更好地根据监控来解决问题。

⑥应具备数据分析的特点,加强对数据的分析和应用,建立一个全方位的监控和分析数据中心,从而更好地提高服务质量,提高经营水平。

3) 公共智能化系统的设计要求应符合如下规定:

①公共智能化系统设计应与建筑、结构、机电专业同步进行,并与建筑主体设计协调一致,并贯穿于设计工作的全过程。

②公共智能化系统设计应根据建筑的建设目标、功能类别、地域状况、运营及管理要求、投资规模等综合因素确立。

③公共智能化系统设计应包括室外管线的接入、机房与弱电间的预留、布线系统的规划。

④公共智能化系统设计流程应分为方案设计、初步设计和施工图设计三个阶段;对于技术要求相对简单的民用建筑工程,当有关建设行政主管部门、工程建设单位在初步设计阶段没有审查要求,且设计合同中没有做初步设计的约定时,可在方案设计审批后直接进入施工图设计。

⑤公共智能化系统的组网方式:应根据智慧综合体的运营模

式、业务性质、应用功能、环境安全条件及使用需求，进行系统组网的架构规划。

9.1.2　系统建设内容

1）公共智能化系统的配置应满足综合体建筑的整体运营和全局性管理模式需求。

2）公共智能化系统配置分项应以信息化应用系统、智慧管理控制平台、信息设施系统、建筑设备管理系统、公共安全系统、机房工程等设计要素展开。

3）公共智能化系统的配置见表9-1-1。

表9-1-1　公共智能化系统的配置

综合体建筑的公共智能化系统		公共智能化系统
信息设施系统	信息接入系统	●
	综合布线系统	●
	移动通信室内信号覆盖系统	●
	用户电话交换系统	⊙
	无线对讲系统	●
	信息网络系统	●
	有线电视系统	●
	公共广播系统	●
信息化应用系统	信息导引及发布系统	●
	会议系统	●
	智能卡应用系统	●
	物业管理系统	●
	时钟系统	⊙
	专业业务系统（专用办公系统）	●
建筑设备管理系统	建筑设备监控系统	●
	智能照明控制系统	●
	建筑能效监管系统	●
	电梯运行监控系统	●
	电梯对讲系统	●

综合体建筑的公共智能化系统		公共智能化系统
公共安全系统	安全防范综合管理(平台)系统	●
	入侵报警系统	●
	视频安防监控系统	●
	出入口控制系统	●
	电子巡查系统	●
	访客管理系统	●
	停车库(场)管理系统	●
	防爆安全检查系统	⊙
	应急响应系统	⊙
智慧管理控制平台	智慧管理控制平台集成(平台)系统	●
	智慧管理控制平台应用系统	○
机房工程	信息接入机房	●
	有线电视前端机房	●
	信息设施系统总配线机房	●
	智能化总控室	●
	信息网络机房	●
	用户电话交换机房	⊙
	消防控制室	●
	安防监控中心	●
	应急响应中心	⊙
	智能化设备间(弱电间)	●
	机房安全系统	●
	机房环境监控系统	⊙

注：●——应配置；⊙——宜配置；○——可配置。

9.1.3 智能化新技术应用

1. 数字孪生技术

1) 数字孪生技术可通过轻量化 BIM 作为智慧管理控制平台的数字基座，在数字基座上叠加综合体建筑的智能化信息，实现整个综合体建筑智能化系统集中展示和管理。

2）可提供从建筑物室内外场景搭建到应用的全方位三维场景展示，实现对楼宇内外的可视、各种监控设备及通风系统、空调系统、照明管理系统等数据可查、可追踪，对不同维度的信息汇集到统一的三维场景中显示，从而提升信息交互效率，降低时间损耗，增强管理层的整体信息管控力。

3）可构建综合体建筑楼宇管理的监控、预警、诊断、分析一体化的三维可视化平台。

4）可具备数据 3D 演示，将抽象数据以 3D 演示技术进行呈现，降低对管理人员的专业需求，降低人员流动风险。

5）可具备可视化展示：实现数据实时采集、数据处理、数据分析、数据异常等相关性，支撑解决业务问题。将建筑管理策略进行三维可视化展示，直观分析策略优缺点，为优化策略提供有效依据。

6）可形成全生命周期的数字资料库，无缝对接设计、施工阶段 BIM 信息，并集成运营阶段内全部数据进行数字化管理，方便查找与分析。

2. 物业数字运维技术

1）可具备数字化报修模块、设备管理模块、无纸化办公流程模块等。

2）可具备数字化维保模块，实时掌控当前维保完成情况。

3）可具备审批模块，满足对内的日常工作流转：请假申请，报销申请等。

4）可具备库管模块，实时统计各库房的当前库存数量，分级库值预警。

3. 大数据技术

1）大数据是智慧综合体建筑的核心技术之一，为智慧综合体建筑的建设提供技术支持。

2）可具备客流总量分布统计：对查询时段内客流人员的总量和在本区域内的分布状况进行呈现和展示。

3）可具备客源地统计：对客源的来源地信息进行统计分析，

直观分析出各地顾客及业主的比例情况,可以细分至地市县等单元。

4)可具备出行分析:进入项目的交通工具分析,统计客源所乘坐的交通工具,如飞机、火车、轮渡等,以图表方式统计乘坐不同交通工具的顾客及业主到达数量和比列。

5)可具备驻留时间统计:分析统计在商业的驻留时间,按照驻留天数1天、2天、3天、4天及以上的时长等进行分类统计。

6)可具备行为轨迹分析:基于大数据分析的出行链、热度分析,统计分析全区的行为轨迹,不仅包含游览过商业商业信息,还包含到达自定义热点的全部行为轨迹分析。

7)可具备商业预警:显示各区域的饱和率,可以根据数量结合预警门限情况以指针的方式进行预警。

4. 物联网技术

1)物联网技术可通过各种信息传感设备,实时采集任何需要监控、连接、互动的物体或过程等各种需要的信息,与互联网结合形成的一个物联专用网络。

2)可实现物与物、物与人,所有的物品与网络的连接,方便识别、管理和控制。

5. 5G技术的应用

1)5G技术的高带宽、低延时、广连接等特性,为智能设施打造物理实体的数字化呈现,进而为人与人、人与物、物与物之间的泛在连接铺平道路,推动无时不在、无处不在的万物互联。

2)5G视频监控的运用:无需铺设网线,更安全、更方便地部署AI智能安防功能,可以适时地监控综合体的每个角落,预防重大隐患。

3)5G超高清视频直播运用:高清视频直播可以用于综合体的视频会议,5G网络速度可以实现会议沟通的低延迟,此外,高清的视频直播也便于综合体的宣传。

4)5G巡逻智能机器人运用:机器人可以实现综合体部分管理的功能,如智能导航系统、巡逻系统、安全检测系统等。此外,智能机器人还可以参与到工厂的生产中。

6. AR 的运用导航

1）AR 物管：基于 AR 增强现实一体化控制，全生态体生命周期管控。

2）AR 安保眼镜：通过摄像头对综合体人员进行人脸识别，或对综合体车辆进行识别，与综合体系统的数据库对比，在安防方面更方便、更快捷。

3）AR 展示：基于 AR 智能沙井的沙盘系统，用户可以在场景中放置并观察到虚拟的沙盘模型，对综合体场景进行模拟控制与管理。

4）AR 场景路径导航：可通过可手机端、平板、Web 页面等查看，在显著提高人们查找目的地速度的同时，助力综合体导航系统应用场景的服务水平升级建设。

7. 人脸识别技术

1）基于人的脸部特征信息进行身份识别的一种高安全生物识别技术，可通过高清摄像机或摄像头采集含有人脸的图像或视频流，并自动在图像中检测和跟踪人脸，进而对检测到的人脸进行脸部分析的一系列相关技术。

2）人脸识别、无感同行闸机：对人员出入控制、实时监控、保安防盗报警等多种功能，它主要方便内部大量人员有序出入，杜绝外来人员随意进出，既方便了内部管理，又增强了楼宇安全，实现高效和经济的工作与生活环境。

8. AI 视频分析技术

1）AI 垃圾暴露感知：通过 AI 视觉算法自动感知并识别视频监控区域内暴露的垃圾，实时生成感知告警事件通知维保人员前去处理，让综合体建筑时刻保持整洁卫生的环境。

2）AI 草坪绿化脏乱感知：通过 AI 视觉算法自动感知并识别草坪绿化的卫生，实时生成感知告警事件通知管理中心人员前去处理，从而提高工作效率。

3）AI 公共场所吸烟感知：通过 AI 视频自动感知告警，可以及时发现吸烟行为，管理人员可以及时进行惩处纠正。

4）AI 违规横幅标语感知：通过 AI 视觉感知告警，管理人员可以及时发现、拆除违规横幅标语。

5）AI机动车违规停放感知：通过AI视觉感知及时发现综合体楼宇停车场、公共区域等场所机动车违规停放情况。

6）AI打架斗殴感知：通过AI视觉感知可以及时发现公共场所内的打架斗殴事件，为管理单位提供告警消息。

7）AI高处抛物视频监控系统：通过在建筑单元楼前绿化带、空地处等区域安装部署摄像机，对高处抛物不文明行为7×24h实时监控，解决小区高处抛物发现难、取证难问题，有效震慑不文明行为发生。

9.2 信息设施系统

9.2.1 信息设施系统框图及功能

1）信息设施系统应为建筑物的使用者和管理者提供信息化应用的基础设施。

2）信息设施系统应包括信息接入系统、综合布线系统、通信系统、信息网络系统、无线对讲系统、有线电视网络及卫星电视接收系统、广播系统及其他相关的信息系统。

3）应建设信息接入系统，并提供多家电信业务经营者（含本地有线电视网络公司等）平等接入的条件，满足建筑（建筑群）有线和无线接入网的需求。

4）应建设综合布线系统，满足电话通信、计算机网络、WiFi、视频监控、出入口控制、建筑设备监控、建筑能效管理、信息导引及发布、停车库（场）管理、智能照明、电梯运行监控、广播以及专业业务等系统的应用。

5）应建设移动通信室内信号覆盖系统，解决建筑物内移动通信信号盲区问题，确保建筑物内部移动通信畅通、稳定、清晰，并具有向5G和更高移动通信技术标准扩展的功能。

6）应根据建筑物类型及功能需求设置有线电视网络和卫星电视接收系统；有线电视网络系统应采用广播式射频电视信号及互动

式的网络传输。

7）应建设公共广播系统，系统宜包括业务广播、背景音乐和紧急广播等。

8）宜采用以太网方式或无源光局域网（POL）组建局域网。

9）信息设施系统框图如图9-2-1所示。

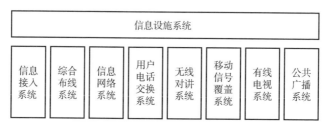

图 9-2-1　信息设施系统框图

9.2.2　信息网络系统

1）应根据建筑的使用需求、运营模式、业务性质、应用功能及环境安全对系统进行网络规划和性能设计，网络规划宜设置为业务网和设备网等。

2）在各网络内部可根据使用需求划分为多个独立子网，每个子网采用 VLAN 网络分段实现智能化子系统的信息传输。子网共用同一套网络设备，实现资源共享、信息交换。并应通过内部网段隔离提高网络应用的安全性，利用内部的身份认证和权限管理，建立完善的网络安全管理系统。

3）通用信息网络系统应根据使用需求宜设置业务网、建筑设施网和办公网等网络。

4）信息网络系统功能要求应符合下列规定：

①应建立各类用户完整的公用和专用的信息通信链路，支持建筑物内多种智能化系统端到端的信息传输。

②宜采用有线局域网和无线局域网技术相结合的组网方式，使建筑物内部没有网络盲区，并能够满足建筑物内部不同区域的应用需求。

③应具有拓展建筑物内信息网络系统的业务功能，实现业务的增值服务。

④综合体建筑物内部业务应用存在内网和外网使用需求时，网络设计宜采用物理隔离方式。

5）信息网络系统规划应符合下列规定：

①业务网宜支持电话系统、办公系统、WiFi 系统、IPTV 系统、专业业务系统、物业办公系统等子系统的网络传输、信息交换等。

②设备网宜支持视频监控系统、视频分析系统、出入口控制系统、建筑设备监控系统、建筑能效监管系统、信息导引及发布系统、会议系统、时钟系统、客房控制系统、停车库（场）管理系统、智能照明系统、电梯运行监视系统、广播系统等子系统网络传输、信息交换等。

③当综合体建筑规模较大、系统可靠性要求较高、管理需要时，可细分为多个设备网或控制网或安防专网。

6）信息网络系统设计应符合下列规定：

①系统宜采用星型、分层架构设计，根据系统和管理需要采用核心层-接入层的两层网络架构或核心层-汇聚层-接入层的三层网络架构。

②二层网络架构：核心层-接入层宜采用千兆链路或万兆链路。

③三层网络架构：核心层-汇聚层宜采用万兆链路，汇聚层-接入层宜采用千兆链路或万兆链路。

④核心层设备应包括核心交换机、路由器、网络安全设备、服务器、存储、管理等设备。核心设备可采用单核心或双核心，核心交换机宜采用冗余备份设计，服务器群组采用多机虚拟化技术，根据建筑物实际需求配置交换机端口数。

⑤采用无源光局域网系统中，核心交换机应支持与 OLT 上行端口的对接。

⑥汇聚层交换机设备设置在汇聚机房或楼层弱电间内，下行连接多台接入层交换机，上行连接核心交换机。链路可采用单链路单汇聚、双链路双汇聚等形式。汇聚层交换机主要负责数据分组传输

的汇聚、转发和交换。

⑦接入层交换机设备宜设置在楼层弱电间，通过汇聚交换机或直接与核心交换机连接构成网络。接入交换机主要负责用户数据流量的接入和隔离。

⑧网络的运维管理应设置网管软件，对系统网络的运行进行配置、监测和管理。

7）无线局域网设计应符合下列规定：

①无线局域网由无线接入网和支撑系统组成。无线接入网可采用自治式和集中式两种组网方式，自治式组网方式由胖 AP 组成，集中式组网由瘦 AP 和 AC 组成。AP 间的拓扑关系可相互独立，也可组成无线网状网络。

②无线接入网设计应考虑室内覆盖和室外覆盖协同，无线局域网宜使用 2.4GHz 或者 5.8GHz 频段。

③无线局域网支撑系统宜采用集中的认证、计费、网管等功能。

④AP 设备宜采用 PoE 直流供电或者集中交流供电的方式，采用 PoE 供电的距离不宜超过 100m。

9.2.3　无线对讲系统

1）无线对讲系统的设计应满足建筑的运营维护、公共安全、防灾救灾等无线专网即时通信的需要。

2）无线对讲系统应采用 400MHz（或 150MHz）、350MHz、800MHz 频段集群系统，提供建筑规划范围内可靠、稳定的即时对讲通信。

3）无线对讲系统由信源、合路组件、应用功能服务器、信号分布传输、对讲终端等组成。

4）无线对讲系统信源、合路组件、应用功能服务器应设置在安防监控中心或消防控制室内，信源、合路组件等设备宜安装在标准机柜里。

5）无线对讲系统功能应符合下列规定：

①无线对讲系统应支持建筑运营、安保、维护所需的多种通信

模式，包括语音单呼、组呼、全呼、脱网呼叫及数据传输等通信功能。

②无线对讲系统应具有对对讲终端管理的功能。

③系统应具有对系统有源分布设备运行、故障报警等状态监测的能力。

④对讲终端宜具有现场录音、安保在线巡查的功能。

6）综合体建筑超过 100m 的超高层建筑，系统应具有消防、公安系统要求的 350MHz 和 800MHz 频段系统信号同时接入的能力，并采用合路方式，多通信服务共用信号分布传输的组网架构，实现物业、公安、消防对讲信号的同时覆盖。

7）无线对讲系统技术指标应符合下列规定：

①室内覆盖末端天线信号电平应不高于 +15dBm。

②对讲机发起呼叫至接通所需的时间不高于 100ms；话音质量为 3 分以下区域小于总区域范围的 2%。

③无线对讲在覆盖区内 98% 的位置，95% 的时间，移动手持对讲机可接入网络。

④室内无线对讲覆盖的边缘场强不应小于 -95dBm，电气化机房区域边缘场强不应小于 -85dBm。

⑤在建筑物红线外 500m 的外泄电平应小于 -105dBm。

8）无线对讲系统天线包括室内天线和室外天线。室内天线采用天线阵列的覆盖方式，室外天线采用多点天线的覆盖方式。

9）室内天线设置应符合下列规定：

①在办公楼大堂、展馆、地下车库等半封闭的区域环境，天线有效辐射方向最大距离不宜超过 35m。

②室内走道、电梯厅、机房区域等封闭区域天线有效辐射方向最大距离不宜超过 25m。

③室内天线宜采用全向天线吸顶安装。

10）室外天线设置应符合下列规定：

①天线电平应根据实际覆盖范围进行计算，单根天线有效辐射方向上的设计覆盖最大距离不宜超过 300m。

②室外天线安装位置周围没有高大阻挡物，天线应尽量远离

1.5m 高以上金属物。

9.3 信息化应用系统

9.3.1 信息化应用系统框图及功能

1）信息化应用系统应满足建筑物运营和管理的信息化需要，提供业务信息化应用的系统支持和保障。

2）信息化应用系统宜包括信息导引及发布系统、会议系统、智能卡应用系统、物业管理系统、时钟系统和专业业务系统等系统。

3）应建设智能卡应用系统，以智能卡技术为核心，通过计算机和通信技术为手段，将综合体建筑内部的各项设施连接成为一个有机的整体，用户通过一张智能卡便可完成身份识别、门禁、考勤、图书借阅、消费等功能。

4）应建设物业管理系统，实现物业无纸化办公及对日常工作的高效管理。

5）宜建设时钟系统，时钟系统应能接收北斗卫星导航系统或全球卫星定位系统基准信号，并应向各相关子系统提供统一的标准时间信息。

6）信息化应用系统框图如图 9-3-1 所示。

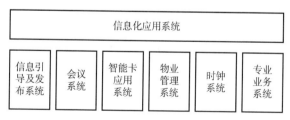

图 9-3-1　信息化应用系统框图

9.3.2 信息导引及发布系统

1）信息导引及发布系统由控制中心（包含发布管理服务器、管理工作站）、网络传输和显示终端组成。

2）控制中心对整个系统用户登录信息、内容和设备进行管理，编排各类信息源、监控和管理终端设备。采用集中或分散模式进行远程控制，控制各区域显示终端。

3）用户登录管理平台通过认证后，对授权区域的信息内容具有编辑、管理和发布的功能。

4）终端设备主要包括多媒体控制器、信号传输器和各类显示设备，接收和执行控制中心的多媒体信息及指令，也可通过分控端软件自动按照时间表播出，支持横屏、竖屏和分屏播放方式。

5）系统应基于 TCP/IP 协议网络传输，应支持 B/S 或 C/S 的系统架构。

6）发布管理服务器功能应符合下列规定：

①应能对所有显示终端设备进行有效的管理，包括电源管理、设备及传输管理、时间校对、显示终端分组管理等。

②应能对终端进行电源管理功能，系统支持远程定时及手动开/关控制,支持多次开/关机设置，以及按周或每天方式进行时间控制。

7）显示终端设计应符合下列规定：

①信息显示终端点位设计应满足公共区域用于向公众及业务管理提供信息公告显示、标识导引、多媒体信息发布的功能。

②信息显示终端应具有公共信息及业务信息的接入显示功能。

③信息查询终端应具有互动信息查询功能，提供自助查询服务。

④电梯轿厢宜设置信息发布终端，并与电梯厂家配合预留屏体安装位置及传输线缆。

9.3.3 会议系统

1）会议系统应满足会议进行中显示、发言、扩声、设备管理等功能。

2）会议系统根据会场面积和使用要求宜分为报告厅、多功能厅、会议室和讨论室等类型。

3）会议系统宜由显示系统、发言系统、扩声系统、信号处理系统、同声传译、签到表决系统、视频会议系统、摄像系统、录播系统、集中控制系统、环境监控系统及会务管理系统等组成。

4）会议系统的设计宜根据会议厅堂规模和实际使用需求选择配置相应的系统。

5）会议显示系统设计应符合下列规定：

①会议显示系统宜由信号源、传输部分、信号处理设备和显示终端组成。采用 LED 显示屏亮度应不小于 $600cd/m^2$，采用投影显示幕单元亮度应不小于 $800lm/m^2$，采用平板液晶显示屏单元亮度应不小于 $350cd/m^2$。

②会议显示系统信号传输宜采用有线传输方式，信号源接入宜采用有线或无线的方式，无线可通过无线投屏器、WiFi、蓝牙等方式进行信号接入。

③采用投影显示的会议室宜采用电动投影幕和可升降式投影机。

6）会议发言系统设计应符合下列规定：

①数字会议发言系统宜由系统主机、主席机、代表机等组成。

②会议发言系统分为有线与无线系统形式；有线系统可分为菊花链接式和星型链接式；无线系统可分为红外线和射频形式。

③会议发言系统根据使用要求、安装条件宜采用有线或无线模拟发言系统、数字发言系统。

7）会议扩声系统设计应符合下列规定：

①会议扩声系统宜由声源设备、传输部分、音频处理设备、功放和扩声设备组成；系统分为数字和模拟扩声系统。

②会议扩声系统的扬声器应根据现场条件采用集中式、分散式或集中分散相结合的方式。

③以音乐扩声为主的会议场所，扩声除设置左右主声道扬声器外，还应设置低音、中置和环绕扩声系统。

④会场观众席位置应提供足够声压级的直达声，当无法满足要求时应设置补充或辅助扬声器系统。

⑤会场扩声最大声压级（额度通带内的有效值）宜不小于 93dB，语音传输指数宜不小于 0.60。

8）摄像系统宜由图像采集、传输部分、图像处理、图像显示和摄像控制等部分组成；系统设计分为会场摄像系统和跟踪摄像系统。

9）会议表决系统宜由表决主机、传输部分和表决器等组成；系统设计分为有线和无线表决系统。

10）视频会议系统设计宜符合下列规定：

①视频会议系统宜由图像采集、传输部分、MCU 控制单元和显示设备组成。

②远程视频会议的场所应配置视频会议系统终端（含内置多点控制单元），视频会议系统图像采集摄像机分辨率宜不小于 200 万像素，显示设备应采用两块屏幕进行图像和资料显示。

③可设置云视频会议系统，满足移动端视频会议的需求。

11）录播系统宜由信号采集设备和信号处理设备组成，系统分为分布式录播系统和一体机录播系统。

12）同声传译系统设计宜符合下列规定：

①同声传译系统宜由翻译单元、语音分配系统、耳机等组成；按传输方式分为有线和无线语言分配系统；无线语言分配系统又可分为红外线和射频形式的传输系统。

②同声传译系统应满足参会人的发言、讨论、$1 + n$ 语种翻译等会议功能配置的要求，同时系统具有对接收机数量进行扩充的功能。

13）集中控制系统设计宜符合下列规定：

①集中控制系统宜由中央控制主机、控制屏、电源控制器、灯光控制器、墙面控制面板等设备组成；按信号传输方式设计分为有线和无线传输控制方式。

②会议厅堂内照明、电动窗帘控制等宜采用集中控制系统进行管理。

③音视频信号由音视频控制器进行控制，同时纳入集中控制系统进行集中管理。

④会议厅堂内可设置人体感应器、空气质量探测器、光照度传感器等，实现智能会议系统。

14）会务管理系统设计宜符合下列规定：

①会务管理系统宜将会议准备、管理和控制等功能集成到会务管理平台，满足屏幕显示控制、会议议程控制、设备管理、多媒体同步录制、直播、点播等会议功能。

②会务管理平台宜具有会议预约、会议通知、会议信息发布、会议签到、会议录像资料管理等功能。

15）宜设置无纸化会议系统，实现会议签到、文件分发、文件上传、文件同步演示、投票表决等功能。

16）会议公告系统宜在会议室门口设置显示屏，显示会议名称、会议时间、会议进展等信息。

17）宜在报告厅和多功能厅的主席台、会议室会议桌旁、教室的讲台位置等处预留信息插座、视频/音频等信号接口及电源插座或采用综合箱。

18）会议厅堂扩声应结合建筑声学设计进行音频扩声系统的设计。

19）会议系统管理架构设计宜符合下列规定：

①会议系统架构宜根据会议室数量、分布位置分为单个会议系统、综合会议系统。

②单个会议系统宜采用本地设备控制和管理模式。

③综合会议系统宜设置会议管理中心，系统采用网络架构，进行本地和远程管理。

20）系统设计除符合上述规定外，还应符合现行国家标准《电子会议系统工程设计规范》（GB 50799—2012）、《厅堂扩声系统设计规范》（GB 50371—2006）、《视频显示系统工程技术规范》（GB 50464—2008）和《会议电视会场系统工程设计规范》（GB 50635—2010）等有关规定。

9.4 建筑设备管理系统

9.4.1 建筑设备监控系统

1）建筑设备监控的范围宜包括下列内容：

①冷热源、空调及通风、给水和排水、公共照明、供配电、电梯和自动扶梯、电动遮阳、电加热、电伴热、小型气象站等系统。

②建筑物内具有联网功能的设备监控。

③对室内外空气质量、水质的监测等。

④对电气安全的监测等。

2）建筑设备监控的系统设计应符合下列规定：

①建筑设备监控系统宜根据系统规模、实时监控点数（硬件点和软件点）分为小型、中型和大型系统。

②建筑设备监控系统应根据系统的规模、功能要求及选用产品的特点，采用三层、两层或单层的网络结构。

③大型系统宜采用三层或两层的网络结构，三层网络结构由管理、控制、现场三层结构组成。

④中、小系统宜采用两层或单层的网络结构，由管理、现场两层结构组成，或现场控制的单层网络结构。

⑤控制层应采用网络型或总线型的系统结构，采用网络型传输时系统宜承载在设备网上。

⑥管理层与现场控制器可通过网关、网络控制器、TCP/IP 网络、扁平化无中心网络等进行连接。

3）建筑设备监控的功能要求应符合下列规定：

①冷源系统宜采用群控的方式通过通信接口接入建筑设备监控系统，或采用直接数字控制器（DDC）、可编程逻辑控制器（PLC）或兼有 DDC、PLC 特性的混合型控制器（HC）的方式进行控制，宜在冷冻机房控制室设置冷源系统工作站。

②大型冷源系统或区域能源站宜采用 PLC 控制，并根据重要性在处理器、电源、总线等方面考虑冗余配置。

③冷源系统控制应具有对冷水机组/热泵、水泵、冷却塔风机等设备的启/停（顺序控制）、运行状态、参数监测、故障报警、手自动、远程控制等的控制和监测；冷冻水进/出水温度、冷却水回水温度监测以及流量和压力的监测；变频器频率控制及频率反馈。

④冰蓄冷系统应能监测蓄冰槽进出口乙二醇溶液的温度和流

量、蓄冰量，以及制冷机、蓄冰装置的进、出口温度和流量；应能对冰蓄冷系统换热器的防冻保护装置进行监视；应具有负荷预测下的优化控制功能。

⑤地源热泵系统宜设置地温场监测系统。

⑥寒冷地区冷却塔的防冻保护设备进行监控。

⑦热源系统应具有运行状态、参数监测、故障报警，以及供回水温度、流量和压力的监测。

⑧换热机组应具有启/停的顺序控制，一、二次侧的供、回水温度/蒸汽温度，一、二次侧的供、回水压力/蒸汽压力的监测，循环水泵和补水泵的启/停控制、运行状态、故障报警及频率信号反馈，电动调节阀的阀门调节、阀位信号反馈等的控制和监测。

⑨生活热水系统的循环水泵应由生活热水的温度或时间联锁装置控制泵的启停。

⑩空气处理机组（风机、水阀、风阀等设备）应具有启/停控制、运行状态、故障报警、手自动状态、风机、过滤器的压差报警及风口温湿度等的控制和监测。水阀的比例调节、阀位信号的反馈、风阀的变频调节及频率反馈、阀位信号的反馈控制。

⑪对带有转轮热回收装置的空调机组，还应监控机组的新风、排风温度；转轮传送电动机的工作、报警状态等；通过不同季节对比新风、排风温度的高低，控制各电动风阀的开、关或控制转轮的转速。

⑫在人员密度变化较大的场所、大空间办公区域等，宜设置CO_2传感器，根据室内CO_2浓度值进行新风量调节。

⑬送排风机组应具有启/停控制、运行状态、手自动、故障报警、新风/送风/回风温度的监测。

⑭冬季有冻结可能性的地区，应具有防冻报警和自动保护的功能。

⑮地下室停车库送排风机应具有定时启停和台数控制的功能，或根据车库内的CO浓度进行自动控制运行。

⑯对于变配电室等发热量和通风量较大的机房，宜根据实际情

况以及室内温度进行送排风监测和控制。

⑰风机盘管设置温度控制器，采用就地控制或联网控制的方式。

⑱对健康品质有要求的或有健康建筑评定星级目标的应进行空气质量、水质等环境参数监测，确定空气质量、水质、光照度等监测指标及联动控制要求。各指标监测点就近接入现场控制器、监测点，对与机电设备有联动关系的宜接入同一现场控制器。

⑲对建筑内电气安全要求较高的工程可对 SPD、ATSE、智能疏散照明系统等实施监测，同时配置系统工作站。

⑳生活给水自成联锁系统，建筑设备监控系统对生活水箱、转输水箱的高/低水位、生活水泵的运行状态、故障报警进行监测。

㉑排水自成联锁系统，建筑设备监控系统对集水井的高/低水位、污水泵的运行状态、故障报警进行监测。

㉒应具有对供配电系统的高压侧工作状态、故障报警等进行监测。对低压侧各主干线的开关状态及电流、电压、频率、有功功率、功率因数、用电量进行监测和记录。建筑设备监控系统宜通过通信网关读取变配电管理系统相关参数。

㉓对柴油发电机运行状态、故障报警、短路跳闸进行监测。

㉔室内（电梯厅、公共走道、地下室停车场）公共照明，宜采用分区时间表和场景等进行启/停控制。室外照明宜采用时间程序和照度等进行启/停控制。

㉕应具有对航空障碍灯的运行状态、故障报警、短路跳闸进行监测功能。

4）自成控制系统的设施宜通过通信接口接入建筑设备监控系统，主要有以下系统：

①冷源系统的控制和监测。

②热源系统的监测。

③热交换机组的监测。

④变冷媒流量多联机空调系统（VRF）的监测。

⑤地板辐射系统的监测。

⑥冷凝器胶球在线清洗系统的监测。

⑦冷热水系统的自动补水定压装置的监测。

⑧自动加药水处理系统的监测。

⑨智能照明系统的控制和监测。

⑩室外泛光照明、景观照明的监测。

⑪光伏发电系统的监测。

⑫屋面融雪系统的监测。

⑬雨水回收系统的监测。

⑭电动遮阳系统的控制和监测。

⑮电梯和自动扶梯系统的监测。

⑯小型气象站对环境的监测。

⑰智能灌溉系统的控制和监测。

⑱其他系统等。

9.4.2　建筑能效监管系统

1）建筑能效监管系统应采用分类和分项计量方式对建筑物的能耗进行实时的在线监测和动态分析。

2）建筑能效监管系统由前端数据采集器、网络传输、管理设备组成。

3）能效管理系统宜采用网络型或总线型以及网络型＋总线型的系统架构，应根据前端数据采集器的数量及位置分布进行系统架构设计，采用网络型传输时系统宜承载在设备网上。

4）前端数据采集器宜采用总线型连接，连接前端数据采集器不宜超过32个，传输距离不应大于1200m。

5）管理设备宜设置在消防安保控制室或物业管理办公室。

6）能效监管系统分类能耗宜包括电量、水耗量、燃气量、集中供热/供冷量及其他能源的用量进行计量、统计和分析。

7）通用工业建筑中能效监管系统除常规分类、分项计量外，还宜对蒸汽、压缩空气、氮气、热水、天然气及电能等能源进行计量、统计和分析。

8）能效监管系统分项能耗划分宜符合下列规定：

①能效监管系统用电分项宜按照空调用电、照明插座、动力用

电、特殊用电等进行划分。

②能效监管系统用水分项宜按照生活用水、消防用水、食堂用水及保洁、绿化用水等进行划分。

③能效监管系统燃气分项宜按照燃气锅炉、燃气灶具等进行划分。

④能效监管系统集中供热/供冷量分项宜按照建筑功能区域进行划分。

⑤其他能源应用量应根据实际使用情况进行划分。

9）能效监管系统应具有以下功能：

①与建筑设备监控系统互为关联和共享。

②分类、分项能源数据采集计量。

③能耗数据统计与分析。

④能耗实时监测与管理。

⑤能耗成本预算与分析。

⑥能效评估。

⑦满足使用级、管理级及决策级三级能源管理模式。

10）电能管理系统、空调 VRV 系统等宜采用通信接口接入建筑能效监管系统。

11）能源计量器具宜采用标准数字通信接口，其通信协议应与系统兼容，当采用两种及两种以上通信协议时，应配置网关或通信协议转换设备。

12）管理工作站宜设置在消防安防监控中心。通用工业建筑的管理工作站宜设置在生产管理室或消防安防监控中心，系统宜与企业信息化系统进行联网。

13）建筑能效监管系统设计应编制建筑能效监管计量点表。

14）系统设计还应符合国家现行标准《绿色建筑评价标准》（GB/T 50378—2019）、《用能单位能源计量器具配备和管理通则》（GB 17167—2006）的相关规定。

9.4.3 电梯运行监控系统

1）应建设电梯运行监控系统，监控中心可实施展示电梯运行状态、故障状态、楼层状态等信息。

2）电梯运行监控系统主机和服务器设置于安保控制室或物业管理办公室。

3）应建设电梯对讲系统，系统可采用星型或链式结构。

4）电梯对讲管理机宜设置在消防安保控制室或物业管理办公室的醒目位置。管理机应能够与电梯轿厢内、电梯机房各电梯控制柜、轿厢顶部、电梯井道底坑的对讲分机进行五方对讲。

5）电梯对讲系统使用的电源应是独立于电梯运行电源之外的可靠电源。应预留消防安保控制中心（或物业管理办公室）至电梯机房各自电梯的管线或槽盒，并预留适当备用线缆。

6）系统设计还应符合国家现行标准《电梯制造与安装安全规范》（GB 7588—2003）的相关规定。

9.5 公共安全系统

9.5.1 公共安全系统框图及功能

1）公共安全系统由安全防范系统和应急响应系统组成。

2）安全防范系统包括安全防范管理平台和入侵报警、视频监控、出入口控制、电子巡查、周界报警、访客管理、防爆安全检查、楼宇对讲、停车库（场）管理等系统。

3）安全防范系统宜采用专用传输网络，可采用专线方式或公共传输网络基础上的虚拟专网（VPN）方式。传输网络宜采用以监控中心为汇聚/核心点（根节点）的星型/树型传输网络拓扑结构。

4）公共安全系统应根据建筑物的使用功能、规模与性质、防护等级、环境条件、管理要求及建设标准等因素进行设计。

5）系统设计还应符合现行国家标准《安全防范工程技术标准》（GB 50348—2018）的有关规定。

6）公共安全系统框图如图9-5-1所示。

图 9-5-1　公共安全系统框图

9.5.2　视频监控系统

1）视频监控系统应满足监控区域合理布局、有效覆盖、图像清晰、控制有效的基本要求。

2）系统设计宜采用数字化高清、网络型传输、视频分析、智能物联、安防集成以及云平台的网络技术。

3）视频监控系统宜由前端设备、传输网络、控制/显示/记录管理等设备组成。

4）网络型数字视频监控系统的传输宜承载在设备网或安防专网上。

5）数字视频信号的传输应根据系统性能要求选择线缆，网络型数字视频监控系统摄像机与接入层交换机之间宜采用 6 类非屏蔽 4 对对绞电缆或更高性能的电缆。非网络型视频监控系统摄像机宜采用同轴电缆或光纤进行传输。

6）视频监控系统功能应符合下列规定：

①根据管理需要，系统除应具有本地报警功能外，还应具有向上一级主管部门、公安部门提供视频图像及声音信息的接口。

②在建筑物内的公共活动场所、通道、电梯及重要部位以及室外重要公共场所设置前端摄像机，系统应具有视频实时监视、前端设备控制、图像有效记录、检索和回放的功能。

③系统的画面显示应能任意编程，能自动或手动切换，画面上应有摄像机的编号、部位、地址和时间、日期显示。

④具有联动控制功能，当发生报警时，应能对报警现场的图像进行复核（特殊场所宜具有声音复核功能），并能自动切换到指定的显示设备上显示和自动实时录像。

⑤数字系统前端设备与监控中心控制设备间端到端的信息延迟时间不应大于 2s，视频报警联动响应时间不应大于 4s。

⑥视频监控系统宜具有多级主机（主控、分控）管理功能，系统宜具有网络管理、自诊断功能。

7）数字视频监控系统设计应符合下列规定：

①在 H.264 编码方式下系统传输的图像质量不宜低于 720P（1280×720），单路图像占用网络带宽不宜低于 2Mbps。

②在 H.265 High Profile 编码方式下系统传输的图像质量不宜低于 1080P（1920×1080）全高清视频，单路图像占用网络带宽不宜低于 1.5Mbps。并支持 4K（4096×2160）和 8K（8192×4320）超高清视频图像传输。

③视频解码设备、记录存储设备应具有以太网接口，支持 TCP/IP 协议，宜扩展支持 SIP、RTSP、RTP、RTCP 等网络协议。

④系统的带宽设计应能满足前端设备、用户终端同时接入监控中心的带宽要求，并留有余量。

⑤系统需要与其他网络互联时，应具有保证信息安全的措施。

8）数字视频监控系统的图像质量和技术指标应符合下列规定：

①宜选用彩色 CCD 或 CMOS 摄像机，单画面像素不应小于 720P（1280×720），单路显示帧率不宜低于 25fps。

②系统峰值信噪比（PSNR）不应低于 48dB。

③图像画面灰度不应低于 10 级。

④音视频记录失步应不大于 1s。

9）摄像机的设计应符合下列规定：

①一般公共场所应采用 720P 以上摄像机，出入口等重点部位应采用 1080P 以上摄像机，根据需要也可采用超高清或 4K 摄像机。

②摄像机应设置在便于目标监视且不易受外界损伤的位置；摄

像机镜头宜顺光源方向对准监视目标；当必须逆光安装时，应选用具有逆光补偿功能的摄像机。

③监视场所的最低环境照度，宜高于摄像机最低照度（灵敏度）的50倍。

④设置在室外或环境照度较低的彩色摄像机，应选用低照度或采用带补光照明装置的摄像机，其灵敏度不应大于0.5lx（F1.4）。

⑤宜优先选用变焦、定方向、固定/自动光圈镜头的摄像机，需大范围监控时可选用带有云台和变焦镜头的摄像机。

⑥安装在室内有吊顶的走廊、门厅（大堂）、电梯厅、自动扶梯口、电梯轿厢等公共场所的摄像机宜采用半球形摄像机。

⑦商业零售、展厅、多功能厅、报告厅、会议室、集中收银台、重要物品库房、消防/安防监控中心、重要设备机房等区域的摄像机宜采用半球形摄像机。

⑧安装在停车库（场）出入口、地下/上停车库（场）、充电桩、室外广场、周界围墙、停机坪等区域宜采用枪式摄像机。

⑨超高层建筑的避难层（间）、功能转换层应设置枪式摄像机、声音复核设备。

⑩安装在室内较高空间的出入口、大堂及室外广场等处宜采用能覆盖更广区域的全景摄像机。

⑪安装在室外门厅、周边广场、围墙等区域的摄像机，需要水平180°旋转、上下±90°旋转进行监视，宜采用球形摄像机。

⑫摄像机安装高度，室内宜距地面2.2~2.5m，室外宜距地面3.5~10m。

10）摄像机镜头的设计应符合下列规定：

①镜头的焦距应根据视场大小、镜头与监视目标的距离以及成像器件的靶面大小共同确定。

②监视视野狭长的区域，可选择视角在30°以内的长焦（望远）镜头。监视目标视距短而视角较大时，可选择视角在65°以上的广角镜头；景深大、视角范围广且被监视目标为移动需要遥控监视时，宜选择自动光圈、变焦遥控功能的镜头；有隐蔽要求或特殊功能要求时，可选择针孔镜头或棱镜头。

③在光照度变化范围相差 100 倍以上的场所，应选择自动电子快门、自动光圈的镜头。

11）视频监控系统应设置监控中心，可与消防控制室合用，并可根据需要设置监控分控室。监控中心内应设置操作台、控制设备、显示设备、存储与交换设备、电源设备等。

12）应根据综合管廊的规划、区域划分，运行管理要求设置监控中心，对综合管廊内的环境与设备进行集中监控。

13）通用工业建筑视频监控系统应根据安全防范监控和生产管理监控的不同需求进行设计。宜设置生产管理监控室，实时监视管理生产情况，并根据需要系统宜与消防安防监控中心联网。

14）显示设备的设计应符合下列规定：

①显示设备应选用专用监视器，宜采用彩色监视器、液晶拼接屏、小间距 LED 屏、液晶平板显示器、背投影显示器等。

②彩色液晶平板显示器宜采用 30～55in 显示设备。显示设备最佳视距宜在 3～5 倍的显示屏尺寸之间，或监视屏幕墙高的 2～3 倍距离之间。

③显示设备的配置数量，应满足现场摄像机数量和管理使用的要求，并合理确定视频输入、输出的配比关系。

④电梯轿厢内摄像机的视频信号，宜与电梯运行楼层字符叠加，实时显示电梯运行信息。

15）记录存储设备的设计应符合下列规定：

①视频存储设备宜采用数字硬盘录像机（DVR）、网络硬盘录像机（NVR）、存储域网络（SAN）、以太网存储域网络（IP SAN）、云存储等存储模式。视频存储设备宜采用 RAID（冗余磁盘阵列）技术。

②应采用动态视频存储，每路存储的图像分辨率应不低于720P，记录图像速率应不小于 25fps。

③防泄密部门的视频图像信息保存期限应不少于 180 天；防范恐怖袭击重点目标的视频图像信息保存期限不应少于 90 天；其他目标的视频图像信息保存期限不应少于 30 天。

16）前端摄像机宜由安防监控中心集中供电；前端摄像机设备距控制中心较远时，可就地供电；网络摄像机可采用 POE（以太网供电）方式；出入口室外摄像机、财务室、重要库房等重要部位网络摄像机应采用独立供电。

17）系统设计还应符合现行国家标准《民用闭路监视电视系统工程设计规范》（GB 50198—2011）、《视频安防监控系统工程设计规范》（GB 50395—2007）、《安全防范视频监控联网系统信息传输、交换、控制技术要求》（GB/T 28181—2011）的有关规定。

9.5.3 出入口控制系统

1）出入口控制系统应根据综合体建筑物的使用功能和安全防范管理的要求，对需要控制的各类出入口，按各种不同的通行对象及其准入级别，对其进、出实时控制和管理，并具有报警功能。

2）系统应由前端识读和执行装置、传输部分、处理与控制设备、显示记录和管理设备组成。

3）前端识读设备根据出入口控制要求宜采用密码、感应卡片、人脸识别、生物识别、电子设备等识读方式。

4）系统按其管理和控制方式分为独立控制型、联网控制型。联网控制型系统根据系统结构分为网络型、总线型和网络型＋总线型。

5）前端识读设备数据传输宜采用 TCP/IP 协议、RS232、RS485协议或 Wiegand 协议。

6）网络型系统宜承载在设备网或安防专网上传输。

7）出入口控制系统功能应符合下列规定：

①系统应对各种识读方式具有授权的功能，使不同级别的目标对各个出入口有不同的出入权限。

②应能对系统操作（管理）员的授权、登录、交接进行管理，并设定操作权限，使不同级别的操作（管理）员对系统有不同的操作权限。

③系统能将出入事件、操作事件、报警事件等进行记录存储，存储时间应不小于 180 天。

④系统应具有访客预约、安全管理、系统自检等功能。

8）出入口控制系统设计应符合下列规定：

①在消防安防监控中心、通信网络机房、变配电所、水泵房、水箱间、新风机房、空调机房、冷冻机房、锅炉房等设备机房，以及住宅单元楼、大楼屋顶等出入口宜设置出入口控制装置。

②办公建筑大厅电梯入口宜设置通道闸机，读卡器宜与梯控、选梯进行联动。

③酒店/旅馆建筑电梯内宜设置电梯读卡控制。

④安全出口疏散门宜由建筑专业结合防火门的形式设计消防锁，当业主有明确的使用和管理要求时，也可采用出入口控制装置。

⑤限制区与非限制区之间的通道门应设置出入口控制装置。

⑥弱电间、配电间、电梯机房等设备（间）机房宜设置出入口控制装置。

⑦对进、出都有控制要求的出入口应设置双向识读设备。

⑧安防防护等级较高的区域宜设置生物识别或刷卡密码双认证功能的识读设备。

⑨对速通门等通行效率要求较高的场合除支持常规识别方式外，宜支持人脸识别等无感识别方式。

⑩应根据建筑物房门材质、形式选择相应的执行设备。

⑪执行部分的输入电缆在该出入口的对应受控区内，同级别受控区或高级别受控区外的部分应封闭保护。

⑫应根据建筑类型、行业要求、管理方式确定断电后开锁/闭锁的控制。

9）系统设计还应符合现行国家标准《出入口控制系统工程设计规范》（GB 50396—2007）的有关规定。

9.6 智慧管理控制平台

9.6.1 平台整体架构

1）应根据综合体建筑的建设目标、功能类别、运营及管理要求等，确定所需构建的智慧管控平台，实现对智慧化子系统全生命周期的集中控制、联动和管理。

2）智慧管控平台是构建综合体建筑智慧化的核心，系统架构可划分为四个层次：展示应用层、数字平台层、网络传输层、基础设施层。

3）应根据综合体建筑实际需求和条件选择部署方式，宜优先选择云的部署方式，并根据综合体建筑的运行情况进行云服务资源扩展。

4）当综合体建筑运用 BIM 技术进行设计时，宜建立基于 BIM 三维可视化管理平台。

5）智慧管控平台的软件设置应满足下列要求：

①智慧管控平台服务器、工作站应安装杀毒软件，配置防火墙等。

②智慧管控平台服务器宜安装简体中文操作系统，工作站宜安装简体中文企业版操作系统。

③宜根据智慧管控平台需要安装数据库软件，根据工程需要和数据容量选择数据库类型。

9.6.2 系统设计及功能

1）平台宜采用 C/S 或 B/S 结构，通过接口实现对子系统、设备信息的监测、查询和控制。

2）应具有设备定位、可视化管理。

3）宜具有建筑运行性能评价功能，能够对建筑运行性能进行动态评价。

4）宜具有三维信息模型展示的功能。

5）智慧管控平台的报警管理功能，应符合下列规定：

①当有报警发生时，应能够实时地在监控界面上弹出故障报警系统、设备、位置等信息，报警信息宜按不同的报警级别采用不同的色标显示。

②应具有报警分级功能，通过预置策略和人工干预，实现事件报警分级分类处理。

③应具有报警记录及查询、导出的功能。

6）智慧管控平台的联动控制功能，应符合下列规定：

①应支持系统联动控制功能，提供电子地图、联动预案，明确联动设备位置以及执行情况。

②宜具有"联动控制台"，用户可根据自身需求，随时设定联动控制策略。

7）平台应具有信息采集、分析处理、集中监控、报警管理、联动控制、远程访问、用户管理、运行日志等基础功能，宜根据工程需求设置模式管理、维保管理、能源管理、应急指挥等业务功能。

8）平台的信息采集、分析处理功能，应符合下列规定：

①应通过通信接口，实现对集成的系统和设备进行信息的采集、转换、计算的功能。

②应具有缺失或异常数据查找、删除的功能，宜具有缺失或异常数据增加、修改的功能。

③应具有数据分析和展示功能，能够批量、定时内容定制化地生成分析报告，宜具有数据备份、数据挖掘功能。

④宜具有建筑运行性能评价功能，能够对建筑运行性能进行动态评价。

⑤应具有设备定位、可视化管理。

⑥宜具有三维信息模型展示的功能。

9.6.3　系统平台集成接口及数据接口协议

1）智慧管控平台通信接口应包括实时监控数据接口、数据库互联数据接口、视频图像数据接口等类别，并预留与智慧城市等应用的通信接口。

2）智慧管控平台所集成的各子系统应提供开放的、标准的接口和协议。

9.6.4　信息安全

1）综合体建筑的信息安全应遵从等保2.0的标准。

2）综合体建筑的核心业务系统宜不低于等保二级标准进行建设。

3）宜进行边界安全防护，并符合如下规定：

①安全区域边界宜设计部署下一代防火墙，对每个安全域进行严格的访问控制。

②宜具备对各类网络层、应用层的入侵行为进行动态保护。

③宜对访问状态进行检测。

④宜对通信协议和应用协议进行检测。

⑤宜对内容进行深度的检测。

⑥宜具备阻断来自内部的数据攻击以及垃圾数据流的泛滥。

4）宜进行终端安全加固，并符合如下规定：

①主要涉及数据中心服务器、办公 PC 及云上业务虚拟机，数据中心终端应加固。

②对东西向流量安全防护缺失问题，服务器及 PC 终端安全问题，宜通过统一平台进行集中管理。

③宜具备东西向流量防护。

④东西向流量应可视化。

⑤东西向流量访问应可控。

5）宜建设态势感知监管平台，并符合如下规定：

①潜伏威胁探针（STA）：应在核心交换层与内部安全域部署潜伏威胁探针，通过网络流量镜像在内部对用户到业务资产、业务的访问关系进行识别，基于捕捉到的网络流量对内部进行初步的攻击识别、违规行为检测与内网异常行为识别。探针以旁路模式部署，实施简单且完全不影响原有的网络结构，降低网络单点故障的发生率。

②安全感知平台（SIP）：应在内网部署安全感知平台全网检测系统对各节点安全检测探针的数据进行收集，并通过可视化的形式为用户呈现内网业务资产及针对内网关键业务资产的攻击与潜在威胁；并通过该平台对现网所有安全系统进行统一管理和策略下发。

③全服务云：安全云平台应提供未知威胁、威胁情报、在线咨

询、快速响应等安全服务。

④安全下一代防火墙（AF）：应实现对经过的所有流量进行全流量分析，将有效的安全数据同步给 SIP 进行统一的汇总分析。

6）宜建设安全管理中心，并符合如下规定：

①应具备日志审计：作为统一日志监控与审计平台，应能够实时不间断地将来自不同厂商的安全设备、网络设备、主机、操作系统、用户业务系统的日志、警报等信息汇集到审计中心，实现全网综合安全审计。

②应具备数据库审计：能够实时记录网络上的数据库活动，对数据库操作进行细粒度审计的合规性管理，对数据库遭受到的风险行为进行告警，对攻击行为进行阻断。

③应具备运维审计（堡垒机）：综合运维和安全审计管控两大主干功能，从技术实现上讲，通过切断终端计算机对网络和服务器资源的直接访问，而采用协议代理的方式，接管终端计算机对网络和服务器的访问。

④应具备准入与内网审计：对未经过确认身份的终端、不合规终端，如未安装杀毒软件、未更新操作系统、终端使用弱密码等，禁止其接入到网络中，防止对内部网络造成安全威胁。

⑤应具备漏洞扫描：解决日益繁重的安全漏洞及安全配置管理问题，实现各类配置脆弱性（漏洞、Web 漏洞、弱口令、配置违规、变更）的智能发现、集中有序运维。

第10章 电气设计策略

10.1 概述

10.1.1 特点及要求

综合体建筑通常功能复杂、业态多变、需求和定位标准不同、运营或管理主体具有多样性，体量庞大，有独栋建筑，也有多栋塔楼加裙房组成的建筑群。从电气角度来看，表现出以下特点：

1）要有足够的供电容量满足各功能业态用电需求，用电负荷偏高，对电气系统及设备的节能性和节能运维控制策略的需求越发突显。

2）电气和智能化系统架构应更具有灵活性和扩展性以满足运营主体的多样性，系统呈现复杂性。

3）布线系统应具有灵活性、适应性、可扩展性以满足业态的多变性。

4）众多的功能集成于单一体量的建筑中，电气用房和管井所能占用的空间非常有限，位置未必最优，对系统架构、设备选型以及系统综合验证评估提出了更高的要求。

5）需求和定位标准不同及运营或管理主体多样性，在设计和建设过程中，比单一主体更难决策、协调、配合和比选更需要多维度的支撑。

与其他公共民用建筑的电气设计具有共同之处，综合体建筑的电气设计从设计开始，都要经过前期策划、方案设计、初步设计、施工图设计这四个阶段，如图 10-1-1 所示。但是验证和评估环节，往往缺乏。本文中的验证和评估包括两个方面，一是招标确定具体设备品牌后，对变配电系统电能质量、保护选择性配合、设备选型等进行验证及优化；二是项目运营后，对系统架构在运营管理招商等方面灵活性、适应性的评估以及借助实时系统对系统运行的进一步优化验证。

结合综合体建筑的特性，以下将按照设计阶段这个纵向轴，把综合体建筑电气设计各阶段中诸多需要关注、配合及协调的要素进行集成，为综合体建筑电气设计的相关人员在设计过程控制及协调配合提供决策和管控的思路。

10.1.2 本章主要内容

本章从各设计阶段的电气策划、电气系统架构的要素、系统与设计界面的划分原则、各方协同配合策略以及电气的验证与评估等方面对综合体建筑电气设计关键要点进行阐述和分析。

10.2 电气设计全过程控制策略

10.2.1 项目前期电气策划

前期策划阶段是整个项目建设的起始阶段。该阶段的重要工作是项目的合理定位及恰当有效的实施程序确定，这是保证项目成功的前提条件。前期策划阶段关注的对象是影响项目建设的各相关主管部门（政府、财政、建设、规划、电力、通信等）的要求及整个建设过程。要在策划过程中对各关键要素有很好的前瞻性。该阶段完成时，应形成清晰的项目定位，完整可行的功能配比要求，设计任务书及合理的项目总规模（面积）和总投资。它从宏观层面规定了项目建设的总体框架。

在项目前期策划阶段，通常建筑师参与更多配合工作。对电气设计专业而言，更多的是配合提供相关政策、规范要求，提供关键

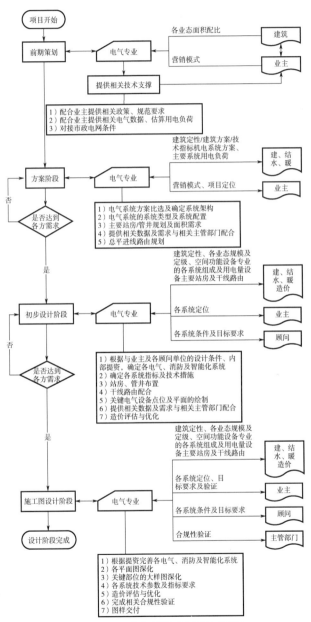

图 10-1-1　电气设计全过程示意图

电气制约性条件以供业主做相应的业态或功能规划的决策。同时估算项目的用电负荷情况，配合业主进行相应市政电网条件的摸排，如项目周边能否提供项目所有的供电容量和回路数量，是否要配套建设开关站等影响项目建设及投资的宏观决策。

10.2.2　方案设计电气策划

方案设计是将项目各方面要求，以建筑这一特殊符号形式物化表达的过程。它是项目进行实质性设计的起点，它直接反映了对项目各方面要求的响应度。方案设计电气过程控制如图 10-2-1 所示。

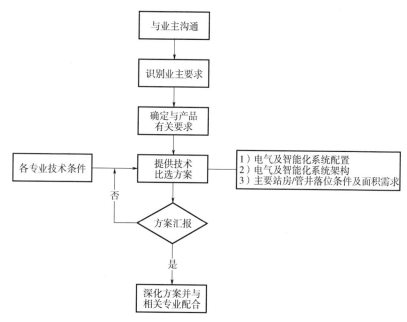

图 10-2-1　方案设计电气过程控制

在方案设计阶段，电气专业应充分与业主沟通，理解项目定位、功能、运营模式及相关要求。并结合建筑、结构、给水排水、暖通等相关专业的技术条件，提供电气及智能化系统配置、系统架构、主要站房落位条件及面积需求等技术性比选方案文件。在此基础上与业主相互配合，在满足相应法律法规、相关主管部门要求的前提下，充分响应业主的定位目标，并兼顾电气及智能化系统合理性的基础上确定总体技术方案框架。

方案的总体系统架构奠定了后续设计的基本技术框架、总体思路。在方案阶段电气专业应结合业主项目定位，积极推荐技术先进、造价合理的电气系统配置。在推荐方案上应从技术、投资、管理、运维、影响因素（如面积、层高需求等）及对标项目情况等角度，为业主决策提供相应的技术支撑。

10.2.3 扩初设计电气策划

初步设计是从方案阶段的电气技术框架向技术落地转化的重要过程。通过各参建方对项目进一步的思考和需求的深化，电气专业系统性构建各电气系统的完整框架，为施工图阶段的具体细化设计提供正确的技术平台与方向指引。初步设计过程体现了项目电气技术集成的基本思路和价值判断。

初步设计在电气系统方案框架的基础上，将对各系统指标进行详细计算，确定系统规模、设备材料的类型数量以及相应平面落位。站房、管井、干线路由将与土建最终形成有机整体，体现在占用面积、空间净高、运输通道、消防疏散、相应区域结构荷载及对机房周边及上下楼层空间功能的分布等。电气及智能化系统的指标、技术措施及设备材料的类型数量结合平面条件，最终应达到施工图设计的可操作性和总体概算的合理性。

在初步设计阶段，除了传统建筑、结构、给水排水、暖通、电气及智能化、造价等专业与业主协同配合，通常顾问团队也会介入。顾问团队与综合体项目的难易程度和业主的定位相关，一般包括节能、绿建、声学、电梯、商业策划以及特殊工艺团队，如酒店顾问、厨房工艺、影院工艺、冰场、演艺等。特殊工艺团队与项目具体功能业态种类相关。初步设计阶段应以全局的视野，综合各方需求进行考量。

以电气系统为例，如图 10-2-2 所示，系统容量将由前期测算、方案的估算转变成详细负荷计算。初步设计中首先结合建筑功能分布，综合各顾问方的用电需求，对用电负荷进行分类、分级统计和汇总。并将相应配电箱柜在平面落位，结合管井分布和供电措施要求完成竖向系统图的设计。在此期间并行平面点位设计和负荷计算，在方案基础上结合竖向系统完成变配电系统的设计工作。整个过程中，需要与各参加方反复配合和协调。最终形成初步设计相应的成果文件。

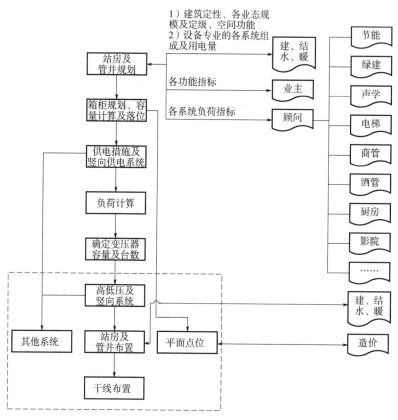

图 10-2-2　初步设计电气系统过程控制示意图

10.2.4　施工图设计电气策划

施工图设计是最终的施工图样绘制过程，是将初设制订的技术框架深化落实到每一个细部的阶段，各专业图样之间应完善衔接，彼此参照，形成统一完整的技术体系。施工图设计对各电气的配合深度和配合精度提出了更高的要求。

在初步设计完成的基础上，施工图阶段是对各系统及平面进一步深化和完善。在平面部分应结合建筑功能、业态分布、各顾问方对电气技术细节要求进行平面细化和深化表达。并对初步设计系统进行反向校验，以达到电气系统的技术性要求。最终完成相关合规性验证，进行设计文件交付。

10.3 电气系统架构策略

10.3.1 综合体建筑影响系统架构的要素

综合体建筑项目的典型特征决定了各电气系统的架构和分界面划分是重中之重，设计既要考虑系统的灵活性，又不能使系统过于分散。电气系统架构受多种因素制约，通常而言，比较重要的因素包括市电电源条件、建筑业态、管理模式、计量模式、低压供电半径、工程成本、开发周期等。

10.3.2 系统划分原则

1. 市电电源条件

高压供电方案的确立受市电电源条件和业主方各部门的实际需求影响。

综合体建筑项目的变压器装机容量相对较大，我国很多地区的10kV 或 20kV 的系统，每路电源用户受电设备的容量一般都有明确要求，设计需要根据当地供电部门对单路高压线路的容量限制和进线回路数量、项目的重要程度等设计合理的高压配电系统的主接线方案，甚至不排除采用更高电压等级进线的情况，并应取得当地供电部门的"高压供电方案答复单"作为设计依据，避免后期大幅度修改，对其他专业、造价、项目施工周期等造成重大影响。

2. 建筑业态

综合体建筑由多种业态组成，一般包含商业（零售、餐饮、影院、百货、超市等)、办公、居住、酒店、展览、文娱等中的几种业态，按照不同业态的分布，设计应优先考虑划分为物业、步行街商业、百货、大型超市、住宅、办公、酒店等多个低压配电系统，各功能单元配置为之服务的电气设备机房。

以上业态可根据项目实际情况，考虑招商、成本、运营管理前提下，经供电方案咨询、论证后，可并可拆，因地制宜，合理规划。

3. 管理模式

综合体建筑产权一般由开发商整体持有或大部分持有，业态中可销售的部分商铺和住宅、公寓类业态应提前明确。整个建筑存在多样性的物业管理形式，即建筑按功能形态和区域划分由不同物业来管理，如住宅由住宅物业管理，住宅较为特殊，一般会与其他业态的区域有严格分断，包括停车库；星级酒店一般由专业的酒店管理公司运营；分散出租式办公楼由办公物业或综合体持有方的物业管理，而整栋出租式办公楼一般由此栋楼的租赁方委托专门物业管理，其他出租型商铺、大型车库及后勤用房等由综合体持有方的物业统一管理。商业业态的招商运营是由综合体持有方的商管部门或是持有方委托的专业商管部门进行专业性管理运营。

在构建电气系统时，需要充分考虑运营管理的分界要求，并保留一定的灵活性、可变性，但又不能使系统过于分散。在前期物业管理未完全确定的情况下，按照建筑业态来划分系统也不失为一种好的选择。

根据物业管理、建筑业态分设电气系统，是综合体建筑常用的一种方式，这种方式的划分使系统权属明确，独立简单，便于日后的运营管理，也有利于营销。缺点是系统独立设置后，设备机房较多，面积较大，投资和维护成本高。最具代表性的就是星级酒店，星级酒店都由专业的酒店管理公司运营，从管理、维护、费用缴纳等方面都要求酒店的所有电气系统独立设置。

仅按照物业管理划分，各业态统筹考虑电气系统设置，系统和机房合用，可以节约机房面积，减少投资。缺点是随着招商变更，会使整个运营界面分割困难，甚至可能出现独立计量困难，只能按照面积测算并分摊运行费用的情况，也不利于项目的营销。

火警系统、智能化系统通常按照管理模式分设对应的系统、机房。

4. 计量模式

对需要"高供高计"的业态应单独设置高低压配电系统，最具代表性的是酒店业态、大型百货、大型超市等。高压配电系统划分得越多越细，机房所占用的面积越大，成本也越高，设计应在满足业主或管理公司要求的前提下以节约成本为最高优先级。

销售类商业、办公、公寓等，在部分城市是要求由供电公司的公用变电所供电的，便于销售后的小业主方独立在供电部门开户，需要设置独立的高低压配电系统。

5. 低压供电半径

在设置低压变电所时，应深入负荷中心，并充分考虑低压供电干线的供电半径问题，低压供电干线一般不超过250m，当供电距离超过250m且容量较大（计算容量500kW）时，宜考虑增设低压变电所。部分地区的地方标准对此部分内容也有要求，例如云南、江苏省的地方标准要求低压供电干线不宜超过200m。供电距离的缩短可以节能、节材，有助于成本控制。

6. 工程成本

工程建设离不开合理的成本管控，通过有效的成本控制，既能保证工程质量，又能提高开发商的经济效益。在综合体项目中由于业态、管理、计费、销售等方面的复杂性，电气设计师要有工程成本意识，加强与工程造价相关部门的有效沟通和交流，设计初期就要对电气系统架构的合理性、可靠性、经济性等方面进行充分论证，满足建筑定位和平衡开发商各部门之间的不同需求。

7. 开发周期

综合体项目体量大，可能存在分期建设的情况，设计需要了解业主方开发周期，做到"先建先设"，独立系统，尽量以不让电气系统跨越分期开发为原则。如果跨越，对先期的设计方来讲是一个巨大的考验，因后期开发随着时间推移可能存在诸多变化，先期设置的系统可能存在容量配置不足或设备闲置浪费的情况，建议按照开发周期分设系统为宜。

10.3.3　系统界面划分策略

系统界面的划分和用电归属问题是综合体建筑设计重点之一。主要包括系统接口条件、物业管理的响应与固有设施设备供电的归属、用电条件的预留等，相对于单一主体的建筑，这些方面体现出了综合体建筑电气设计复杂性。

1. 系统接口条件

系统接口条件涉及施工界面的划分、招商营运界面划分及对物业交付标准的响应。设计文件从技术层面和深度层面的表达应响应以上要求。比如：综合体建筑内商业、办公部分含有出租、出售区，一般开发商要求出租、出售区仅提供电源至店铺内隔离开关箱，隔离开关箱之后的部分均由租户或小业主自行负责，隔离开关箱应设于店铺内靠近后勤通道的墙体处，方便租户或小业主后期调整或装饰隐藏。从交付标准上又分为精装交付和清水交付，如通常门厅、公共走道、公共卫生间等均精装到位交付。因此在系统接口条件上除了考虑10.3.2节在总体上的要求外，在末端系统的组织和系统界面上应充分考虑交付的要求，对于属于建设交付的内容要清楚表达，对于后期小业主自理的部分应充分考虑预留接口的条件。

2. 物业管理的响应与固有设施设备供电的归属

对于末端系统的组织还需与物业管理方式结合，综合体建筑中业态呈现多样化，同时后期运营招商的不确定性因素最大，常常涉及商业业态的改变，例如零售业态改为餐饮业态或普通餐饮业态改为"洋快餐"等，一旦业态发生改变或租户有特殊要求，原来的用电容量也会进行调整，进而影响整个商业的楼层配电总箱。所以设计应预测到部分变化，尽量使楼层干线具有一定的调节裕度，把这种变化保持在可控范围内，用宏观干线参数抵消部分新增容量，采用密集母线槽形式的竖向配电比传统的电缆放射式供电要方便、灵活得多。

综合体建筑按照整体思维考虑，由于建筑多功能的相互关联，如消防疏散、人流组织等，为其服务的系统之间必然也存在一定的关联、交叉，部分建筑公共区域，无法做到精准的业态归属，此种情况下公共区域的用电费用只能采用物业缴纳、租户均摊的方式来解决；在此特别需要注意的是，电气设计必须清楚水、暖专业提供的资料中用电设备的服务范围，如果服务对象不单一，跨越多租户，需提前预判可能存在的问题，协商解决方案，可能对水、暖专业的局部方案造成影响。例如个别项目暖通提供的资料中，多家餐饮店铺共用一台抽油烟机，电气设计就要提出设备的计量和控制问题。

3. 用电条件的预留

综合体项目一般含有大型商业业态，除去正常的各商铺营业厅经营用电、公共照明用电、机电设备用电之外，还应在每层多处区域考虑广告用电电源箱，配电箱一般设于就近的配电间内；在商业中庭应预留临时布展用电条件，配电箱设于附近专用配电间内或由内装进行美化处理并加锁防护，防止非专业人员触碰。室外主、次出入口的广场预留临时布展用电条件，配电箱可设置于广场附近的绿化带内，由景观绿植进行美化遮挡处理并加锁防护，防止非专业人员触碰；屋顶上也应预留建筑立面广告或 Logo 的用电电源箱。

10.4 电气设计协同策略

建筑工程设计是一个多专业、多学科的系统工程，需要参与的各专业密切配合和协作。一直以来，工程项目的设计效率和设计质量的提升是各设计公司追求和研究的重点目标之一，"协同设计"应运而生。

"协同设计"是建筑、结构、水、暖、电等相关专业在共同的协作平台上进行设计，具有项目信息数据统一、文件唯一且更新及时、进度管控明晰、数据归档和复用安全高效等优点，在源头上减少错、漏、碰、缺，最终提升设计效率和设计质量。协调包括二维设计协同设计，以及数字化浪潮下的正在推进的三维设计协同。二者除了采用工具不同外，其协同理念和方法是类似的。图 10-4-1主要横向表达了各设计阶段中电气设计主要内容及各主体方协同的关系。从设计配合主体来看，又可分为内部协同和外部协同。

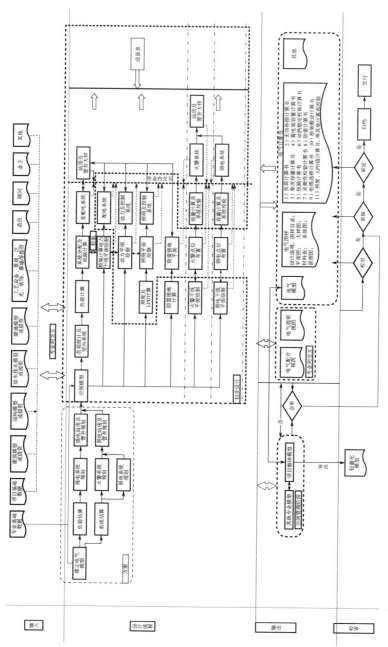

图10-4-1 电气设计主要内容及协同控制示意图

10.4.1 内部协同策略

1. 与相关专业协同

协同是设计与管理的双协同。标准是协同的基础，进行协同设计首先应该制订相应的标准，这个标准包括制图标准、各种流程标准，例如人员策划、设计计划、专业定案、互提资料、合同评审、图样校审、图样出版、图样及计算书归档等。每个设计企业都有自己相应的标准和管理方法，推广协同设计方式应该根据自身的特点来进行，如图 10-4-2 所示。

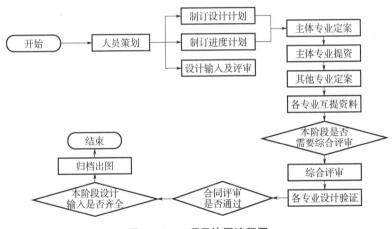

图 10-4-2　项目协同流程图

综合体建筑作为民用建筑中较为复杂的一种类型，机电系统也格外复杂，全专业"综合评审定案"必不可少，通盘考量解决各专业存在的"机房碰撞"矛盾，实现建筑功能的优化以及机电系统、机房设置的最优。

在方案、初设、施工图设计阶段，各专业应根据工程的实际情况有计划地分时段、分批次互提资料，如图 10-4-3 所示。各专业之间互提资料应由专业负责人统一管理。当所提资料有变动时，应及时通知相关专业。互提资料内容，设计人员可参照《民用建筑工程设计互提资料深度及图样 电气专业》，这里不再赘述，合格的电气设计师不光可以提供给其他专业准确资料，还应该对本专业该接收的资料做到心中有数。

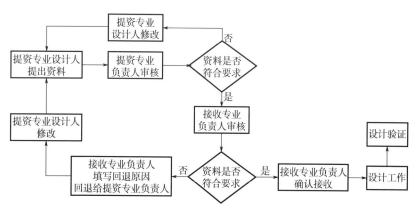

图10-4-3 项目互提资料流程图

2. 电气内部协同

项目之初应完成两部分内容，召开电气方案定案会和制订适于本项目的"统一电气技术措施"。电气方案定案会尤为重要，项目组成员（包括设计、校对、审核、审定）均应参加，并积极邀请其他电气设计同事共同参加，以汲取优秀的建议。电气方案定案会讨论主要内容一般包括：

①介绍建筑概况；②介绍设备专业主机房基本情况；③市电电源设置情况、备用电源设置、变配电系统主接线方案；④负荷计算，包括业态负荷取值，变压器及柴油发电机计算书；⑤变电所、柴油发电机房布置，电气主管井设置位置；⑥竖向干线系统；⑦照明系统；⑧设备选择及线缆选择；⑨防雷接地；⑩消防控制室设置；⑪智能化系统设置、机房和管井设置位置；⑫需要探讨的问题等。

"统一电气技术措施"包括适用于本工程的配电柜/箱编号原则、元器件选型、电缆选型、负荷取值、机房管井设置原则、不同等级负荷的供电措施等，各参与人员遵照执行。

电气系统分为强电系统、火警系统、智能化系统，强电系统分为变配电、电力配电、照明、防雷接地等诸多子系统，火警系统分为火灾自动报警和消防联动控制系统、消防应急广播系统、防火门监控系统、电气火灾监控系统、消防设备电源监控系统，智能化系统包含计算机网络系统、安防系统、建筑设备监控系统等子系统。电气系统是一个分工协作的复合系统，各子系统之间完善协同配合，如图 10-4-4 所示，是一个优秀的电气设计作品的前提。

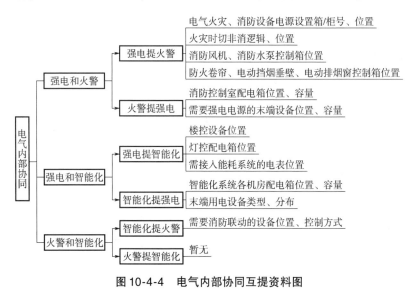

图 10-4-4　电气内部协同互提资料图

10.4.2　外部协同策略

1. 商管、酒管、物管的协同

综合体项目各业态的用电指标存在很大范围差异，每项业态的指标需要与业主沟通确定，业主方各部门往往又存在不同的诉求。例如，商管部门希望能够加大负荷密度指标，以满足租户较为多样的要求，销售部门也希望加大负荷密度指标，为招商提供更便利的条件，而成本部门则希望在合理范围内降低负荷密度指标，以节省成本。所以，负荷密度指标需要设计平衡各部门需求最终确定。

对于一些专业掌握程度较高的开发商，业主方会提供完善的"设计任务书"，任务书中对设计深度、系统划分、负荷指标、计量等都有清晰明确的规定，此类项目也是设计较为喜欢的类型，虽然要求多，但是后续大系统架构几乎无变动。任务书提供的商业业态及用电指标数据也是通过内部长期商业运营和实际操作检验后获得的，通过逐年的调整，有着较高的准确性，其用电指标数据能够直接应用。设计人员同时也应对"设计任务书"中的内容加以甄别，对于一些违规和不符合本地政策的要求，应与业主方协商来解决。

但更多的开发商在技术水平和专业掌握程度方面存在不足，无法提供完善的"设计任务书"，甚至干脆没有"设计任务书"。这就需要设计师根据以往同类项目的经验主动提供参考数据和电气系统划分设置的方案，特别是甄别出后续易变更的内容来供业主单位抉择，并与业主设计管理、成本管理、商业管理、销售、物业等多部门进行协商，达成共识并留档，作为设计依据。

2. 与顾问的协同

部分项目会存在顾问公司的角色，例如声学顾问、绿建顾问、装饰顾问、灯光顾问、厨房顾问、幕墙顾问等各种顾问公司，在进行相关领域的设计时，应紧密配合、沟通、协调，特别是顾问公司如果包括专项或深化设计时，设计分界一定要清晰明确，避免漏项或重复设计。顾问与设计、业主协同关系如图 10-4-5 所示。

图 10-4-5　顾问与设计、业主协同关系

10.5　电气系统验证与评估

设计验证是项目设计中的重要环节，不同阶段涉及不同内容，不同内容涉及不同方法。在通常设计流程中，校审环节即是设计验证的一项重要内容，是对设计流程、设计表达内容、设计参数的合规性的判断和检验。对保证质量，实现功能、安全、效益等设计目

标起到重要作用。在通常建设流程中，施工验收环节，也是一种验证，是对施工内容在设计内容响应、实施方法、实现结果的判断和检验。

然而，在通常的建设流程中，由于机电设备的招标与设计的脱离，致使实施参数与设计参数发生较大偏差，此环节的验证往往被忽略。

对综合体建筑而言，在项目运营后，业态的改变不可避免，且改造实施周期非常有限，原系统的设计参数是否还能匹配新的功能业态的使用，通常缺乏合理科学的评估，往往盲目增加配电回路造成直接挂接在原有系统上，从而造成较大成本支出或者增加安全风险。

10.5.1 系统静态验证与优化

本书中的系统静态验证主要是指根据招标机电设备参数对施工图设计参数的复核、调整与优化。

设备招标一般滞后于施工图设计，实际招标的设备仅是参考设计文件设计参数来进行确定，从而导致招标设备品牌、型号与设计参考品牌、型号的参数不吻合，如机电设备实际工作电流与设计值不一致；开关元器件的整定值受品牌型号的影响与原设计值存在较大出入等。对于因电气设备、机电设备固有参数变化造成整定偏差，需按照招标设备的参数由原设计团队依照具体设备参数再次进行复核、验证与优化，才能确保系统正确性，如图 10-5-1 所示。以强电为例电气专业验证内容一般包括以下部分：

1）根据容量复核负荷计算、计算电流。

2）修改元器件型号规格、电缆规格。

3）校验相关分断能力、动热稳定、保护选择性及灵敏度。

4）根据控制要求调整控制逻辑及电路。

5）必要时修改相关平面布置。

完全采用人工验证的方式，无疑工作量巨大，且准确性方面存在一定偏差，在系统优化层面作用非常有限。在保护选择性配合方面，通常是简单放大前级整定值，存在改大不改小的情况，反而造

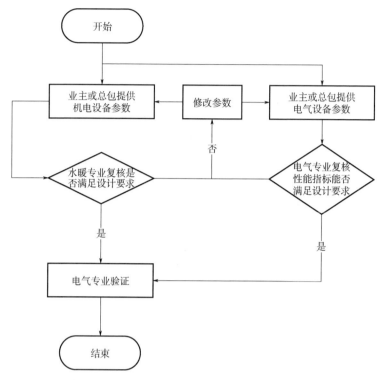

图 10-5-1　系统静态验证流程图

成电缆等造价的增加。

　　综合体建筑的发展呈现出功能多样性,设计环节复杂。采用传统设计方式,在面临精细化设计交付,频繁地功能调整且快速响应的需求下,已愈发捉襟见肘。亟需通过数字化工具赋能。近年来 ETAP 电气系统仿真软件逐渐在民用建筑电气设计行业得到应用。ETAP 是电力系统数字化转型的引领者,目前是国际上最主流的电力仿真分析软件。ETAP 数字孪生平台为综合体建筑配电系统的安全可靠设计、验证优化等方面提供了一套综合的数字化解决方案。

　　ETAP 电力仿真分析功能,在设计阶段,可以提供系统静态验证与优化。为设计师搭建系统架构、验证系统稳定性、设备选型等工作提供校验和优化分析,是提升设计品质的利器。ETAP 配电运维解决方案可以为商业楼宇配电系统的安全稳定运行提供保障,同时可以提高系统的用电效率，实现设备资产的有效管理，实现动态的验证与优化运行。ETAP 利用统一的电力系统模型，及其专业的电力分析功能，实现静态和动态相结合，为设计、运维保驾护航。

图 10-5-2 为基于某商业综合体项目的 ETAP 电力系统模型，图示为 10kV 系统模型，400V 低压负荷在负荷子网进行建模。模型清晰地展示了其系统架构，并且录入了相关参数，作为后续分析验证的基础。

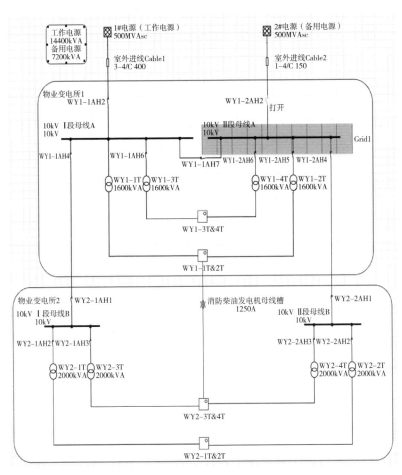

图 10-5-2　某综合体建筑 10kV 系统模型

（1）ETAP 短路计算

短路故障是电力系统最严重的故障，短路所产生的短路电流会对系统造成极大的危害。ETAP 短路分析，可以计算最大、最小及应急运行方式下的基于 IEC60909 标准的三相、两相、两相接地、单相接地短路电流，计算结果包括初始对称有效值、峰值电流、直流分量、全电流有效值等，并校验断路器的分断能力，作为设备选型和保护设备验证的依据。避免过高估算设备容量，节约设备成本。避免容量不足，带来的安全隐患。

在上述项目中运行 ETAP 短路计算模块，对整个综合体建筑的电力系统进行短路计算。短路点设置在低压母线处，短路类型是三相短路。在运行短路计算模块之后，低压母线下游的低压断路器报警，如图 10-5-3 所示，报警处为图中圆圈处。

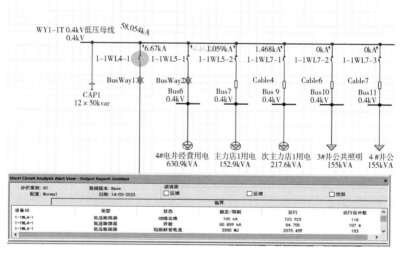

图 10-5-3　低压短路计算及断路器报警

（2）保护配合分析

在工程设计阶段，选择正确的保护装置，通过整定计算，确定其运行参数。使保护装置正确的发挥作用，避免发生越级跳闸等事故的发生，维持系统的稳定运行。

ETAP 为稳态和动态保护设备配合、保护和测试提供一个完整综合的设备保护配合及选择功能，它使工程师能够便捷有效率地进行保护设备配合分析。该模块内在的智能特性，提供了保护设备可行性的全面可靠建议。工程师能够迅速意识到可能存在的设计问题，从而更改方案，提高系统稳定性，减少投资。使用智能单线图，全面地保护设备数据库和三维数据库，ETAP 的设备保护配合软件在实现过流保护设备配合分析方面成为一个最佳的工具。

通过生成保护设备运行曲线，ETAP 保护设备配合软件提供了电动机、变压器、发电机和电缆等设备的启动、涌流、损坏等曲线。提供深入分析解决继电器和断路器误动和误配合的方法。

对于因电气设备、机电设备固有参数变化造成整定偏差，通常在施工图设计完成，业主对设备招标完成后，按照招标设备的参数由原设计团队依照具体设备参数再次进行复核、验证与优化，以确保系统正确性。人工校正无疑在效率、准确性方面存在一定偏差，甚至多数情况下存在改大不改小的情况，在系统优化层面作用非常有限。尤其是在保护选择性配合方面，通常是简单放大前级整定值，反而造成电缆等造价的增加。利用软件可以有效地避免偏差，提升准确性。

在该案例当中，将分析某个回路中保护设备的选择性。ETAP 进行保护选择性分析是通过 TCC（Time Current Curve）曲线来实现，将上述回路选中，生成 TCC 曲线，查看保护选择性配合是否合理。TCC 曲线如图 10-5-4 所示。断路器 BX-1CJX1-1 和断路器 1-1WL4-1 由于长延时定值设置不当，在框线所示处，两个断路器的 TCC 曲线相交，表示保护选择性配合不当，需要进行调整，以满足选择性，避免因保护误动作造成停电范围扩大，增加不必要的经济损失。为了实现断路器 BX-1CJX1-1 和断路器 1-1WL4-1 在长延时部分的保护选择性，将断路器 1-1WL4-1 的长延时定值从 500A 调整到 672A。

（3）潮流计算

潮流分析模块可以计算整个电力系统的潮流分布，包括电压、电流、功率因数等基本参数，计算支路压降，负荷损耗等。分析建筑体在不同运行方式下，不同负载容量的潮流分布，验证极端运行

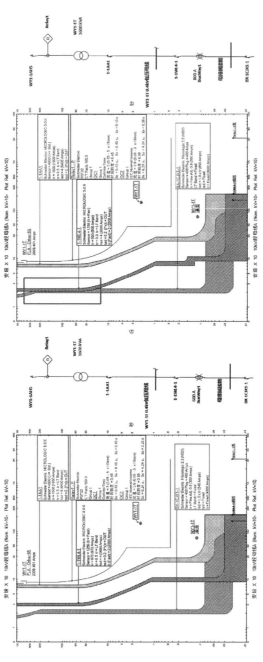

图10-5-4　保护选择性配合

方式的母线电压和线路电流等，是电力系统分析计算的基础。ETAP 潮流计算，可以计算支路损耗和电缆或母排的压降，评估压降是否满足要求。如果压降超过阈值，需要对相应的选型进行调整，如图 10-5-5 所示。

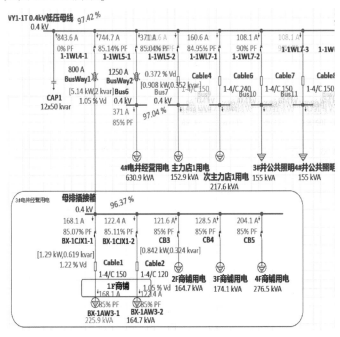

图 10-5-5　支路损耗和电缆或母排压降

（4）电动机启动分析

电动机在启动的瞬间会产生较大的电流冲击，对系统的稳定性造成相应的影响。计算电动机启动的影响，选择合理的启动方式，对系统的稳定运行至关重要。

ETAP 提供了两种电动机启动计算方法：动态电动机加速和静态电动机启动。在动态电动机加速计算中，以动态模型模拟发机，程序模拟电动机的整个加速过程。用这种方法来确定电动机是否可以以这种形式启动，电动机要用多长时间达到它的额定速率，以及确定电压降对系统的影响。在静态电动机启动方法中，在加速期间，用堵转的方法，启动电动机，模拟对正常运行负荷最坏的影响。同时 ETAP 还可以模拟电动机各种启动方式，比如定子串联电阻、电抗，Y/△接法，软启动，变频启动等。

在该项目案例中，对喷淋泵进行电动机启动分析。系统模型及分析结果如图 10-5-6 中所示。1#喷淋泵的启动方式为直接启动，1#喷淋泵电动机启动时，启动电流为额定电流的 599%，经过 6.46s 后启动完成，稳定运行电流为额定电流的 95.1%。启动过程中，喷淋泵电动机所在母线的最大压降为 1 − 91.2% = 8.8%。通过分析电动机启动过程中电动机所在母线的最大压降是否满足要求，可以知道该电动机能否顺利启动，不会导致保护动作或电动机损坏，避免经济损失。

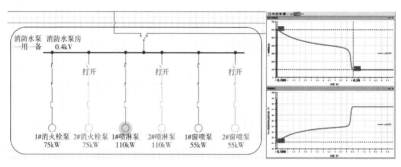

图 10-5-6　电动机启动分析

ETAP 为项目建立从高压到低压的统一、智能化和便于升级的电力系统图，模型中包含了相关资产数据库，与现场的情况一一对应。ETAP 数字孪生单线图是建立系统研究和分析的基础，同时运维阶段可以直接采用相同的模型，实现从设计到运维，提升项目运行效率。

10.5.2　系统动态评估与优化

综合体建筑在运营中，可能是局部功能业态的调整，如租赁单元业主的变化导致功能调整和局部负荷的变化，也有可能是整个楼层或整体的重新规划。在设计阶段，基于运营的角度在系统组织、系统容量、布线系统及相应预留条件等方面予以的相应条件预设，以期望能充分满足今后运营维护的需求。随着绿色低碳的发展趋势，综合体建筑业态的多样性、可变性以及高能耗的特点，对能效表现、运营维护乃至改造扩建等都构成了极大的挑战。综合体建筑从设计、建造到运维的全生命周期安全、可靠、高效，是综合体建筑发展的重要议题。

设计阶段在照明和小动力负荷的配置上多是采用经验数据按照单位面积的功率密度指标进行估算的方式，实际负荷水平与设计设定值本身存在出入。即便是对于设备容量相对确定的空调、动力、电梯等设备，由于运行时段的差异性和运行的随机性，也会导致实际负荷与设计负荷存在一定出入。在配电系统的保护上面，设计数值与运行数值之间即会产生相应的偏差。针对实际运行状态，设计阶段的参数设置还能否对系统进行有效保护，则需要相应方法进行验证。从业态改变的角度，当调整某一区域或租赁单元的经营业态时，负荷够不够，电源从何处供给，也需要相应的数据予以决策。当确定了系统改造方案时，布线系统能否支撑系统的改造进行便捷地实施，减少对既有设施的拆改，在控制改造成本和改造周期也需要进行充分考量。综合体建筑通常作为高能耗载体，如何在保障环境舒适性和客户体验感的基础上，发现运行缺陷、降低运行能耗，保障高效运行同样需要相应方法进行评估，如图 10-5-7 所示。

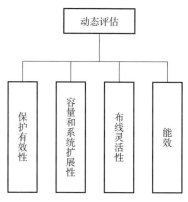

图 10-5-7　动态评估的四个维度

在能效方面，建筑设备监控系统、智能化或智慧化的控制系统及能效管理平台为节能运行提供了相应手段，通过各系统数据关联使综合体建筑在运行中及时发现运行缺陷，赋能节能运维策略。相应系统见本书其他章节介绍。

在布线系统方面，竖井和桥架是两个重要的载体。在设计阶段，为了最大化较少面积的占用，竖井面积通常压缩到极致，在建设角度具有合理性，但是从运维的角度，如果没有足够的竖向通道，对改造会非常不利。二者均要兼顾，对设计也提出了更高的要求。在桥架系统方面，应充分结合业态，利用公共空间，尽量使桥架填充率留有足够的余量，且桥架系统应覆盖可能业态范围。

在保护的有效性、容量和系统的扩展性方面，需要历史实时数据的支撑，通过历史实时数据充分了解各系统、业态的用电水平，当业态变化时为局部区域或系统扩容提供数据支撑，实现负荷管理。同时在经济调度、开关操作管理、预测模拟及故障预判、谐波分析提供数据依据。ETAP 实时系统可以进行上述系统动态评估与优化，ETAP 实时系统是一个统一的工程和实时平台，用于对电力系统的管理和性能进行建模、设计、可视化、分析、预测、控制并辅助决策。

（1）谐波评估

综合体建筑中，有越来越多电力电子设备的应用，其产生的谐波问题不容忽视。谐波使电能的生产、传输和利用的效率降低，使电气设备过热、产生振动和噪声，并使绝缘老化，使用寿命缩短，甚至发生故障或烧毁。谐波可引起电力系统局部并联谐振或串联谐振，使谐波含量放大，造成电容器等设备烧毁。谐波还会引起继电保护和自动装置误动作，使电能计量出现混乱。进行谐波分析计算，评估系统谐波是否超标，以及选择合适的谐波治理方式，对于综合体建筑的安全运行至关重要。

（2）经济调度

ETAP 经济调度功能采用先进的优化潮流算法以确定最佳的系统运行模式，同时维持适当的储备裕度。经济调度功能可以计算出变压器的最佳抽头位置以及无功补偿设备的补偿容量，以满足负荷供电要求的前提下，降低整个网络的电能损耗。这也是建筑系统运维管理中一个主要的环节。

（3）预测模拟及故障预判

在线预测仿真分析，可通过使用实时和历史存档数据来预测操作员动作和干扰事件下电力系统的结果响应。例如分析在当前系统运行方式和负荷状况下操作员的动作（例如断路器打开或关闭），或者事件（例如启动某台大容量电动机；假定系统中某个回路发生三相或单相短路故障等）会给供电系统带来怎样的结果，会不会对系统电压、频率的稳定造成影响。

（4）开关操作管理

开关操作管理允许运行人员通过图形化的用户界面建立一个完整的开关操作程序，并且可以一步执行这个开关计划的所有动作。包含了断路器、隔离开关和接地刀闸等开关设备以及执行时间的列表，执行任何开关序列之前，应用程序校核这个次序是否满足五防逻辑，并且在执行每一步时进行操作前确认，以避免错误的开关操作。

（5）负荷管理

负荷管理可保证建筑电气系统更加可靠经济运行，同时保持电力系统的一致性。需求侧管理方案可以进行功效评估并确定节能位置策略，例如将高峰时段用电调到低峰时段，或者切换费用计划表，能帮企业提高盈利。需求侧管理还可以在用电尖峰到来增加电费时通过配置切除非紧急负载，提高企业运行利润。

传统的电力监控系统，已不能满足动态评估的需求，建立电力系统的数字孪生平台是一个有效手段。ETAP 实时系统用于对电力系统的管理和性能进行建模，提供智能电力监测、预测模拟、状态估计、经济调度、系统优化、实时预测的应用，为配电系统评估和智慧运维提供了有效的解决方案。

第11章 建筑节能系统

11.1 概述

11.1.1 分类、特点及要求

大型综合体建筑，规模较大、业态众多，建筑用电需求大，导致建筑能耗大，用能过程中浪费严重。为实现节约能源，提高建筑用能系统的能源利用率，合理利用可再生能源，无论是电气系统及设备节能还是电气运维管理节能都起到至关重要的作用。根据相关数据统计，大型综合体建筑的全年能耗中，供暖空调系统的能耗占 $40\% \sim 50\%$，照明能耗占 $30\% \sim 40\%$，其他用能设备占 $10\% \sim 20\%$。结合上述数据和项目使用运行情况分析，建筑在供暖空调、照明、其他设备等方面有较大的节能潜力。

建筑电气节能设计应遵循高效节能、经济合理、低碳环保等原则，应结合大型综合体建筑功能分布和负荷特点合理选择供电电压等级、变配电所位置、供配电系统，选择技术先进、成熟可靠、能效高的节能产品，合理配置智能化系统，采取适宜的节能控制措施，加大可再生能源利用，加强后期运维管理，为建筑带来全生命周期的节能效果。

11.1.2 本章主要内容

本章主要内容包括主要电气设备节能、电气系统节能、电气运维节能、创新方式等。

11.2 主要电气设备节能

11.2.1 变压器

大型综合体建筑中，用电负荷需求大，变压器的台数较多，合理选择变压器的台数和容量，选择低损耗的变压器，节能效果会更加明显。

变压器损耗主要有空载损耗、负载损耗、介质损耗和杂散损耗，其中介质损耗和杂散损耗相对较小，可忽略不计。随着高牌号电工钢带的应用，加工工艺的不断完善，变压器的空载损耗也在逐步降低。变压器的负载损耗，与负载电流的二次方成正比，同时还受变压器温度的影响。《电力变压器能效限定值及能效等级》（GB 20052—2020）中变压器的能效限定值为在规定测试条件下，变压器空载损耗和负载损耗的允许最高限值，电力变压器能效等级分为3级，其中1级能效最高，损耗最低。为了减少变压器损耗，大型综合体项目应选择能效等级为2级或1级的电力变压器。

随着低磁滞损耗和低涡流损耗的材料、工艺和变压器绝缘材料的不断成熟，非晶合金、硅橡胶绝缘、立体卷铁心等技术的发展，这些类型的变压器，在工程中也不断大量地使用，也为项目带来低碳节能。非晶合金变压器是一种采用非晶合金代替硅钢片作为铁心材料的新型电力变压器，它比硅钢片作为铁心变压器的空载损耗下降70%~80%，空载电流下降约85%，是目前节能效果较理想的电力变压器。

为了减少变压器损耗，根据用电负荷需求，合理选择变压器容量，变压器的平时运行负荷率控制在65%~85%。同型号、同容量的变压器负荷率越高，变压器综合损耗及年运行费用也越高。

11.2.2 柴油发电机

柴油发电机组主要由发动机、发电机、控制系统、冷却水箱及供油系统五大部分组成。整个机组由柴油发动机提供机械动能，带动发电机转动，由动能转化为电能向外输出。在发电过程中，发动机功率将损失风扇、电动机机械能和排烟、散热所出现的热能，实际输出功率比发电机功率小。提高发电机的效率，增大实际输出功率，主要取决于发动机的能源利用率和机组的能源转化率。现在市场上柴油发电机组品牌主要为整机进口、合资、国产三大类产品，每类产品中不同品牌的发动机燃油消耗率不同，年燃油消耗也不同。为了节能，可以选择技术成熟度高、效率高、燃油消耗率低和市场沉淀历史更长久的产品，见表 11-2-1。

表 11-2-1　各类柴油发电机燃油消耗对比表

类型	平均燃油消耗率/ $[g/(kW \cdot h)]$	1000kW 机组 油耗/(L/h)	年燃油消耗/ L(500h/年)
整机品牌	195	232	116000
合资品牌	205	244	122000
国产品牌	230	273	136500

11.2.3　电动机

　　大型综合体建筑中普遍使用的水泵和风机等设备数量较多，耗能较大，为达到节能效果，工程设计中对电动机及其节能控制措施的选择至关重要。

　　《电动机能效限定值及能效等级》（GB 18613—2020）中电动机的能效限定值为在规定测试条件下，允许电动机效率的最低标准值，电动机能效等级分为 3 级，其中 1 级能效最高。一般情况下，工程中选用 1 级或 2 级的高效节能电动机，节能效果最好。随着新工艺、新材料的不断进步，高效节能电动机可以通过降低各种损耗，提高输出功率。为了节能降效，现在工程中也在不断推广和使用高效节能电动机，它比普通电动机平均损耗降低 20%，输出功率可提高 2%~7%。

　　随着电力电子技术及新型半导体器件的迅速发展，变频调速技术得到不断地完善和提高，逐步完善的变频器以其良好的输出波形、优异的性能价格比在交流电动机上得到广泛应用。

11.2.4　灯具及光源

灯具及光源的合理选择是照明节能设计中关键的组成部分。结合工程实际情况和现行规范的要求，照明产品应选用能效水平高于现行产品标准规定中的能效限定值或等效等级3级。选用光通维持率高、配光曲线合理、利用系数高的高效率灯具，对提高照明能效有不可忽视的影响。

照明光源应选用高效光源，除特殊要求的场所外，禁止选用白炽灯，可以选用高效荧光灯和LED光源。近年来LED技术的不断发展，LED已经作为一种新型的节能、环保的绿色光源产品，其应用符合国家目前节能减排的政策。LED特点为寿命长、启动性能好、可调光、光利用率高、耐振动、适用低温环境等，在工程中广泛应用于办公、酒店客房、餐厅、大厅、公共走道等各种场所。从项目使用情况反馈，LED光源的节能率约为50%，节能效果较好。

11.2.5　电梯

通过有关数据调查表明，电梯系统的能源消耗约占建筑总体能源消耗的3%以上。因此，在对电梯系统进行节能降耗过程中，一是选用高效节能型或变频控制的电梯，单台电梯应具有闲时停梯操作、灯光和风扇自动控制等节能控制措施；二是采用电梯群控，可以确保多台电梯按照规定程序根据用户所处的位置来智能地控制电梯进行升降，避免电梯出现空跑等问题。

大型综合体建筑中，自动扶梯的数量较多，耗能较大，为了避免自动扶梯空载运行，扶梯的入口处安装光电传感器，将感应到乘客的信号经专用集成电路处理后输出，驱动启动继电器，从而控制变频节能扶梯的启动和停止，达到节能目的。

随着近年来电梯能量回馈装置广泛使用，也为建筑带来了可观的节能效果。电梯的能量回馈装置是将电梯在运行或制动过程中产生的多余的能量反馈给电网，实现运行节能的目的，节电率可达到

20%～45%，楼层越高，功率越大，使用越频繁，节能效果越好。电梯的能量回馈装置代替了电阻耗能，可降低机房的环境温度，也改善了电梯控制系统的运行温度，延长电梯使用寿命，机房可以不需要使用空调等降温设备，间接实现节省电能。

11.3　电气系统节能

11.3.1　智能配电节能系统

1. 概述定义

随着信息技术的发展，传统建筑的低压配电系统经过技术更新之后得到了较大提升，同时，随着智能电网建设的跨越式发展和快速推进，智能低压配电节能系统具有自动化的远程控制、实时信息反馈、易于运维等特点，相对于传统建筑中的低压配电系统突显出更稳定、可靠性强、性价比更高的优势特点，从而得到了快速而稳定的发展。近年来，在国家倡导环保节能减排的政策下，智能配电系统的主要构成部分有主变电站、通信系统、终端/子站等，智能配电系统外部系统包括企业资源管理系统、地理信息系统（GIS）、电负荷管理系统（EMS）、上级调动自动化系统、变配电检测与采集系统、故障运维系统等，在智能电网的总体架构中，智能配电系统的主要功能是实现电网耗能分析、配电系统监测SCADA以及馈电自动化等，实现智能用电系统、协同作业和上下级电网之间互动，实现配电网系统的经济效益运行分析和自适应控制。

2. 智能配电系统的特点

1）智能化。与传统的低压配电系统相比，智能配电系统更加稳定可靠。在智能化系统中使用了微处理器和数模转换器芯片，通过数字化处理大量的需要被测试的参数，在不断提高系统测量的精度、降低产品分散程度时，也提高了供电质量和可靠性。

2）功能多样性。智能配电系统的功能主要有保护、控制功能，功能多样，它取代了传统的电量表、继电器等元器件，不需要在系统进行二次接线。系统安装省时省力，模块之间衔接紧密，通过系统采集的数据实现数据资源共享，提高企业的管理水平和数据利用率。

3）网络化。随着信息技术的发展，使低压配电系统网络化，在智能化的保护装置中经通信接口与计算机相连，通过计算机实现信息的采集、处理、保存和控制等功能，在监控时可实现无人值守，节约人员成本。

4）预警。智能配电系统的优势在于能对潜在的事故进行预警，还可通过系统判断电量是否极限，及时知晓有关设备故障信息，从而有效地避免控制事故发生和减少故障处理时间。

3. 智能配电节能系统结构

智能配电系统采用三层的网络分布式结构，它包括站控管理层、通信控制层和现场设备层。

（1）站控管理层

站控管理层针对配电系统的管理人员，是人机交互的直接窗口，用来实现对配电和监控设备以及智能型元器件的监控、保护和控制通信，也是系统的最上层部分。主要由系统软件和必要的硬件设备，由工业级计算机、打印机、UPS 电源等组成。

（2）通信控制层

通信控制层主要是由通信服务器、通信前置机、HMI 及总线网络组成。该层是数据信息交换的纽带，负责对现场设备回送的数据信息进行采集、分类和存储的同时，转发上位机对现场设备的各种控制命令。该层是智能配电系统的关键部分，类似于整个监控系统的神经网，把各现场配电和控制设备与主计算机连接起来。在通信网络的通信介质方面，应用较多的有光纤、同轴电缆及屏蔽双绞线。

（3）现场设备层

现场设备层是连接于网络中用于电量参数采集测量的各类型的带通信接口的智能型元器件、多功能电力仪表和保护装置等，也是构建该系统必不可少的基本组成元素，不仅用于采集数据，同时也是执行后台控制命令的终端元件。

4. 智能配电系统节能

智能配电系统为用户端电力进行有效的监控，是保证供电可靠性和连续性的重要手段。为电力管理提供最有效的基础数据，以负荷管理系统为依托，有效开展有序用电工作；根据监测到的用电负荷数值，用户可调整生产工艺及时间安排，减少需量负荷，降低需量电费，可利用用电波峰波谷分时电价科学引导避峰生产；通过对比实时数据，用于指导合理用电，提高设备利用率；自动进行电能参数的生成记录，可对用电量、用电设备进行限电控制。

智能配电系统具有优化供电结构、提高负荷用电效率的现实意义，具体如下：

1）传统的四遥功能（遥测电量参数、遥信开关状态、遥控开关、遥调装置设置参数）。

2）故障预警（事故发生前及时消除事故隐患）和事故记录功能（分析事故原因）。

3）电能消耗的分配和统计。

4）电能需量统计。

5）电能质量的监测。

6）对无人值守的配电站增加遥视功能（防火、防盗，保证设备安全）。

7）智能配电柜向上可连接 BA、PLC 系统或其他管理系统，向下可连接各种智能设备，从而可采集低层设备的各种数据信息并为电力管理提供最有效的基础数据。

8）自动进行电能参数的生成记录，可对用电量、用电设备进行限电控制。

9）智能配电系统实现了遥测、遥信、遥控、遥调、故障定位和报警、配电管理等功能，具有优化供电结构、提高负荷用电效率的作用。

10）配合节能型开关柜，节能效果明显，比普通开关柜节能 40% 以上。

11.3.2　建筑设备监控节能系统

建筑设备监控系统（BAS）利用控制和信息集成技术，对建筑物各子系统（包括冷热源系统、空调及通风系统、给水排水系统、供配电系统、照明系统、电梯系统等）的设备运行和能耗数据进行统一监测、控制和集中管理。

由于空调系统能耗所占建筑物能耗中比例最多，BAS系统可以让能量损耗尽可能降到最低，具体节能控制策略如下：

1）冷水机组台数控制：BAS系统能够根据实际供冷量需求，实时增减冷水机组运行的台数，从而实现节能。

2）变频控制：对设有冷冻水二次泵的系统，BAS可采用变频技术，实时调节水泵的转速，降低其能耗。

3）变风量系统（VAV）：采用压力无关型变风量箱构成变风量系统，基于变风量箱（末端）的送风量与风道压力无关的特点，在保证处于最薄弱处末端的送风量足够的前提下，依据各使用中的变风量箱风阀开度均保持为 85% ~ 95% 的原则，调整变风量空调机组的转速（即变静压自动控制），可降低变风量空调机的风机能耗。

4）采用节能设定值：从节能角度出发来确定室内温、湿度的设定值，通过BAS来保证室内温、湿度维持在设定值范围内。而夏季室内空调温度设置不得低于 26℃，冬季室内空调温度设置不得高于 20℃。据测算，夏季空调室温设定值每提高 1℃ 可节电 5% ~ 10%。

5）热交换控制：夏季，由于新风温度较高而排风温度较低，可利用两者的风道热交换降低新风温度，以节约能源。

11.3.3　建筑能耗节能管理系统

建筑能耗管理系统通过对建筑物中能耗数据的采集、监视，对建筑物的能耗数据进行统计、分析，客观准确评价建筑的节能效果，为管理方提供能源运行、维护的管理建议和节能方案。

在大型综合体建筑，物业管理通过建筑能耗管理系统，掌握建筑中各业态的能耗状况、各用能设备的能源利用率，发现和挖掘各用能设备的能耗异常情况，建立设备维修或改造计划、节能管理制度，制订节能策略，从而实现建筑的节能水平提升。能源管理系统监控中心如图 11-3-1 所示。

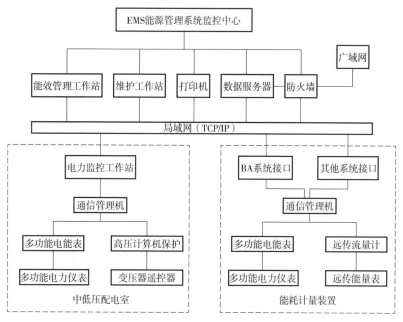

图 11-3-1　能源管理系统监控中心

11.3.4　智能照明节能控制系统

智能照明控制系统是指利用计算机、网络技术、无线通信数据传输、电力载波通信技术、计算机智能化信息处理技术、传感技术及节能型电器控制等技术组成的分布式无线或有线控制程序，通过预设程序的运行，根据某一区域的功能、每天不同的时间、室外光亮度或该区域的用途来自动控制照明。

照明系统能耗在大型综合体建筑中仅次于空调系统。智能照明控制系统可以根据预设的时间表自动定时开闭灯光；可以充分利用光照度传感器感知现场的光亮度，并据此自动调整区域内开闭的照明回路数量；可以根据工作日与节假日进行分级管理，变换预设的场景亮灯模式；同时还可与门禁系统进行联动，结合电梯控制情况，根据人员进出情况控制照明等。大型综合体建筑采用智能照明控制系统进行照明控制后，使用电量可减少30%以上。

11.3.5　谐波治理节能系统

在电网中，许多非线性负载产生的非正弦电流，造成电路中电流和电压畸变，从而产生谐波。谐波会导致用电设备的故障，会增大系统谐振的可能，也会增加线路和各种设备的附加损耗，如电动机和变压器等。因此，谐波治理可以消除谐波对设备正常工作的干扰，使得整个电网设备在一个安全的环境下工作，提高设备的工作效率，延长设备的使用寿命，以期营造一个绿色节能的电源系统。

谐波治理的主要措施如下：

1）在 3n 次谐波电流含量较大的配电系统中，采用 Dyn11 组别的变压器。

2）具有稳定运行特征的大功率非线性负载时，选用无源滤波设备。

3）具有动态运行特征的大功率非线性负载时，选用有源滤波设备。

4）在低压电容无功补偿柜中加装电抗器。

5）大容量的谐波源设备，要求自带滤波装置。

11.4　电气运维节能

11.4.1　智慧综合体运维管理平台

智慧建筑系统是融合现代建筑和环境设计以及现代化通信、计算机和自动控制技术的综合楼宇能化系统的设置和设计，应体现绿色、节能、以人为本的精神，遵循以下原则：集成性和可扩展性、标准化和结构化、安全稳定性、经济性适用性、可靠性、易维护性、先进性、成熟度、开放性等。系统设计时，也充分考虑为楼宇投入运行后将发生的建筑楼宇内各类设施的运行管理提供一个高效、可靠的管理手段和环境，提供一个良好舒适的工作环境。

智慧建筑系统主要包括建筑设备监控系统 BA（Building Automation System）、安全防范系统 SA（Security Alarm System）、消防系统 FA（Fire Automation System）及通信及计算机网络系统 CA（Communication Automation System），如图 11-4-1 所示。

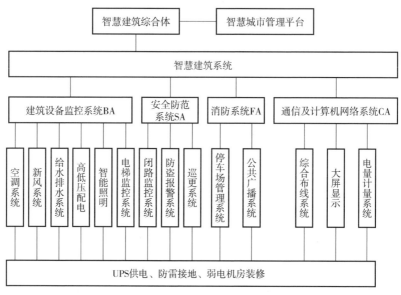

图 11-4-1　智慧建筑系统架构示意图

1. 系统接入层

接入层主要包括综合体建筑运营相关的各类软硬件系统和设备，相关系统通过必要的智能化改造，通过采集器、局域网和物联网，接入到综合体建筑智慧运维系统中来，实现智慧运维系统与整个软硬件系统及设备的数据交互。

2. 中控能力层

（1）数据中心控制

数据中心控制是智慧运维平台的数据存储和处理层，采用 MySQL、MongoDB、Hadoop 等数据库管理系统实现结构化与非结构化数据的存储和处理，同时，基于数据服务总线，实现系统的消息处理、接口映射、数据持久化等服务。数据中台通过数据治理和数据建模，规范数据标准，让数据更容易使用。

（2）业务中控

业务中控为智慧运维平台提供共性的支撑服务，选用成熟的开源工具、第三方成熟工具与研发相结合的方式，向上提供包括地图、位置、配置等在内的各类服务。

1）GIS：地理信息建模、实现以地图为基础的空间展示和分析功能。

2）LBS：提供基于移动通信、互联网络、空间定位、位置信息、大数据等多种信息融合的人员或设备位置的服务。

3）设备二维码管理服务：提供基于二维码技术的各类设备和资产信息的编辑、查看、展示服务。

4）权限控制服务：控制各类用户访问系统功能、数据的权限。

5）BIM 轻量化服务：对于使用 BIM 进行设计和施工管理的综合体建筑，将已有的 BIM 模型轻量化处理之后集成到智慧运维系统中，实现综合体建筑建模和室内外信息展示功能。

（3）业务应用层设计

在各类软硬件系统接入、数据汇聚的基础上，面向综合体建筑运维需要，开发包括运维管理、安全管理、能耗管理、设备设施管理等在内的应用功能。

1）运维管理。将与运维相关的各方面数据通过地图直观展现出来，按照区域、楼层、房间的递进关系进行统计和展示，在此基础上，逐步提供相关数据分析和展示功能。

2）安全管理。提供巡逻轨迹分析、应急指挥、门禁监控、现场管理等安全管理服务，提升综合体建筑安全管理工作的质量和效率。

3）能耗管理。对智能电表采集的实时数据，从公共区域和非公共区域、工作时间和非工作时间、季节变化、天气变化等多角度进行分析，及时发现和解决不合理的用电情况，实现综合体建筑区域的节能。

智慧综合体运维管理平台针对目前综合体建筑建造与运维信息断层严重、智能化水平低以及建造和运维管理粗放等问题，应用BIM、物联网、大数据、人工智能和云计算技术，开发综合体建筑全生命周期数据集成系统，可以提供建筑智慧建造与运维 SaaS 应用服务，实现从设计、施工到运维的全过程精细化管理，推动企业数字化转型，支撑城市精细化管理。

3. 案例应用场景和技术

（1）平台架构

平台系统设计为四个层次。最底层是边缘层；第二层是 IaaS 层即云基础设施及其连接通信层；第三层是 PaaS 层，这是功能集中的核心层；顶层是 SaaS 概念下的应用层，包含各类建筑应用 APP、轻量化应用和创新的功能模块。

（2）主要特点和指标

搭建智慧综合体建筑大数据，形成信息资源库。智慧建造与运维互联网平台为综合体建筑提供统一的建筑全生命周期大数据存储和处理平台，并通过大数据挖掘进行信息积累，辅助建筑更新改造决策、设备选型进行参考，甚至对新建建筑建造方案优化。

（3）创新点

1）研发了 BIM 模型质量自动审查方法。研发了模型与图样一致性审查方法，保障设计模型与图样的一致性；研发了基于 MR 的模型与现场一致性审查方法，保障竣工交付模型与建筑实体一致性；研发了模型合规性和模型元素关联关系计算方法，保障模型信息完整性，从而为基于 BIM 的数字建造和智慧运维提供数据基础。

2）研发了建筑节能管理方法。基于不同类型业态建筑的能耗分项计量数据，构建对各类型建筑的能耗评价、异常用能挖掘算法，建立智慧能源管理模式，辅助节能管理；基于设备监测数据和能耗运行大数据，建立关键回路的用能基准评估算法，为建设单位选择用能技术方案提供决策依据。形成基于大数据的节能管理模式。

（4）市场应用总体情况

平台适用大型复杂综合体建筑，对于建筑内的通信、信号系统和建筑智能化系统要求比较高。

（5）应用工程项目案例简介

综合体建筑平台应用情况以某建筑综合楼为例，该建筑机电系统除了水暖电等常规系统外，建筑工程参与较多，交叉作业频繁，施工现场的总承包协调工作纷繁复杂，在设计阶段提出基于 BIM 技术实现建造到运维的全过程精细化管控。

4. 施工阶段应用服务

BIM 模型与现场安装情况一致性审核，如图 11-4-2 所示，可应用混合现实技术，将 BIM 模型按照 1∶1 的比例投射到现场，直观对比模型和实体，测量和反馈误差；根据现场信息修改和完善模型，提高机电管线排布安装效率，通过查看模型中设备真实的现场状态，可以直接查看现场照片，以及设备的相关资料是否齐全完整、调试是否完成，从而实现数字信息模型交付。

图 11-4-2　基于混合现实技术的模型与建筑机电安装
一致性审查技术

5. 运维阶段应用

1）空间资产可视化管理。使用 BIM 模型查看各室内机电管线排布和设备安装情况，辅助用电终端设备的用电量评估；可快速查看室内房间的机电设备进场情况，辅助优化管线排布和机电设备安装空间。可以快速查询设备的资产信息，进行有效调配及快速改造，满足后期设备运维要求，可以减少 50% 的设备资料检索时间，提升更新改造决策效率 10% 以上。

2）移动资产智能定位与精细化管理（图 11-4-3）。通过室内定位和能耗监测，分析设备的所在房间、使用频次、历史轨迹，提高资产盘点效率，为资产采购提供数据支撑；基于海量报修数据，自动定位高频出现的问题，降低电梯、设备机房故障的发生频率。

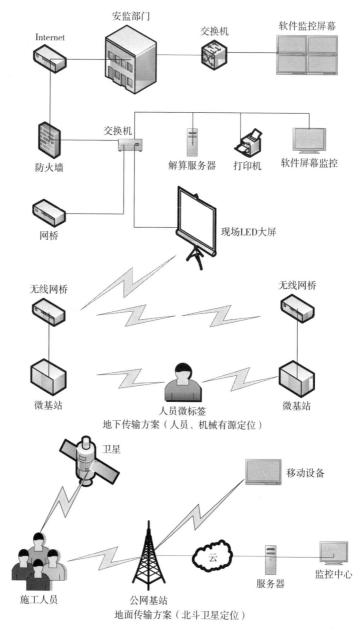

图 11-4-3　资产智能定位与信号传输精确定位管理

3）建筑设备智能化运维管理。通过智能化系统对建筑机电设备和综合体建筑气灭系统等专用设备进行实时监测。设备报警时，基于 BIM 分析影响范围和优先级，自动推送故障设备位置、原因和处理建议至维修人员手机。处理完成后，上传处理结果等信息，实现闭环管理。BIM 运维系统还根据设备的历史报修数据和运行监测数据，建立设备故障预测 AI 算法，支持空调箱、电梯等设备故障预测，实现主动式运维，减少突发设备故障。

4）客流监测异常分析与主动式安防管理。应用人脸识别技术自动识别可疑人员和危险行为，同时调取监控画面和位置通知安保人员进行相应处理。自动分析综合体建筑中的各出入口人流情况，及时发现人流或事故等异常情况，基于 BIM 模型实现网格化流向精细管控，合理规划人、车、物流。

5）能耗分项计量与节能管理。将综合体建筑供电、给水排水、通信、信号等分项计量数据集成到 BIM 模型，结合各回路逻辑关系和服务范围，挖掘能耗异常情况，及时发现漏水、过载等问题，辅助降低能源消耗，如图 11-4-4 所示。

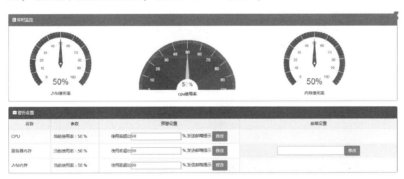

图 11-4-4 用电异常分析

6）应用成效。通过本平台实现建筑设备和施工机械设备主动式、精细化运维管理，减少突发故障和报修数量 10%，减少设备运维费用 5%，如图 11-4-5 所示。

通过本平台解决传统建筑行业施工方多、交叉专业内容多、耗时耗力，而且非常冗余杂乱的管理现状，实现基于 BIM 的建筑全生命周期精细化管理，降低建筑建造设计和施工成本。

图 11-4-5　设备维护维修

通过管理平台对建造和运维能耗大数据分析，诊断异常报警点，辅助建筑节能管控和绿色施工，降低公共建筑运行成本。

实现公共建筑远程数字化建造和运维管理，利用运维大数据优化设计和施工过程，提升建造企业对建筑产品的质保服务水平，降低施工单位后期质保成本。

11.4.2　BIM 运维系统

1. 引言

BIM 综合体建筑运营维护所投入的时间及资金可以占到整个建筑全生命周期的 70% ~ 80%，因此，若能将 BIM 技术引入项目运维阶段，并能基于 BIM 技术开发一套具有完成体系的运维系统，必将改变传统建筑运维方式中人员、资金、时间投入多，运维效果差的情况。

2. 传统运维管理情况

大型综合体建筑竣工后，最初是由总承包建设方向业主方移交工程资料，往往工程资料中能反映建筑内外部构件与设备设施的技术资料是竣工图样及设备使用手册，而对这些资料的管理与应用需要专业技能较高而且费时费力。同时，图样及使用手册调用的效率取决于图档管理水平。

3. 基于 BIM 技术的运维管理平台

通过统一的管理平台，可以摆脱传统依靠基层运维人员收集统计上报的方式，直接通过安装在设备、管线、房间内的设备终端传感器，将传感器收集的信息整合入 BIM 运维平台之中，使所有管理变成智能化、数字化、自动化，通过感知底层，可以对建筑内所有的设备进行有效管理，最终达到降低管理成本、提高管理品质的目标。

11.4.3　运维分析和节能效果

　　智慧综合体运维管理平台采用智能物联网架构，将大数据、云计算、人工智能、机器学习、远程运维等技术应用到智慧建筑节能系统管理的实际中。全面提升能源分配的利用效率和智能化技术水平，构建智慧建筑节能系统数据采集、边缘计算、反向控制、数据分析、策略优化、策略下发和能耗预测等功能，通过节能策略的执行和控制，大数据挖掘建模，专业技术人员远程评估分析指导，实现能源控制、管理、运维一体化平台。

　　智慧综合体运维管理平台将控、管、维一体化技术架构整合，实现在远程云架构下的多客户端数据可视化、信息图形化、控制智能化，嵌入人工智能巡检模型软件与能源专家分析系统，由过去以控制功能为主、人工巡检方式，转变为主动式数据巡检、预测性维护和操作优化，事前发现故障隐患，提前预防处理，确保能源系统的可靠安全运行。

　　智慧综合体运维管理平台集聚大数据优势，将物联网、大数据与全过程能耗管理相融合，提供全生命周期的数字化用能服务，实现用能的精细化集约化管理，帮助用户提高电能利用率，降低用电成本，实现绿色建造与智慧用能，如图 11-4-6 所示。

图 11-4-6　智慧综合体运维管理平台

11.5　创新技术

11.5.1　分布式光伏发电和储能技术的应用

随着国家提出碳达峰、碳中和的重大战略决策，在我国建筑行业中，国家和各地方都及时颁布了一系列的行动方案和实施意见，对节能低碳建筑做出了明确要求，推动绿色技术创新，提升建筑节能低碳水平，深化可再生能源建筑应用，开展建筑光伏行动，因此分布式光伏发电和储能技术得到了更加广泛地利用。

在建筑设计行业中，分布式光伏发电大致可分为光伏附着建筑（BAPV）和光伏建筑一体化（BIPV）。BAPV（Building Attached Photovoltaic）是附着在建筑物上的太阳能光伏发电系统，也称为"安装型"太阳能光伏建筑，其主要功能是发电，与建筑物功能不发生冲突，不破坏或削弱原有建筑物的功能。BIPV（Building Integrated Photovoltaic）是一种将太阳能发电（光伏）产品集成到建筑上，与建筑物同时设计、同时施工和安装，并与建筑物形成完美结合的太阳能光伏发电系统，也称为"构建型"和"建材型"太阳能光伏建筑，作为建筑物外部结构的一部分，既具有发电功能，又具有建筑构件和建筑材料的功能，甚至还可以提升建筑物的美感，与建筑物形成完美的统一体。

分布式光伏发电系统一般由光伏方阵、光伏汇流设备（包括光伏汇流箱、直流配电柜和直流电缆等）、逆变器、交流配电柜、储能及控制装置（适用于带有储能装置的系统）、布线系统及监测系统等设备组成。为了最大化利用并就地消纳可再生能源，合理降低建筑能耗，平抑光伏波动和负荷波动，提高接入电网的友好性，配置合理的储能系统，可实现瞬时功率的平衡控制和能量的时移调度。

大型综合体建筑的屋顶面积较大，玻璃幕墙或屋顶采光玻璃使用较多，根据项目所当地的太阳能资源情况，可合理设置分布式光伏发电，采用并网型光储直柔系统，为三级负荷供电，为建筑物带来清洁和可持续的能源供应，为建筑物节能带来了显著效果。

光储直柔系统是在建筑领域配置建筑光伏和建筑储能，采用直流配电系统，且用电具备功率主动响应功能的新型建筑能源系统。近年来，光储直柔系统的技术不断地发展，其相应产品和规范不断地完善，在分布式光伏发电中得到了广泛应用，如图 11-5-1 所示。

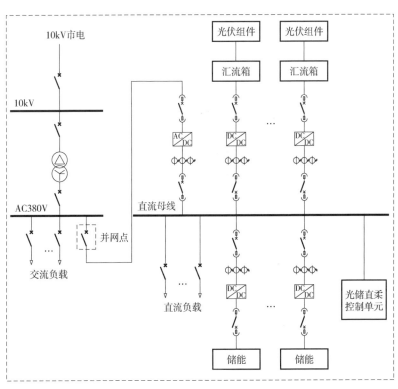

图 11-5-1　光储直柔系统典型示意图

11.5.2　冷热电三联供技术的应用

冷热电三联供系统是指以天然气或沼气等为主要燃料带动燃气轮机或内燃发电机等设备运行，产生电力供用户使用，系统排除的余热通过余热回收利用设备提供冷、热供应，如图 11-5-2 所示。其特点在于能源的合理梯级利用，可大幅度提高燃料的利用价值，发电的同时利用余热为用户提供冷源和热源，综合能源利用率可达80%以上，具有对燃气和电力双重削峰填谷的优点。

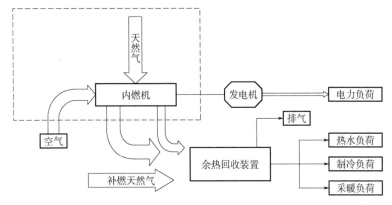

图 11-5-2　冷热电三联供系统示意图

大型综合体集多种建筑业态于一体，不同建筑类型的冷热电负荷叠加之后呈现出稳定的冷热需求，这种建筑采用三联供系统比采用传统方式将会更加节能高效。

11.5.3　冰蓄冷空调电气节能技术的应用

冰蓄冷空调系统是通过制冰方式，以相变潜热储存冷量，并在需要时融冰释放出冷量的空调系统。大型综合体的空调系统能耗较大，采用冰蓄冷空调系统，制冷机充分利用夜间低谷区的廉价电能运行蓄冷，在空调负荷较大或电力高峰期，优化运行控制策略，为空调系统提供冷源，达到电能的充分利用，提高空调系统制冷设备的综合利用。

冰蓄冷空调系统可以最大限度地转移高峰电力用电负荷，均衡电网负荷。限制用电或分时峰、谷电价差别特别大地区的大型综合体项目，利用冰蓄冷空调系统，将会带来显著的经济效益。

第12章　优秀设计案例

12.1　低碳节能综合体建筑典型案例

12.1.1　项目介绍

本项目为大型商业综合体项目，总建筑面积 27.7 万 m²，涵盖商业、办公及住宅，其中裙房商业面积 13.7 万 m²（业态包括商业店铺、大型中餐、西餐、电影院、大型连锁超市、溜冰场、健身房及游泳馆等），办公面积 2 万 m²，住宅面积 4 万 m²，车库面积 8 万 m²（部分电动汽车充电车位），建筑高度 99m。项目按照绿色建筑三星标准进行设计，电气及其他专业均采取了多项双碳节能技术措施。

12.1.2　电气基本配置

项目由市政 2 个不同方向的 110kV/10kV 开关站各自引来 1 路 10kV 电源。设置 4 台柴油发电机作为应急电源。其中商业部分 2 台，办公部分 1 台，住宅部分 1 台。变压器总安装容量为 22250kVA，总安装指标 80VA/m²，其中商业安装指标 116.7VA/m²，办公安装指标 112.5VA/m²。具体配置见表 12-1-1。

表 12-1-1　项目电气基本配置

供电电源及电压等级	3 路 10kV	变压器总安装容量/kVA	商业	16000	单位面积用电指标/(VA/m²)	商业	116.7
柴油发电机/kW	1×400 1×800 2×1250		办公	2250		办公	112.5
			其他类别建筑(含车库)	2000(住宅);2000(车库)		其他类别建筑(含车库)	50(住宅);25(车库)
变配电所数量	4		合计	22250		总单位面积用电指标	80

针对商业、写字楼、住宅楼结合管理需要，根据业态设置了各自的消防控制室及监控室（其中商业消防控制室为主控制室）。本项目设置有火灾自动报警及联动控制系统、火警专用对讲电话、应急广播（兼作背景音乐广播）系统、电气火灾监控系统等。

12.1.3　低碳节能措施

商业综合体低碳节能措施是指通过科技手段和合理管理，减少商业综合体的能源消耗和碳排放，降低对自然环境的影响。本项目主要采取了电气设备节能、电气系统节能、光伏建筑智能一体化运维平台等多项节能措施，从源头减少能源的消耗和浪费。通过这些措施，可以提升商业综合体的竞争力、形象和品质，为可持续发展做出积极的贡献。

（1）电气设备节能

1）合理选择节能变压器。在项目前期设计阶段，设计人员首先分析变压器的有功损耗，从变压器的空载损耗来看，常出现的一种损耗就是人们常说的"铁损"，该种损耗是铁心涡流与漏磁所引起的。因此，其损耗值与变压器的负荷大小并无关系，而是受变压器铁心材料、制造工艺等因素的影响。所以，在建筑电气节能设计工作开展的过程中，需要结合建筑物的具体情况来选择节能变压器，从而降低变压器的空载损耗。

其次，在选择节能变压器时，也需要考虑变压器的有载损耗，其受到变压器绕组的电阻大小、实际负载率的影响比较多，尤其是绕组的电阻值越大所产生的线损更大。另外，经实践证明，变压器的负载率也会影响变压器的线损，当负载率处于 50% 时，可以使得变压器的线损处于最低状态，然而此时变压器的铁损比较多，这就难以发挥出良好的节能效果。因此，对于节能变压器的选择，本项目将变压器的负载率控制在 75% ~ 85%，可以全面发挥节能变压器的效果。

最后，在选择变压器的过程中，设计人员需要遵循节能经济的原则，严格依据建筑物电气设备的实际需求来选择变压器的容量，并确定变压器的实际使用台数，发挥最佳的节能效果。

项目所有的变压器、柴油发电机、电动机等均选用高效、节能的电气设备，尽可能减少后期运维成本。

2）合理选择节能照明灯具。在项目的设计过程中，设计人员首先考虑天然照明，利用自然光源来进行办公室及商铺的照明，不仅节能，还有益健康。尽可能利用自然光源配合人工照明使用，将能源消耗降至最低。

对于需要仅照亮特定区域的场景，聚光灯具是更好的选择。其通过聚焦光线，减少了光线浪费并集中照明，能够降低整体用电量。本项目照明大部分选用 LED 灯具，一般比传统照明灯具更节能，使用寿命更长，而且能够灵活调节亮度和颜色温度，满足不同场景的照明需求。部分选用细管径直管型 T5 三基色荧光灯，配用电子镇流器。

项目选用灯具均符合表 12-1-2 ~ 表 12-1-5 中的要求。

表 12-1-2　各种灯具的效率（%）

| 灯具出光口形式 | 开敞式 | 保护罩（玻璃或塑料） | | 格栅 | 透光罩 |
		透明	棱镜		
直管型荧光灯灯具	75	70	55	65	—
紧凑型荧光灯筒灯灯具	55	50		45	—
小功率金属卤化物灯筒灯灯具	60	55		50	—
高强度气体放电灯灯具	75	—		—	60

表 12-1-3 发光二极管筒灯灯具的效能

(单位：lm/W)

色温	2700 K		3000 K		4000 K	
灯具出光口形式	反射式	直射式	反射式	直射式	反射式	直射式
灯具效能	55	60	60	65	65	70

表 12-1-4 发光二极管平面灯灯具的效能

(单位：lm/W)

色温	2700 K		3000 K		4000 K	
灯具出光口形式	反射式	直射式	反射式	直射式	反射式	直射式
灯具效能	60	65	65	70	70	75

表 12-1-5 镇流器能效限定值

标称功率/W		18	20	22	30	32	36
镇流器能效因数（BEF）	电感型	3.154	2.952	2.770	2.232	2.146	2.030
	电子型	4.778	4.370	3.998	2.870	2.687	2.402

3）电梯采用具有变压和变频功能（VVVF）的驱动装置或类似装置；自动扶梯设置感应装置，无人时可低速或停止运行。

交流变频变压调速电梯具有以下特点：

①可靠性好。由于高性能的多计算机网络控制软件中设计了多重故障保护措施，排除了传统电梯存在的各种故障隐患，可充分保障电梯的安全、可靠运行。

②舒适感好。电力拖动系统的矢量控制交流变频调速技术，配备了适应人体生理特征的速度运行曲线，采用按距离直接停靠层站原则，使电梯运行更加平稳、高效，可靠地保证电梯运行时的乘坐舒适感、运行效率和平层准确度。

③节省电能。高精度和高效率的矢量控制变频技术，不仅使电梯运行更加平稳，而且还可大大节省电能。与同规格的交流调压调速电梯相比可节省电能 50% 以上，可大大节省用户的使用费用。

④维护保养方便。直观的工作状态显示功能，给电梯的维护、保养带来很大方便，万一电梯出现故障，维护、保养人员可方便地通过系统的状态显示找出故障所在，对照电梯使用维修保养手册即能进行维修。同时，可支持变频故障呼叫系统和远程诊断。

4）风机、水泵的选择。项目中所有的大功率空调、水泵均采用变频控制；照明光源基本采用 LED 光源，在保持照度不变的前提下，减小能源消耗。并且照明用变压器、空调变压器、水泵变压器均配置了有源滤波补偿装置，1600kVA 变压器配置有源滤波设备容量 200A，1250kVA 及 1000kVA 变压器配置有源滤波设备容量 150A。

变频风机、水泵是一种能够根据实际需求进行调节转速的设备，能够有效降低能耗，提高设备的运行效率。选择变频风机、水泵时需要注意以下几点：

①根据实际需求选择合适的功率和容量。变频器可以通过调节电动机转速来降低能耗和提高设备运行效率，但是往往容量过大或功率过小的设备也会导致浪费。需要根据实际需求进行选择，确保设备能够稳定运行，同时也不会浪费能源。

②选用适合的变频器模式。因为不同的变频器模式适用于不同的设备和应用场景，根据实际需求进行选择。其中，最普遍的模式有矢量控制、矢量控制加速度卡和 SVC 控制，不同的模式对转速及负载控制的精度、稳定性以及响应速度等都有所区别。

③考虑变频器的工作环境和使用寿命。对于耐高温、耐腐蚀的变频器材料会提供更长的使用寿命，但是价格也会相应提高。在特殊的环境下应该选择合适的变频器，以确保其可以稳定运行。

（2）电气系统节能

1）优化电气系统设计。在电气系统设计初期，项目设计人员严格按照建筑物的用电量、供电距离、用电设备等方面的数据来进行相应的节能设计，确保供配电系统的结构简单且容易操作。在具体设计的过程中，设计人员需要将供配电系统设置在靠近负荷中心的地方，尽量靠近大型用电设备，通过缩短配电半径来实现线路损耗的降低。同时，在选择变压器时还需要考虑到建筑工程的具体情况，更需要将季节性因素带来的负荷变化考虑到其中，以此来实现供配电系统的经济性运行，避免产生不必要的电能损耗。

大型综合体建筑的大体量特征，决定了此类建筑用电需求和总用电负荷大，通常需要多路电源供电才能满足用电需求；大型综合体建筑的多功能特征，以及各功能物业管理权属、计量需求、电价差异、供电可靠性要求等因素，决定了电气系统接线形式复杂。由于权属问题，为各功能区服务的设备用房如变配电所、柴油发电机房、安保机房、电信机房等通常也相互独立。

本项目主要为商业、办公及住宅，其中商业由专业的商业运管公司管理，办公交由办公管理公司管理，因此在高压侧计量时采取单独计量，另外商业内超市、电影院经营者为了开取税票，也需要在高压设置单独计量，导致系统复杂化，再加上供电可靠性等因素，供配电系统通常较为复杂。

合理选择供配电功率因数。由于电能是通过线路传输实现的，在电能传输的过程，很容易出现线损、线路传输无功功率的问题，导致电能损耗。因此，在建筑供配电系统的设计过程中，需要增加用电设备的功率因素来减少用电设备的无用功功耗。

在项目的供配电系统设计中，应参考用电设备的实际情况，合理选择供电线路的走向、导线截面面积等，线路较长时，适当增加导线截面面积，使经济效益最大化。单相负荷需尽可能均衡地分配在三相上，使三相负荷保持基本平衡，最大相负荷不超过三相负荷平均值的115%，最小相负荷不小于三相负荷平均值的85%。对于三相不平衡或采用单相配电的供配电系统，采用分相无功自动补偿装置。

最后，控制好负荷量统计工作。从供配电系统设计的角度来看，需要设计人员对负荷量进行科学的统计，通过利用系数法、两项系数法、单位面积功率法等方式来准确求得负荷量。同时，设计人员还需要对谐波进行科学的处理，最好采用无源滤波装置、有源滤波装置，以此来降低谐波对电气设备产生的影响。

2）智能配电节能系统。智能配电节能系统是一种利用现代信息技术和自动控制技术，实现机器智能化、自动化的节能系统。它主要将电能管理与自动控制技术相结合，通过各种传感器、控制器及相应的软硬件设施，实现对配电网络及其负载的实时监测、分析、控制和优化管理，从而达到节能的效果，如图 12-1-1 所示。

图 12-1-1　智能配电节能系统

智能配电节能系统的主要特点包括：

①实时性：实时监测、分析、控制和优化电能的流向及消耗情况，有利于调整电力负荷，协调电网负荷平衡，从而在最短的时间内实现节能。

②自动化：通过自动控制、操作和差异化的管理模式，实现对电气设备、用电量和电能质量等方面的自动化管理，减少人工干预，提高节能效果。

③精准性：具有高精度、高可靠性和高可用性，能够精准计算配电消耗，为优化取得更准确的数据。

④良好的互联性：与管理信息系统、能源监测系统等相互连通，实现全方位、高效的智能化配电管理。

本项目采用智能配电节能系统，监控高低压配电系统的进、出线开关、母联开关的状态；进、出线电流、电压；有功、无功功率；功率因数；变压器的温度值及超温报警信号、运行状态。同时监控柴油发电机的状态；蓄电池电压、日用油箱油位。连同电梯的运行状态、故障报警等信号汇聚至控制室。由监控计算机对配电室内变配电设备的运行情况和建筑内设备运行情况及用电计量情况进行有效管理。

3）建筑设备监控系统。建筑设备监控系统是一种基于现代信息技术和自动控制技术的建筑管理系统。它主要用于监测、控制和管理建筑内的电气、暖通、供水和消防等设备，从而实现对建筑设备的可追溯性监测和管理，进一步提高建筑的运行效率和节能水平，如图 12-1-2 所示。

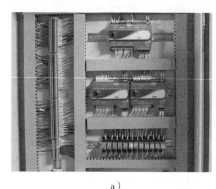 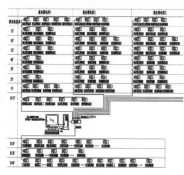

a)   b)

图 12-1-2   建筑设备监控系统

a）DDC 箱内部   b）建筑设备监控系统示意图

建筑设备监控系统的主要功能包括：

①实时监测建筑设备的运行状态，包括机器设备的状态、温度、压力、流量等，能及时发现设备的异常情况。

②实现远程监控和遥控控制，可以通过云端实现对建筑设备的视频监测、图像分析及控制操作。

③实现建筑设备的数据采集和分析，通过数据分析和处理，为建筑能耗分析、质量监管等提供数据支撑。

④生成报表及历史记录，能够对设备的运行状态、能源消耗等指标进行统计，及时反馈，为能效管理和节能提供决策依据。

⑤实现与其他系统及设备间的数据通信和集成，例如空调、照明、监控等具有智能化，以实现整个建筑设备的自动化管理。

本项目采用了建筑设备监控系统进行建筑设备监控和管理。该系统可以自动控制大楼的照明和空调系统，同时还能够监测室内温度、湿度、二氧化碳浓度等参数，并通过人机交互界面进行展示。

这些措施不仅能够提高建筑的舒适性，还能够节约能源，在保证良好使用效果的同时降低维护成本。

通过对水、电、气等各种设备进行实时监测和控制，保证了设备的稳定运行和提高了楼宇的能效。建筑设备监控系统可以实时监控设备的工作状态，实现精细化的设备调控，降低操作成本，提升设备的控制精度和稳定性，同时有效减少碳排放，实现可持续发展。

通过采用建筑设备监控系统，可以实现建筑设备的实时监控和精细化调节，提高设备的使用效率、稳定性和可靠性。同时，实现设备故障预警、故障修复，降低了设备维护成本，增强了建筑物的整体管理水平和利用效率。并且该系统还可以通过数据采集和处理，为能耗分析、质量监管等提供数据支撑，强化建筑管理水平。

4）建筑能耗管理系统。建筑能耗管理系统是一种利用现代信息技术与自动控制技术相结合，实现建筑能耗监测、分析、控制和优化管理的系统。它通过设备采集、数据传输、数据处理和控制反馈，实现对建筑能耗的实时监测、分析和管理，进一步提高建筑的能源利用效率和降低能源消耗。

建筑能耗管理系统的主要功能包括：

①实时监测建筑的能耗情况，包括电、水、气、热等能源的消耗情况，能够实时监控建筑能耗的实际情况。

②建立建筑能耗数据库，对建筑能耗数据进行采集、存储和分析，以便进行能耗趋势分析和建筑能耗指标监控。

③建立建筑能耗标准档案，制订建筑节能措施，提出建筑能耗优化方案，进一步降低能源的消耗。

④实现建筑能源消耗明细查询和能耗分析，可以根据所选择的时间段进行建筑能耗数据分析，推导出相应的建筑能耗曲线图。

⑤实现建筑能耗报警，可以对建筑能源消耗情况进行预警，并及时采取相应的措施，避免能源浪费和损失。

在建筑能耗中，空调系统能耗占总建筑能耗的 40% ~ 50%；水泵设备占总建筑能耗的 9% ~ 15%；照明能耗占总建筑能耗的 15% ~ 25%；其他设备占总建筑能耗的 5% ~ 15%。项目设置空调节能运行管理系统，结合系统工况，联动控制主机、水泵等，更大化地降低空调系统运行能耗。空调节能运行管理系统可以根据不断变化的空调负荷调节控制空调主机制冷量输出，达到节能的目的。商场空调通风系统回风管内设置二氧化碳浓度探测，根据二氧化碳浓度控制空调新风机，以确保空气质量同时实现节能运行。

5）光伏建筑一体化系统。光伏建筑一体化系统是指将光伏技术与建筑的结构、外观、功能、节能等需要一体化结合，将光伏发电系统融入建筑的设计、施工和运行中，实现建筑本身具备光伏发电功能的一种应用形式。光伏建筑一体化应用不仅为建筑提供了可再生的能源，而且让建筑外观更加美观，并降低建筑的整体能耗，如图 12-1-3 所示。

图 12-1-3　光伏建筑一体化系统

光伏建筑一体化应用包含以下几个方面：

①光伏幕墙系统：将光伏电池板集成到建筑幕墙系统中，结合现代化幕墙技术以及灵活多变的设计风格，实现建筑的可持续性。

②光伏屋顶系统：将光伏电池板安装在建筑的屋顶上，将其与建筑的整体外观及概念进行整合，建筑从外观到功能的实现都能达到完美的统一。

③光伏透明建筑材料：利用透明的光伏电池板，覆盖在建筑材料上，比如玻璃幕墙、阳光房等，既可以保留原有的功能，又能实现建筑的光伏发电。

④光伏立面系统：将光伏电池板集成到建筑的立面上，使其成为建筑的一个绿色外观元素，实现建筑外立面可以兼具节能和节电

的功能。

项目在建筑屋面设置光伏建筑一体化系统，容量为 87kWp。在发电系统有效期内（25 年）预测发电量 265 万度，将节约标准煤 800t，减少 CO_2 排放 662t，减少烟气粉尘约为 58t，具有良好的社会效益和经济效益。

6）智能照明控制系统。智能照明控制系统是一种能够智能调节照明灯光、实现节能效果的系统。该系统通常由硬件设备和软件控制两部分组成，硬件设备包括传感器、调光器、开关等，软件控制则是运行在控制中心的计算机程序，如图 12-1-4 所示。

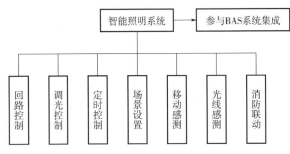

图 12-1-4　智能照明控制系统架构

智能照明控制系统主要组成部分包括：

①传感器：传感器可以通过检测周围环境的温度、湿度、光线强度等指标，提供实时数据给控制器。

②控制器：控制器是该系统的核心部件，能够根据传感器提供的实时数据控制照明系统的开启、关闭、调节亮度、颜色等操作，并可以通过网络通信、定时开关等方式来管理照明系统。

③灯具：灯具是控制器可以控制的对象，智能灯具能够响应控制器的指令实现远程控制，也可以通过预设场景实现自动化控制。

④通信模块：通信模块可以将数据传输到网络，支持远程控制和云端数据存储、处理。

项目内主要公共场所的灯具控制采用智能照明控制，避免了采用人工控制模式下的管理不到位带来的能源浪费。楼梯间照明采用红外感应控制，总平面景观照明采用光控、灯控方式，建筑立面景观照明采用平时/节假日/重大节假日三种模式。本项目所有场所的照度及功率密度值均按表 12-1-6 设计。

表 12-1-6 典型房间或场所的照明设计

房间或场所	参考平面及其高度	统一眩光值 U_{GR}	显色指数 R_a	维持平均照度/lx		照明功率密度 LPD/（W/m²）	
				标准值	设计值	照明功率密度限值	设计值
商铺	地面	22	80	300	二装	≤9.0	二装
大堂	地面	—	80	200	二装	≤8.0	二装
餐厅	0.75m 水平面	22	80	200	二装	≤8.0	二装
办公室	0.75m 水平面	19	80	300	二装	≤8.0	二装
多功能厅	0.75m 水平面	22	80	300	二装	≤12.0	二装
会议室	0.75m 水平面	19	80	300	二装	≤8.0	二装
电梯厅、走道	地面	19	80	100	二装	≤3.5	二装
车库	车道	—	60	50	52	≤1.9	1.3
	车位	—	60	30	29	≤1.9	0.8
变配电室	0.75m 水平面	—	80	200	210	≤6.0	5.6
发电机室	地面	25	80	200	210	≤6.0	5.6
风机房、泵房	地面	—	60	100	110	≤3.5	≤2.9
制冷机房	0.75m 水平面	—	60	150	165	≤5.0	3.8
消防、监控室	0.75m 水平面	19	80	500	520	≤13.5	12
弱电机房	0.75m 水平面	19	80	500	520	≤13.5	12
楼梯间	地面	25	60	50	50	≤2.5	2.2

（3）光伏建筑智能一体化运维平台

项目采用了光伏建筑智能一体化运维平台，对建筑光伏进行实时监控、运维。光伏建筑智能一体化运维平台无缝融合 2D、3D 技术，搭建了一套轻量化的 3D 可视化智慧光伏电站运维辅助系统解决方案。通过可视化开发平台实现可交互式的 Web 三维场景，基于多维感知、场景物联、物信融合的技术理念，不断丰富与完善光伏电站全面感知，实现设备设施智能巡检，环境风险主动监测预警，助力集控中心生产调度，辅助决策和全局掌控。

光伏建筑智能一体化运维平台通过各类场景物联应用，丰富与完善光伏电站全面感知，支持与生产监控系统联动，辅助光伏电站统一集控和管理决策，拉近管理视觉。通过 AI 视频，对基建期、运行期的高风险作业行为进行可视化监管。以固定点监控、无人机等，帮助用户检测设备运行状态，完成巡检任务并输出分析报告，提升巡检效率。通过智能安防监控系统，对站点的内外部环境、人车非法入侵等，实现智能安全防范，保障系统的安全稳定运行。

光伏建筑智能一体化运维平台采用典型的物联网架构，由感知层、网络层、应用层三部分构成，基于智能通信技术，依托云计算、大数据、人工智能技术，形成数据"四中心一平台"，提供实时的信息监控、诊断分析和故障报警、运维管理、区域调度中心，实现安全、低碳、高效的分布式智慧光伏管理。

12.2　智慧控制综合体建筑典型案例

12.2.1　项目介绍

项目为大型商业综合体项目，总建筑面积 42.4 万 m^2，涵盖商业、办公及酒店。其中商业面积 11 万 m^2，办公面积 26 万 m^2，酒店面积 5.4 万 m^2，建筑高度 146.6m。

12.2.2　电气基本配置

项目由市政 4 个不同方向的 110kV/10kV 开关站各自引来 1 路 10kV 电源，在地下一层设置了 2 个 10kV 高压配电房。变压器总安装容量为 48200 kVA，整个项目安装指标 102.6 VA/ m^2，其中商业

安装指标 109 VA/ m^2，办公安装指标 99.2 VA/ m^2，酒店安装指标
105 VA/ m^2。具体配置见表 12-2-1。

表 12-2-1　本项目电气基本配置

供电电源及电压等级	4 路 10kV	变压器总安装容量/ kVA	商业	12000	单位面积用电指标/ （VA/m^2）	商业	109
柴油发电机/ kW	6900		办公	25800		办公	99.2
			酒店	5700		酒店	105
变配电所数量	7		合计	48200		总单位面积用电指标	102.6

　　本项目设置有智能化集成系统、综合布线系统、通信网络系统、移动通信室内信号覆盖系统、卫星电视及有线电视系统、无线对讲系统、建筑设备监控系统、建筑能效监管系统、安全技术防范系统、电子会议系统、信息引导及发布系统、公共广播系统、酒店客房控制系统、卫星及有线电视系统、宴会厅音视频系统等智能化系统，见表 12-2-2。

表 12-2-2　部分智能化建设内容

系统类别	建设内容及规模	特点
智能化集成系统	采用网络交换机将信息设施系统、信息化应用系统、建筑设备监控系统、安全技术防范系统各子系统中的数据集成到中央管理系统，对各子系统的信息资源进行分享，实现综合管理	将不同功能的建筑智能系统，通过统一的信息平台实现集成，形成具体信息汇集、资源共享及优化管理等综合功能
综合布线系统	设置综合布线系统实现语音、数据传输。系统设置语音配线架、程控交换机、综合布线配线架。语音主干采用大对数电缆，数据主干采用 4 芯多模光缆，除主力店外，各商铺设置双孔语音和双孔数据插座一个，末端点位水平线缆采用超五类大数据电缆	系统在满足现有商业运行需求的前提下，能适应未来发展需求

系统类别	建设内容及规模	特点
通信网络系统	在建筑物内进行语音、数据、图像的传输,同时与外部通信网络(如综合业务数字网、计算机互联网、数据通信网及卫星通信网等)相连,确保信息畅通。提供各类业务及其业务接口,通过建筑物内布线系统引至各个用户终端	对来自建筑物或建筑群内外的各种信息予以接收、存储、处理、交换、传输并提供决策支持
移动通信室内信号覆盖系统	利用室内天线分布系统将移动通信基站的信号均匀分布在室内每个角落,保证室内区域拥有理想的信号覆盖	信号质量好、容易实现无源分布,网络优化简单
卫星电视及有线电视系统	设置有线电视系统,采用分配分支组网方式,在电井内预留接驳的接口	采用邻频双向传输系统,实现信号双向传输
无线对讲系统	设置于消防/安防控制室内,通过数字中继台、干线放大器,利用低损馈线引至各弱电竖井,通过室内天线进行无线对讲	机动灵活,操作简便,语音传递快捷,使用经济
建筑设备监控系统	给水排水泵、暖通空调风机、电梯及扶梯、公区照明、变配电设备等机电设备均纳入 BA 系统进行管控	结合受控设备情况,监测和控制相结合
建筑能效监管系统	项目商业部分设置一套对中央空调主机、水泵、冷却塔采用能源管理系统进行控制,采集系统的相关部位的水温,联动控制相关阀门、主机及水泵,以实现系统的最大节能	实现对空调进行参数检测、参数与设备状态显示、自动调节与控制、工况自动转换、设备联锁与自动保护、能量计量以及中央监控与管理等功能
安全技术防范系统	包括入侵报警系统、视频安防监控系统、门禁系统、无线巡更系统、车库管理系统等	门禁、考勤、入侵探测、无线巡更、视频监控、车库出入口控制等多功能融合
电子会议系统	集成了大屏幕图像显示系统、信号处理系统、数字发言系统、同声传译系统、集中控制系统、音响扩声系统以及电视会议系统等子系统	远程、实时进行会议,并且可利用电子化手段检索、显示会议资料
信息引导及发布系统	由服务器、网络、播放器、显示设备组成,将服务器的信息通过网络发送给播放器,再由播放器组合音视频、图片、文字等信息,输送给每层液晶电视机等显示设备,形成音视频文件的播放	将信息实时传导给客户,并且使用触摸屏技术取代鼠标应用,用户可以直接在屏幕上操作,查询需要的信息

系统类别	建设内容及规模	特点
公共广播系统	广播系统为火灾应急广播兼背景音乐广播和公共广播，项目采用数字广播系统，设置音频输入、音频输出、交换机、功放等设备	可以分别在消防控制室、商业咨询服务台、超市广播站进行广播，系统灵活

12.2.3　智慧控制措施

　　智慧综合体建筑通过物联网、人工智能、大数据等技术，构建了智慧综合体的多元化、高品质、智慧化特色。本项目主要包含了智慧商业、智慧办公、智慧酒店、智慧电气设备、智慧消防、智慧安防、数字化运维管理平台等智慧控制措施。

　　（1）智慧商业控制措施

　　智慧商业是将人工智能、物联网、大数据等新技术与商业运营相结合，通过智能化的数据分析和预测，为企业提供更有效的决策支持，提高生产效率和业务营收。

　　设计基于物联网平台，将传感器与移动互联网大数据融合，通过建筑内覆盖的 IOT 设备，为用户提供室内导航服务，基于位置的实时消息推送，实时洞察客户行为，为完成线上线下一体化的数据流通，展开数据化营销。同时更能体现购物中心的差异化与周到服务这一特色，为其赢得口碑以及经济效益。应用场景主要包括以下几个方面：

　　1）高精度室内导航：360°室内全景室内图，自定义室内路线导航。

　　2）贴身移动导购：以列表形式展示各店铺及商品信息，用户可点击某一店铺查看其详细内容页，也可直接点击收藏或查看路径引导。

　　3）实时信息推送：用户持移动设备靠近指定某基站附近，待手机等设备检测到基站发出信号后，即可弹出基于位置的信息推送。利用这一功能，商场以及品牌商铺可以实现全媒体营销，将顾客手机端打造成新的营销媒介，弹出相应的新品及优惠信息或优惠券，同时还可以实现多种多样的线上线下结合的互动活动。

4）智能停车引导：停车时，用手机 APP 可自动、准确记录车辆的停放车位，离开时，智能指引最快捷的取车路线。

5）在线会员系统：结合购物中心的会员系统，绑定会员卡、共享会员积分系统，在手机端随时服务会员。

6）经营分析大数据管理：平台系统会"记录"基于时间和空间的用户热度分析图，供经营者对品牌和单品受关注度进行分析，为经营决策提供真实依据。

本项目采用智慧商业控制来提高客户的体验，采用了智能化的餐饮服务，在餐厅里实现自动点餐、无人售餐、智能化厨房等。采用了智慧支付系统，可以让顾客通过手机应用程序支付，无须到现场排队支付，大大提升了支付速度。不仅提高了顾客的用餐体验和满意度，还大幅节约了人力成本。

（2）智慧办公控制措施

智慧办公是将信息化技术与办公场所和办公环节相结合，通过智能化的办公设备和软件，提高企业的工作效率和办公环境的舒适度。智慧办公主要包含以下几个方面：

1）云存储和文档分享：通过云存储服务，员工可以将文档和数据存储到云端，实现随时随地访问和共享，提高工作效率和协作能力。

2）会议室预约和管理系统：通过智能化的会议室预约和管理系统，员工可以在线预约和管理会议室，避免会议室冲突和浪费，提高会议效率。

3）智能化办公设备：通过安装智能化的办公设备，如智能电视、智能打印机等，实现智能化管理和协作，提高工作效率和办公环境舒适度。

4）移动办公和远程协作：通过移动设备和远程协作工具，如视频会议、在线协作工具等，实现工作和协作的无缝连接，提高效率和协作能力。

5）室内空气质量监测系统：通过安装室内空气质量监测系统，员工可以实时掌握办公环境的空气质量，从而改善办公环境舒适度和健康度。

6）智能化办公室安全：通过安装智能化的安防监控系统和考勤系统，实现对办公室的安全管理和员工考勤的智能化管理，提高企业的安全性和管理效率。

7）数据分析和可视化：通过大数据和人工智能技术，对企业的各种业务数据进行分析和可视化，帮助企业做出更准确的决策和提高业务运营效率。

本项目利用云计算、物联网、大数据等技术，搭建了智慧办公平台，实现了全员移动化，让员工在任何时间、任何地点都可以办公，员工可以通过电子邮箱接收重要信息和任务，可以使用平板计算机进行在线视频会议，还可以通过共享文档编辑、评论等方式协作完成工作，大大提高了工作效率。

（3）智慧酒店控制措施

智慧酒店是将新技术与传统酒店业务相结合，构建智能化酒店环境和高效商业模式的解决方案。以下是一些智慧酒店的解决方案：

1）自助式办理：可以通过自助式的酒店办理系统，让客人快速地自行入住、结账等，大大提高客人的办理效率。

2）智能化房间控制：客人可以通过智能终端控制房间内的灯光、空调、电视等设施，改善用户体验。

3）智能化服务机器人：酒店可以引入智能化服务机器人，可以帮助客人打扫房间、为客人送餐、提供旅游推荐、进行语音助理等。

4）智能化客房信息化设备：酒店可以提高宾客信息处理效率，通过智能化的设备化解决客户需求，例如通过语音对话，提供新闻、天气、房间服务等信息，让客人更自由、轻松地使用设备。

5）大数据分析：可以通过大数据分析，为酒店提供更细致、客观的市场洞见，优化酒店服务品质、改善营销方案、计划客房装修方案等。

6）物联网智慧化监测和管理：通过物联网技术，可以实现对酒店设施和设备的实时监测，例如温度、湿度、水质、灯光等，可以优化设备的使用效率、掌管保养计划，更好地管控整个酒店的运行状态。

7）e门票和支付系统：酒店可以提供e门票系统，为客人提供优惠餐饮、旅游、购物等服务，提高客户忠诚度，同时可以通过智能支付系统，方便客人支付酒店服务费用。

本项目利用了智慧酒店控制技术来提高客人的入住体验。酒店内的智慧设备包括从门锁到空调甚至是窗帘的自动化控制系统，客人只需通过智能遥控器便可轻松掌控房间各项设施，一键呼叫客房服务。店内还配备了智能照明和温控系统，根据不同客人的需求，调整照明和温度。此外，客人在抵达酒店前，也可以通过手机完成预订和办理入住手续，了解饮食和当地活动信息，方便快捷。这些智慧技术的运用，让酒店服务更为便捷、高效，提高客人的满意度和忠诚度。

（4）智慧电气设备

智慧电气设备是指安装了智能化技术和系统的电气设备，能够进行数据采集、处理分析和远程控制，并具备自主学习和智能优化等功能。智慧电气设备可以实现能源管理、设备安全、运营效率提升等多种目标。典型的智慧电气设备包括智能电表、智能断路器、智能开关、智能插座、智能充电桩等。

1）智能电表是一种可以自动采集电力信息并通过通信网络传输至能源运营商和用户的智能电子设备。智能电表可以与智能电网相连接，实现电力信息的互联互通和能源的高效管理。智能电表具有以下特点：

①自动读表：智能电表可以自动采集电力用量信息，无须人工巡查读表。

②实时监测：智能电表可以实时监测电力用量信息，包括电流、电压、功率等数据，并可进行远程管理。

③数据传输：智能电表可以通过无线通信网络将采集的数据传输至能源运营商和用户。

④数据分析：通过智能电表采集的数据，能源运营商和用户可以进行数据分析，实现电力资源的优化配置、节省用电成本。

⑤防盗功能：智能电表具备防止窃电功能，保证电力使用的公平性和公正性。

2）智能断路器是一种具有智能化技术的断路器，可以实现自动监测电路负载、电气故障和断路器运行状态等信息，通过通信网络实时传输数据，并能自动控制电路接通和断路等。智能断路器具有以下特点：

①自动保护：智能断路器可以自动检测和识别电气故障，当发生故障时，自动切断电路，防止电气事故的发生。

②可远程控制：智能断路器可以通过通信网络实现远程控制，包括控制电路接通、断路、限制电流等功能。

③实时监测：智能断路器可以实时监测电路负载、电气故障、断路器的运行状态等信息，并可以将这些信息传输到指定的终端设备。

④数据分析：通过智能断路器采集的数据，可以进行数据分析，识别电力用量的峰谷波动，以便做出调整，更加合理地进行能源管理。

智能断路器可以有效地提高电力安全性和管理效率，同时也为电力市场提供了更高效的能源管理机制。

3）智能开关是一种集成了智能化技术的电气装置，通过网络通信或无线信号控制电气设备的开关操作。智能开关具有以下特点：

①远程控制：智能开关可以通过网络通信或无线信号实现远程控制，用户可以在任何时候、任何地点对电气设备进行开关操作。

②定时控制：智能开关可以实现定时开关，用户可以设置定时器，自动控制电气设备的开关。

③智能联动：智能开关可以联动其他智能设备，例如温湿度监测器、智能插座等，通过智能算法实现自动化控制。

④数据分析：智能开关可以采集电气设备的用电数据，通过数据分析可以实现能源管理的优化。

4）智能插座是一种可以通过网络通信或无线信号实现远程控制的插座装置，同时也集成了智能化技术，可以实现定时开关、智能联动、电量监测等功能。智能插座具有以下特点：

①远程控制：智能插座可以通过网络通信或无线信号实现远程控制，用户可以在任何地方通过手机 APP 或者其他智能设备对插座进行开关控制。

②定时控制：智能插座可以实现定时开关，用户可以设置定时器，自动控制插座的开关，无须手动操作。

③智能联动：智能插座可以和其他智能设备联动，例如温湿度监测器、智能开关等，通过智能算法实现自动化控制，提高用电效率。

④电量监测：智能插座可以监测插座的用电量，通过 APP 或其他智能设备可以实时了解用电情况，为能源管理提供参考。

5）智能充电桩是一种集成了智能化技术的电动汽车充电设备，可以实现智能识别、计费、远程监测等功能。智能充电桩具有以下特点：

①智能识别：智能充电桩可以通过智能算法识别不同品牌、型号的电动汽车，根据不同的充电需求进行调整。

②计费管理：智能充电桩可以实现电费计费功能，用户可以通过 APP 或其他智能设备了解充电费用情况。

③远程监测：智能充电桩可以实现远程监测，管理员可以通过网络通信或无线信号实时了解充电桩的状态，及时排除故障。

④数据分析：智能充电桩可以采集充电过程中的用电数据，通过数据分析可以实现能源管理的优化。

本项目利用智能化技术和智慧电气设备对系统的配电过程进行优化、控制和管理，从而提高配电效率、降低运行成本、提高电网安全和可靠性。运用光伏＋储能＋充电桩一体化的组合方式，"自发自用、余电存储"，缓解了充电桩用电对电网的冲击；在能耗方面，使用储能系统给动力电池充电，并利用峰谷电价，提高了能源转换效率并减少了用电成本；利用电池储能系统吸收低谷电，并在高峰时期支撑快充负荷；同时以光伏发电系统进行补充，有效减少充电站高峰期的电网负荷，提高系统运行效率的同时，为电网提供辅助服务功能。

"光储充"系统有以下几个特点：

①无污染：使用光储充模式进行充电可以充分发挥太阳能在充电过程中的环境保护作用，避免污染。

②省时省钱：充电速度快，充电效率高，可以大大节省充电时间和费用。

③高效节能：充电过程中不需要外界电源，可以充分利用自然资源，减少能源浪费和二氧化碳排放。

④灵活便捷：光储充系统可以根据不同的充电需求和光照情况进行调整，充电时间和位置比传统的充电模式更加灵活。

（5）智慧消防系统

智慧消防系统是通过使用先进的技术和智能设备来提高消防安全和效率的系统。它能够自动检测火灾、监测风险、提供实时警报、协调救援人员和设备的运作，并保障消防现场的通信和数据记录。智慧消防系统的核心包括火灾预警、火灾响应、灭火救援和火灾调查四个方面。主要包含以下几个方面：

1）消防安全监控系统：智慧消防安全监控系统通过安装智能监控设备和传感器，以及使用视频分析技术，对消防安全隐患进行及时监控和预警，减少火灾事故发生的概率。

2）消防演练模拟平台：该平台基于虚拟现实技术，可以模拟火灾事故情况，帮助消防人员进行真实性的演练，并提高其应急处理能力和反应速度。

3）消防数据分析系统：通过大数据和人工智能技术，对消防管辖区域的消防隐患进行数据分析，有针对性地制订消防安全措施，减少火灾事故发生概率。

4）消防设施智能化管理系统：通过智能化的设备和系统，对消防设施进行智能化管理，对设备进行实时监控、检测及故障排查。

5）消防指挥调度系统：该系统可以实现消防信息的实时传输、指挥部会议、出警信息发布、出警操作等功能，提高应急指挥调度效率。

6）人员定位和安全监控系统：该系统基于 Wifi 定位技术，可以实时显示人员在建筑物内的位置和状态，提高消防救援人员安全保障等方面。

7）消防智能机器人：消防智能机器人应用于火灾现场，可以摆脱燃气、烟气、高温等现场环境的限制，扫除火灾隐患，减少消防人员受伤风险。

本项目采用了智慧消防系统，该系统结合了区域感知、多传感器融合、网络通信等技术，采用灵敏的火灾监测装置和自动灭火装置，能够对建筑内的火灾风险进行实时监控和自动处理。实时监测建筑内各个区域的火灾风险，并发出火警警报，自动触发火警预警，启动喷淋系统进行自动灭火。同时，系统还可以通过声音、图像等方式向管理员提供详细的火灾信息，使其能够迅速做出反应。

（6）智慧安防系统

智慧安防是指通过物联网、云计算、人工智能等现代科技手段，实现对安全防范相关领域的智能化管理和控制。智慧安防包括监控、报警、安防设施管理、访客管理、人员考勤等多个方面。通过对安全进行全面、精准的监控和实时预警，有效提高了安全防范的能力和效果，保障了安全和稳定的生产环境与社会治安。智慧安防的主要特点包括：

1）多种安防设备融合：智慧安防将不同种类的安防设备，如监控摄像头、传感器、门禁系统等，集成在一起，形成一个高效的系统体系。

2）数据化安防管理：智慧安防通过互联网和物联网技术，将安防设备的数据进行智能分析和处理，实现安防管理的可视化、数据化。

3）多维度安防预警：智慧安防利用人工智能技术，对安防设备的监控像素进行分析处理，可以实时发现危险、异常事件，及时给出预警提醒。

4）智能化防范策略：智慧安防利用人工智能技术，不断学习和改进，可以针对特定环境进行预测和调整，从而实现智能化的防范策略。

5）智慧安防在安防领域的应用范围广泛，包括城市安全管理、社区、学校、商业等多个领域。

（7）数字化运维管理平台

设计部署了 ISO 认证的数字运维管理平台。该平台融合了云计算、大数据、人工智能、BIM、5G 等先进技术，构建虚拟世界与实体世界的连接，通过实体设备、虚拟模型、操控平台，使其相互感知与相互控制，如图 12-2-1 所示。

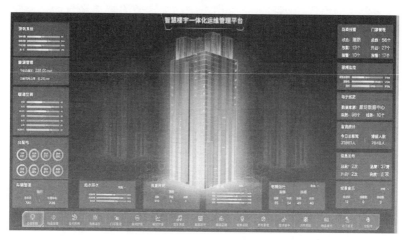

图 12-2-1　数字化运维管理平台

数字化运维管理平台将传统智能化子系统逻辑改变为业务驱动的场景逻辑，对项目的设备、安全、品质、能源、运营、综合进行管理。通过场景智能显示、信息多维管控、报警智能诊断等功能的提升，实现降低管理难度、提高管理效率、提升系统灵活性三大目标。平台的三大特点：

1）统一的数据平台：基于数据字典定义了建筑运维管理对象的静态数据、动态数据、关系数据、业务数据等数据标准，将数据标准化、结构化、场景化，打破各业务数据孤岛，使用数据平台，统一对数据进行存储及计算，并实现各系统的数据互联互通。

2）智能的交付工具：通过数字化交付工具的实施交付，将机电设备的楼宇映射到建筑信息模型中并实现实时交互，实现项目的数字孪生。

3）创新的场景交互：通过业务驱动，在前端根据业务场景搭建功能中心，结合数字化模型，实现业务可视化和便捷交互，实现数字化运维。

本项目以标准化、定量化和智能化为设计目标，以 BIM 运维模型为基础，利用大数据分析技术实现运营决策优化等功能，通过三维图形化引擎的轻量化处理与用户的多终端人机交互，解决面向空间的多信息异构数据的定量化管理和多元需求的标准化定义问题以及基于 BIM 的建筑多场景多终端智能决策系统软件融合性问题，改善现有建筑运营平台中能源消耗大、室内环境满意度低、信息分散的现状，提升平台的功能和性能。帮助物业远程掌握实时建筑运营情况，获取辅助决策结果，提高运营效率和降低运营成本。

参 考 文 献

［1］ 沈育祥．超高层建筑电气设计关键技术研究与实践［M］．北京：中国建筑工业出版社，2021．

［2］ 中华人民共和国住房和城乡建设部．民用建筑电气设计标准：GB 51348—2019［S］．北京：中国建筑工业出版社，2019．

［3］ 中华人民共和国住房和城乡建设部．消防应急照明和疏散指示系统技术标准：GB 51309—2018［S］．北京：中国计划出版社，2018．

［4］ 中华人民共和国住房和城乡建设部．饮食建筑设计标准：JGJ 64—2017［S］．北京：中国建筑工业出版社，2018．

［5］ 中国航空规划设计研究总院有限公司．工业与民用供配电设计手册［M］．4版．北京：中国电力出版社，2016．

［6］ 中华人民共和国住房和城乡建设部．建筑物防雷设计规范：GB 50057—2010［S］．北京：中国计划出版社，2011．

［7］ 陈谦．建筑物自然构件电气贯通的防雷分析［J］．建筑电气，2020（3）：9-13．

［8］ 陈华晖，沈云新，周岐斌．SPD专用后备保护器的研究［J］．建筑电气，2020（10）：20-24．

［9］ 钟湘闽，历晓东，陈锡良，等．电涌保护器全生命周期管理解决方案［J］．现代建筑电气，2020（7）：57-61．

［10］ 姚子龙．城市"智慧消防"系统的建设与应用［J］．中国应急救援，2022（6）：25-29．

［11］ 黄玉垚，高宏．智慧消防体系发展现状及趋势研究［J］．中国应急管理，2023（1）：48-51．

［12］ 吉纪伟，陈久彬．基于云平台下的智慧消防控制系统设计［J］．数字技术与应用，2022，40（10）：188-190．

［13］ 冷帅．"智慧消防"系统架构研究与探索［J］．江西化工，2020（2）：239-241．

［14］ 何艳，孔亦坚，吴从龙，等．智慧消防监管云平台的设计与实现［J］．电气时代，2022（12）：31-34．

［15］ 汤奇峰．城域LoRa物联专网在智慧消防水系统中的应用［J］．物联网技术，2020，10（6）：39-41．

［16］ 谭钦红，李园园．综合体建筑智慧消防系统监控平台软件的设计与实现［J］．数字技术与应用，2022，40（12）：230-232．

［17］ 蔡龙江．城市智慧消防管理云平台设计与实现［J］．中国新通信，2019，21（12）：74-75．

［18］ 胡波．"互联网＋""智慧消防"促社会消防管理创新之探讨［J］．今日消防，2021，6（12）：50-52．

[19] 曾德志．低压配电网有源电力滤波器关键技术及应用研究［D］．广州：广东工业大学，2014.

[20] 薛文军．BIM 及智能化技术在消防系统中应用研究［J］．铁道建筑技术，2022（8）：204-207.

[21] 付聪．基于 BIM 技术的智慧消防应用探讨［J］．价值工程，2018，37（35）：234-235.

[22] 季永强，徐浙英，张宇英，等．物联网技术在智慧消防建设中的应用［J］．今日消防，2022，7（7）：43-45.

[23] 王宇泰，裴文．5G 技术在石化智慧消防中的应用与研究［J］．信息系统工程，2022（10）：116-119.

[24] 史新宇，吴新杰，杨军，等．5G 通信技术在数据中心消防系统中的应用分析［J］．数字通信世界，2021（2）：201-202，261.

[25] 中华人民共和国公安部．火灾自动报警系统设计规范：GB 50116—2013［S］．北京：中国计划出版社，2013.

[26] 中华人民共和国国家质量监督检验检疫总局，中国国家标准化管理委员会．特种火灾探测器：GB 15631—2008［S］．北京：中国标准出版社，2008.

[27] 《火灾自动报警系统设计》编委会．火灾自动报警系统设计［M］．四川：西南交通大学出版社，2014.

[28] 中国建筑节能协会．民用建筑直流配电设计标准：T/CABEE 030—2022［S］．北京：中国建筑工业出版社，2022.

[29] 中国建筑标准设计研究院．建筑一体化光伏系统电气设计与施工：15D202-4［M］．北京：中国计划出版社，2015.

[30] 中国建筑科学研究院．公共建筑节能设计标准：GB 50189—2015［S］．北京：中国建筑工业出版社，2015.

[31] 中国建筑东北设计研究院有限公司．民用建筑电气设计标准：GB 51348—2019［S］．北京：中国建筑工业出版社，2020.

[32] 马宇清．智能型低压配电监控系统的研究［D］．镇江：江苏大学，2007.

[33] 谭秀炳．交流电气化铁道牵引供电系统［M］．2 版．成都：西南交通大学出版社，2007.

[34] 铁道部电气化工程局电气化勘测设计院．电气化铁道设计手册 牵引供电系统［M］．北京：中国铁道出版社，1988.

[35] 郑含博．基于单周控制的直流侧串联型有源电力滤波器研究［D］．重庆：重庆大学，2009.